普通高等教育"十二五"规划教材
PUTONG GAODENGJIAOYU SHIERWU GUIHUAJIAOCAI

机械制造工程训练

◎主　编:何国旗　何　瑛　刘吉兆
◎副主编:陈文凯　李玉平　陈召国　黄开有
◎主　审:唐川林

JIXIEZHIZAOGONGCHENGXUNLIAN

中南大学出版社
www.csupress.com.cn

内容简介

《机械制造工程训练》是根据教育部颁布的"工程材料及机械制造基础课程教学要求"和"金工实习教学要求"，适应 21 世纪高级工程技术人才培养的要求以及高等工程教育课程体系深化改革的精神，以提高学生的工程实践能力，实现宽口径专业培养为目标，在总结多年教学实践经验的基础上，借鉴各高等院校的教学经验编写而成的。

为了满足基本制造技术训练的需要，本书着重培养学生的基本操作技能，着力提高学生娴熟的动手能力，通过铸、锻、焊、车、铣、刨、磨、钳等传统制造技术实训，使学生实际动手能力得到训练，熟悉基本工业设备操作，切实提高学生的工程素质和实际动手能力，同时培养学生的安全意识、质量意识、成本意识、环境意识、管理意识、品德修养和创新精神。全书分为十一章，主要内容包括机械工程材料、铸造、锻压、焊接、车削、铣削、刨削、磨削、钳工、数控及特征加工等。

本书适用于高等学校机械类、近机械类本、专科学生；对于非机械类专业，可根据专业特点和教学条件，有针对性地选择其中的实习内容组织教学。《机械制造工程训练》还可作为有关工程技术人员和技工的自学参考书。

普通高等教育机械工程学科"十二五"规划教材编委会

主 任
（以姓氏笔画为序）

王艾伦　刘舜尧　李孟仁　尚建忠　唐进元

委 员
（以姓氏笔画为序）

丁敬平	万贤杞	王剑彬	王菊槐	王湘江	尹喜云
龙春光	叶久新	母福生	朱石沙	伍利群	刘吉兆
刘先兰	刘忠伟	刘金华	安伟科	杨舜洲	李必文
李　岚	李　岳	李新华	何国旗	何哲明	何竞飞
汪大鹏	张敬坚	陈召国	陈志刚	林国湘	罗烈雷
周里群	周知进	赵又红	胡成武	胡仲勋	胡争光
胡忠举	胡泽豪	钟丽萍	贺尚红	聂松辉	莫亚武
夏宏玉	夏卿坤	夏毅敏	高为国	高英武	郭克希
龚曙光	彭如恕	彭佑多	蒋寿生	曾周亮	谭援强
谭晶莹	潘存云				

总序 F⬡REWORD.

机械工程学科作为联结自然科学与工程行为的桥梁，它是支撑物质社会的重要基础，在国家经济发展与科学技术发展布局中占有重要的地位，21 世纪的机械工程学科面临诸多重大挑战，其突破将催生社会重大经济变革。当前机械工程学科进入了一个全新的发展阶段，总的发展趋势是：以提升人类生活品质为目标，发展新概念产品、高效高功能制造技术、功能极端化装备设计制造理论与技术、制造过程智能化和精准化理论与技术、人造系统与自然世界和谐发展的可持续制造技术等。这对担负机械工程人才培养任务的高等学校提出了新挑战：高校必须突破传统思维束缚，培养能适应国家高速发展需求的具有机械学科新知识结构和创新能力的高素质人才。

为了顺应机械工程学科高等教育发展的新形势，湖南省机械工程学会、湖南省机械原理教学研究会、湖南省机械设计教学研究会、湖南省工程图学教学研究会、湖南省金工教学研究会与中南大学出版社一起积极组织了高等学校机械类专业系列教材的建设规划工作。成立了规划教材编委会。编委会由各高等学校机电学院院长及具有较高理论水平和教学经验的教授、学者和专家组成。编委会组织国内近20所高等学校长期在教学、教改第一线工作的骨干教师召开了多次教材建设研讨会和提纲讨论会，充分交流教学成果、教改经验、教材建设经验，把教学研究成果与教材建设结合起来，并对教材编写的指导思想、特色、内容等进行了充分的论证，统一认识，明确思路。在此基础上，经编委会推荐和遴选，近百名具有丰富教学实践经验的教师参加了这套教材的编写工作。历经两年多的努力，这套教材终于与读者见面了，它凝结了全体编写者与组织者的心血，是他们集体智慧的结晶，也是他们教学教改成果的总结，体现了编写者对教育部"质量工程"精神的深刻领悟和对本学科教育规律的把握。

这套教材包括了高等学校机械类专业的基础课和部分专业基础课教材。整体看来，这套教材具有以下特色：

（1）根据教育部高等学校教学指导委员会相关课程的教学基本要求编写。遵循"重基础、宽口径、强能力、强应用"的原则，注重科学性、系统性、实践性。

（2）注重创新。本套教材不但反映了机械学科新知识、新技术、新方法的发展趋势和研究成果，还反映了其他相关学科在与机械学科的融合与渗透中产生的新前沿，体现了学科交叉对本学科的促进；教材与工程实践联系密切，应用实例丰富，体现了机械学科应用领域在不断扩大。

（3）注重质量。本套教材编写组对教材内容进行了严格的审定与把关，教材力求概念准确、叙述精练、案例典型、深入浅出、用词规范，采用最新国家标准及技术规范，确保了教材的高质量与权威性。

（4）教材体系立体化。为了方便教师教学与学生学习，本套教材还提供了电子课件、教学指导、教学大纲、考试大纲、题库、案例素材等教学资源支持服务平台。

教材要出精品，而精品不是一蹴而就的，我将这套书推荐给大家，请广大读者对它提出意见与建议，以利进一步提高。也希望教材编委会及出版社能做到与时俱进，根据高等教育改革发展形势、机械工程学科发展趋势和使用中的新体验，不断对教材进行修改、创新、完善，精益求精，使之更好地适应高等教育人才培养的需要。

衷心祝愿这套教材能在我国机械工程学科高等教育中充分发挥它的作用，也期待着这套教材能哺育新一代学子茁壮成长。

钟 掘

中国工程院院士

2012 年 5 月

前言 PREFACE.

    工程实践教学是高等工科院校培养和提高学生工程综合实践能力的重要环节。通过让学生实际制作工件来强化学生的工程训练效果，接触生产实际获得毛坯制造和零件加工过程的感性知识，掌握简单的操作技能，发挥学生的潜力，提高学生的创新意识，为以后从事机械设计与制造打下基础。

    《机械制造工程训练》为工程实践(金工实习)的实习教材，是根据当前高校"金工实习教学基本要求"和新颁布的国家有关标准，并结合培养应用型高级工程技术人才的需要，结合实践教学的特点编写而成的。汲取兄弟院校的教学改革成果和教学经验，充分考虑到现代机械加工的发展状况，本教材保留了传统的车、铣、刨、磨、钳、铸、锻和焊等基本实习科目，删除了过去实习教材中陈旧和浅显的内容，增添了数控技术的应用、特种加工和典型零件加工等章节，内容具有综合性、实践性和科学性的特点。

    考虑到各院校专业设置不同、培养方向各异、对金工技能要求掌握的程度也不尽相同的实际特点，为了给各专业留有较大的课题选择空间，本书在课题的设置上具有一定的广度和深度。根据各专业学生在进行金工实习前大多未接触过相应专业知识的特点，对所需的应知理论部分作了适当介绍，并配备了与本教材同步的训练报告——《机械制造工程训练报告》，便于学生在工程实践中巩固和检验已掌握的知识。

    本书旨在帮助学生正确掌握材料的加工方法；了解机械制造的工艺过程和新工艺、新技术的应用；指导实际操作，获得初步操作技能；巩固感性知识，为后续课程及今后工作打下一定的实践基础。

    本教材既可作为高等工科院校机械类和非机械类本科生的金工实习教材，也可作为高职高专、成人教育等同类专业学生的实习教材(学时以 3~4 周为宜)，为后继专业课的学习提供丰富的机械制造方面的感性知识。

本书由何国旗、何瑛、刘吉兆、莫亚武、陈文凯、李玉平、刘文祥、彭北山、陈召国等人编写，由何国旗、何瑛、刘吉兆担任主编，陈文凯、彭北山、李玉平、陈召国担任副主编，唐川林教授担任主审。

由于水平有限，书中难免有不足甚至错误，恳请广大读者批评指正。

编　者

2012 年 6 月

CONTENTS. 目录

绪 论

1. 金工实习的目的和要求

《金工实习》(也称基本工艺训练)是学生进行工程训练、培养工程意识、学习工艺知识、提高工程实践能力的重要的实践性教学环节、技术基础课，既是学生学习机械制造系列课程必不可少的先修课程，也是建立机械制造生产过程的概念，获得机械制造基础知识的基础课程和必修课程。其目的是：

1)建立起对机械制造生产基本过程的感性认识，学习机械制造的基础工艺知识，了解机械制造生产的主要设备。

在实训中，学生要学习机械制造的各种主要加工方法及其所用主要设备的基本结构、工作原理和操作方法，并正确使用各类工具、夹具、量具，熟悉各种加工方法、工艺技术、图纸文件和安全技术，了解加工工艺过程和工程术语，使学生对工程问题从感性认识上升到理性认识。这些实践知识将为以后学习有关专业技术基础课、专业课及毕业设计等打下良好的基础。

2)进行一些基本训练，培养实践动手能力。

学生通过直接参加生产实践，操作各种设备，使用各类工具、夹具、量具，独立完成简单零件的加工制造全过程，以培养学生对简单零件具有初步选择加工方法和分析工艺过程的能力，并具有操作主要设备和加工作业的技能，初步奠定技能型应用型人才应具备的基础知识和基本技能。

3)全面开展素质教育，树立实践观念、劳动观念和团队协作观念，培养高质量人才。

工程实践与训练一般在学校工程培训中心的现场进行。实训现场不同于教室，它是生产、教学、科研三结合的基地，教学内容丰富，实习环境多变，接触面宽广。这样一个特定的教学环境正是对学生进行思想作风教育的好场所、好时机。

金工实习对学好后续课程有着重要意义，特别是技术基础课和专业课，都与金工实习有着重要联系。金工实习场地是校内的工业环境，学生在实习时置身于工业环境中，接受实习指导人员思想品德教育，培养工程技术人员的全面素质。因此，金工实习是强化学生工程意识教育的良好教学手段。

本课程的主要要求是：①使学生掌握现代制造的一般过程和基本知识，熟悉机械零件的常用加工方法及其所用的主要设备和工具，了解新工艺、新技术、新材料在现代机械制造中的应用。②使学生对简单零件初步具有选择加工方法和进行工艺分析的能力，在主要工种方面应能独立完成简单零件的加工制造并培养一定的工艺实验和工程实践能力。③培养学生生产质量和经济观念，理论联系实际，一丝不苟的科学作风，热爱劳动、热爱公物的基本素质。

金工实习的基本内容分为车、铣、刨、磨、钻、钳工、焊接、电火花线切割等工种。通过实际操作、现场教学、专题讲座、电化教学、综合训练、实验、参观、演示、实习报告或作业以及考核等方式和手段，丰富教学内容，完成实践教学任务。

2. 实习安全技术

在实习劳动中要进行各种操作，制作各种不同规格的零件，因此，常要开动各种生产设备，接触到焊机、机床、砂轮机等。为了避免触电、机械伤害、爆炸、烫伤和中毒等工伤事故，实习人员必须严格遵守工艺操作规程。只有施行文明生产实习，才能确保实习人员的安全和保障：

1) 实习中做到专心听讲，仔细观察，做好笔记，尊重各位指导老师，独立操作，努力完成各项实习作业。

2) 严格执行安全制度，进车间必须穿好工作服。女生戴好工作帽，将长发放入帽内，不得穿高跟鞋、凉鞋。

3) 机床操作时不准戴手套，严禁身体、衣袖与转动部位接触；正确使用砂轮机，严格按安全规程操作，注意人身安全。

4) 遵守设备操作规程，爱护设备，未经教师允许不得随意乱动车间设备，更不准乱动开关和按钮。

5) 遵守劳动纪律，不迟到，不早退，不打闹，不串车间，不随地而坐，不擅离工作岗位，更不能到车间外玩，有事请假。

6) 交接班时认真清点工、卡、量具，做好保养保管工作，如有损坏、丢失，按价赔偿。

7) 实习时，要不怕苦、不怕累、不怕脏，热爱劳动。

8) 每天下班擦拭机床，整理用具、工件，打扫工作场地，保持环境卫生。

9) 爱护公物，节约材料、水、电，不践踏花木、绿地。

10) 爱护劳动保护品，实习结束时及时交还工作服，损坏、丢失按价赔偿。

第一章
机械工程材料

第一节 概述

凡与工程有关的材料均可称为工程材料，工程材料按其性能特点可分为结构材料和功能材料。结构材料通常以硬度、强度、塑性、冲击韧性等力学性能为主，兼有一定的物理、化学性能。而功能材料是以光、电、声、磁、热等特殊的物理、化学性能为主的功能和效应材料。

工程材料种类繁多，用途广泛，工程上通常按化学分类法对工程材料进行分类，可分为金属材料、非金属材料、复合材料等，如图1-1所示。

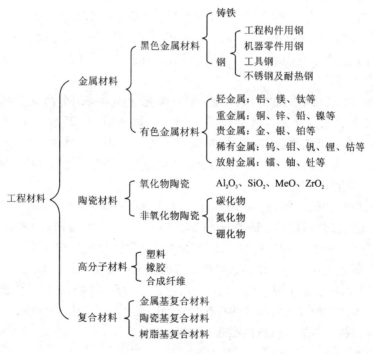

图1-1 常用机械工程材料

金属材料是目前应用最广泛的工程材料。它包括各种纯金属及其合金。在工业领域，金属材料被分为两类。一类是黑色金属，主要指应用最广的钢铁。一类是有色金属，指除黑色金属之外的所有金属及其合金。

非金属材料是近年来发展非常迅速的工程材料，因其具有金属材料无法具备的某些性能（如电绝缘性、耐腐蚀性等），在工业生产中已成为不可替代的重要材料，如高分子材料和工业陶瓷。

复合材料是指将两种或两种以上材料组合在一起而构成的一种新型材料。它不仅具有各成分材料的性能，而且表现出单一材料所无法具有的特性。

1. 金属材料的基础知识

1）金属材料的分类

金属材料分为黑色金属和有色金属。黑色金属指铁和铁与其他元素形成的铁合金，即一般所称的钢铁材料。合金是以一种基体金属为主（其含量超过50%），加入其他金属或非金属（合金元素），经熔炼、烧结或其他工艺方法而冶炼成的金属材料。有色金属指除铁与铁合金以外的各种金属及其合金。此外还有粉末冶金材料、烧结材料等。

由于金属材料具有制造机械产品及零件所需要的各种性能，容易生产和加工，所以成为制造机械产品的主要材料。合金材料可以通过调节其不同的成分和进行不同的加工处理获得比纯金属具有更多样化的和更好的综合性能，是机械工程中用途最广泛、用量最大的金属材料。钢铁材料是最常用和最廉价的金属材料，其他常用的金属材料有铝、铜及其合金。

（1）钢铁材料

以铁为基体金属、以碳为主要的合金元素形成的合金材料就是碳素钢或铸铁（灰口铸铁）。从理论上讲，钢中的含碳量为0.02% ~2.11%，低于0.02%为纯铁，高于2.11%就是铸铁。此外，在一般的钢铁材料中，还都会含有很少量的硅、锰、硫、磷，它们是因为钢铁冶炼而以杂质的形态存在于其中的。为了改善钢铁材料的性能再有意识地加入其他合金元素则成为合金钢或合金铸铁。

钢的种类繁多，可按不同的方法分类。如可按化学成分将钢分为碳素钢和合金钢两大类，进而还可按化学成分分为含碳量低于0.25%的低碳钢，0.25% ~0.6%的中碳，高于0.6%的高碳钢。按在机械制造工程中的用途可分为结构钢、工具钢和特殊性能钢三大类。按钢中所含S、P等有害杂质多少作为质量标准，可分为普通钢、优质钢和高级优质钢三大类等。钢的分类可综合如图1-2所示。

铸铁可按其所含的碳的形态不同来分类。例如，碳以石墨态存在其中的有灰口铸铁（片状石墨）、球墨铸铁（球状石墨）、蠕墨铸铁（蠕虫状石墨）、可锻铸铁（团絮状石墨），碳以化合物（Fe_3C）态存在其中的为白口铸铁。石墨态铸铁具有较好的机械性能、减振性、减磨性、低缺口敏感性等使用性能和良好的铸造性能、切削加工性能等工艺性能，生产工艺简单，成本低，因此，成为机械制造工程中用途最广、用量最大的金属材料。但是铸铁中石墨碳的存在，特别是灰口铸铁中的片状石墨碳的存在严重地降低了铸铁的抗拉强度，尽管对抗压强度的影响不大，也使铸铁的综合机械性能远不如钢好。

（2）有色金属

机械工程中常用的有色金属有铜及其合金、铝及其合金、滑动轴承合金等。

工业纯铜又称紫铜，以其良好的导电性、导热性和抗大气腐蚀性而广泛地应用于导电、导热的机械产品和零部件。铜合金主要有以锌为主要合金元素的黄铜，以镍为主要合金元素的白铜和以锌镍以外的其他元素为合金元素的青铜。铜合金一般用做除机械性能外对物理性

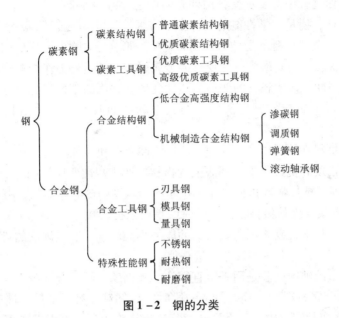

图 1-2 钢的分类

能或化学性能尚有一定要求的机械产品和零部件。

工业纯铝也有较好的导电性、导热性和抗大气腐蚀性，而密度仅为铜的1/3，价格又远较铜低廉，在很多场合都可代替铜。铝合金因加入的合金元素不同而表现出不同的使用性能和工艺性能，按其工艺性能可分为形变铝合金和铸造铝合金。形变铝合金塑性好，适于锻压加工，机械性能较高。铸造铝合金铸造性好，用于生产铝合金铸件。铝及其合金还广泛地应用于电器、航空航天器和运输车辆。

滑动轴承合金主要用做制造滑动轴承内衬。它既可以是在软的金属基体上均匀分布着硬的金属化合物质点，如锡基轴承合金、铅基轴承合金；也可以是在硬的金属基体上均匀分布着软的质点，如铜基轴承合金、铝基轴承合金。

（3）粉末冶金与功能材料

粉末冶金是用金属或金属化合物粉末作原料，经压制成型、烧结等工艺直接制造机械零件。它是一种不需熔炼的冶金工艺。机械制造工程中常用的粉末冶金材料有金属陶瓷硬质合金和钢结硬质合金两大类。金属陶瓷硬质合金如钨钴类、钨钴钛类等，由金属碳化物粉末（如 WC、TiC）和粘结剂（如 Co）混合制成，一般只用作刀具。钢结硬质合金是金属碳化物粉末（如 WC、TiC）和由合金钢粉末为粘结剂制成，可作各种机械零件和刀具。

功能材料则是指各种具有特殊的物理化学性能，如电、磁、声、光、热和特殊的理化效应（如形状记忆效应）的材料。机械制造工程中常用的功能材料，如磁性材料、电阻材料、热膨胀材料、超导材料、非晶态材料、形状记忆合金等。

2）金属材料的性能

金属材料的性能分为使用性能和工艺性能两大类。使用性能是指材料在使用过程中表现出来的特性。如物理性能（如密度、熔点、导电性、导热性、磁性等）、化学性能（如耐酸性、耐碱性、抗氧化性等）、力学性能等。工艺性能是指材料在加工制造过程中表现出来的特性。

（1）金属材料的力学性能

机械零件在工作过程中都要承受各种外力的作用。力学性能是指材料在受到外力的作用时所表现出来的特性。衡量力学性能的指标主要有弹性、塑性、强度、硬度、冲击韧性等。

①弹性和塑性 金属材料承受外力作用时产生变形，在去除外力后能恢复原来形状的性能，叫做弹性。该状态下的变形为弹性变形。金属材料在承受外力作用时产生永久变形而不破坏的性能，叫做塑性。该状态下的变形为塑性变形。常用的塑性指标是伸长率 δ 和断面收缩率 ψ。其数值通过金属拉伸试验测定。伸长率和断面收缩率的数值越大，材料的塑性越好。

②强度 金属材料在承受外力作用时，抵抗塑性变形和断裂的能力称为强度。衡量强度的指标主要是屈服强度和抗拉强度。屈服强度指材料产生塑性变形初期时的最低应力值，用 σ_s 表示，单位为 MPa。抗拉强度指材料在被拉断前所承受的最大应力值，用 σ_b 表示，单位为 MPa。屈服强度和抗拉强度是机械零件设计时的重要依据参数。

③硬度 金属材料抵抗硬物压入其表面的能力称为硬度。衡量硬度的指标主要有布氏硬度和洛氏硬度两种，它们均由专用仪器测量获得。

A. 布氏硬度：布氏硬度试验是用一定直径的淬火钢球或硬质合金球作为压头，以规定的压力将其压入被测金属材料的表面，保持一段时间后卸载，然后测量金属表面的压痕直径（如图1-3所示）。实际测量中，用读数显微镜测出压痕直径，再根据压痕直径在硬度换算表中查出布氏硬度值。依据 GB231—84《金属布氏硬度试验方法》的规定，布氏硬度用 HB 表示。通过淬火钢球压头所测出的硬度数值用 HBS 表示；通过硬质合金球压头所测出的硬度数值用 HBW 表示。表示方法如180HBS，62HBW，前面的数字代表硬度值。用布氏硬度试验测材料的硬度值，其测试数据比较准确，但不能测太薄的试样和硬度较高的材料。

图1-4为 HB-3000 布氏硬度计。测定硬度时其基本操作和程序如下：

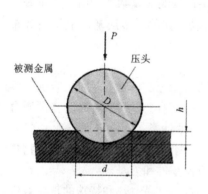

图1-3 布氏硬度试验原理图

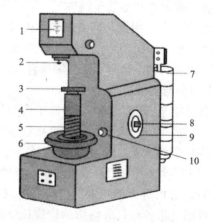

图1-4 HB-3000 布氏硬度计

1—指示灯；2—压头；3—工作台；4—立柱；5—丝杠；6—手轮；
7—载荷砝码；8—压紧螺钉；9—时间定位器；10—加载按钮

a. 将试样平稳放在工作台上，转动手轮使工作台徐徐上升使试样与压头接触(应注意压头固定是否可靠)，到手轮打滑为至，此时初载荷已加上。

b. 按下加载按钮，加荷指示灯亮，自动加载并卸载指示灯灭。

c. 逆时针转动手轮，使工作台下降，取下试样。

d. 用读数放大镜测量压痕直径，测得压痕直径后从表中查出布氏硬度值。

B. 洛氏硬度　洛氏硬度试验是用一定的载荷将顶角为120°的金刚石圆锥体或直径为 1.588 mm 的淬火钢球压入被测试样表面，然后根据压痕的深度来确定它的硬度值。一般地，洛氏硬度数值从硬度计的刻度盘上直接读取。压痕愈深，材料愈软，硬度数值愈低；反之，硬度数值愈高。国家标准规定，洛氏硬度用 HR 表示。测试时依据压头和压力等不同，分别有 HRA，HRB，HRC 三种表示方法，其中 HRC 应用最多。一般淬火钢件或工具都用 HRC 表示，如钳工用锉刀的硬度为 62～67HRC。

以 HRC 测试为例，如图 1-5 所示，采用顶角为120°金刚石圆锥压头，总载荷为 1500N。测试时先加预载荷 100N，压头从起始位置 0-0 到 1-1 位置，压入试件深度为 h_1，后加总载荷 1500N(实为主载荷 1400N 加上预载荷 100N)，压头位置为 2-2，压入深度为 h_2，停留数秒后，将主载荷 1400N 卸除，保留预载荷 100N。由于被测试件弹性变形恢复，压头略为提高，位置为 3-3，实际压入试件深度为 h_3，因此在主载荷作用下，压头压入试件的深度 $h = h_3 - h_1$。用深度

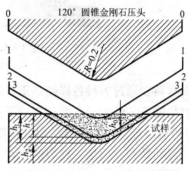

图 1-5　洛氏硬度测定原理示意图

值来评定材料的软硬程度。为了便于从硬度计表盘上直接读出硬度值，一是规定表盘上每一小格相当于 0.002 mm 压深，二是将 HRC 值用 HRC = $K - h/0.002$ 的公式表示，从而符合人们的习惯概念，即材料越硬，硬度值(HRC)越高。

金属材料硬度数值的高低一般除通过硬度计测试以外，实际生产现场常用锉刀锉削金属工件的办法来判别。方法是：选用新的细锉刀，如果稍微用力即可锉削时，表明工件硬度为 30～40HRC；当加大用力才可锉削时，表明工件硬度 HRC 为 50～55HRC，当继续加大用力，锉削困难但仍能锉削一些时，表明工件硬度为 55～60HRC，当锉削工件时锉刀打滑或锉刀上有划痕，表明工件材料的硬度高于锉刀的硬度，在 63HRC 以上。

④冲击韧度　大多数零件在工作状态时，常常受到各种各样冲击载荷的作用，如内燃机的连杆、冲床的冲头等。金属材料承受冲击载荷作用抵抗断裂破坏的能力称为冲击韧度。

冲击韧度测定方法：将试样放在试验机两支座上，把质量为 m 的摆锤抬到 H 高度，使摆锤具有位能为 mHg。摆锤落下冲断试样后升至 h 高度，具有位能为 mhg，故摆锤冲断试样推动的位能为 $mHg - mhg$，这就是试样变形和断裂所消耗的功，称为冲击吸收功 A_K，即 $A_K = mg (H - h)$。

用试样的断口处截面积 $S_N(\text{cm}^2)$ 去除 $A_K(\text{J})$ 即得到冲击韧度，用 a_k 表示，单位为 J/cm^2，

$$a_k = \frac{S_N}{A_K}。$$

3)金属材料的工艺性能

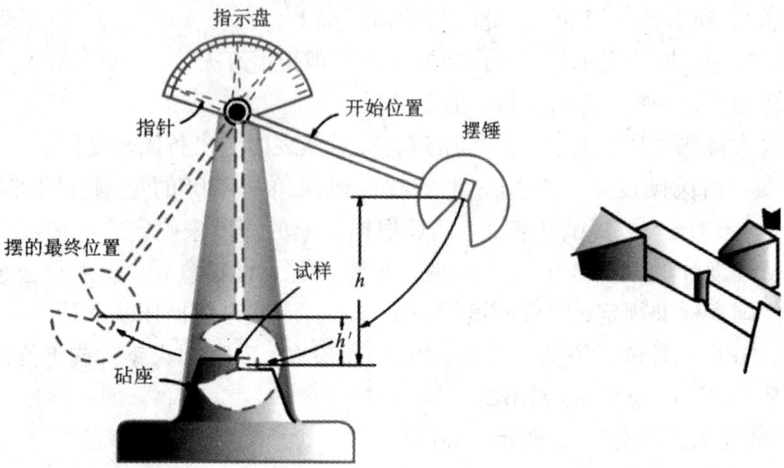
指示盘
开始位置
指针
摆锤
摆的最终位置
试样
h
h'
砧座

图 1-6　夏氏冲击试验示意图

金属材料要通过各种各样的加工方法被制造成零件或产品，材料对各种加工方法的适应性称为材料的工艺性能。主要包含以下几个方面的内容：

(1)铸造性能　指金属材料通过铸造方法制成优质铸件的难易程度。其影响因素主要包括材料的流动性和收缩性。材料的流动性越高，收缩性越小，则铸造性能越好。

(2)锻压性能　指金属材料在锻压加工过程中获得优良锻压件的难易程度。与金属材料的塑性及变形抗力有关。材料的塑性愈高，变形抗力愈小，则锻压性能愈好。

(3)焊接性能　指金属材料在一定焊接工艺条件下，获得优质焊接接头的难易程度。其影响因素包括材料的成分、焊接方法、工艺条件等。

(4)切削加工性能　指用刀具切削加工金属材料的难易程度。材料切削加工性能的好坏与其物理性能、力学性能有关。对于一般钢材，硬度在 200HBS 左右即具有良好的切削加工性能。

(5)热处理工艺性能　指金属材料能通过热处理方法改变其工艺性能和使用性能的特性。热处理只改变金属材料的组织和性能，而不改变其形状和大小。热处理工艺有多种方法。

4)金属材料的物理、化学性能

金属材料的物理、化学性能主要有密度、熔点、导电性、导热性、热膨胀性、耐热性、耐腐蚀性等。根据机械零件的用途不同，对材料的物理、化学性能要求也不同。金属材料的物理、化学性能对制造工艺也有一定影响。

2. 常用钢铁材料的牌号及用途

1)碳素钢

碳素钢的牌号是以其含碳量为基础确定的，碳素钢的分类、牌号及用途见表 1-1。

表 1 – 1 碳素钢的分类、牌号及用途

分 类	牌 号		应用举例
	牌号举例	说 明	
碳素结构钢	Q235 – A	Q 表示屈服强度汉字拼音字首，235 表示屈服强度值，A 表示质量等级。	螺钉、螺母、垫圈及型钢等
优质碳素结构钢	08～25	数字表示钢的平均含碳量的万分之一，如 45 钢的平均含碳量为 0.45%。化学元素 Cr 表示钢的含铬量较高。	壳体、容器
	30～50 40Cr		轴、杆、齿轮、连杆
	60 以上		弹簧等
碳素工具钢	T7, T7A T8, T8A	T 表示碳素工具钢，数字表示该钢的平均含碳量，以 0.1% 为单位，A 表示质量等级。	冲头、錾子、手钳、锤子
	T9, T9A T10, T10A		板牙、丝锥、钻头、车刀
	T12, T12A T13, T13A		刮刀、锉刀、量具等

（1）碳素结构钢　碳素结构钢的牌号由机械性能指标中的"屈服点"的汉语拼音的第一个字母"Q"、屈服点的数值（MPa）、质量等级符号（A、B、C、D——从左至右，质量依次提高）及脱氧方法符号（F、b、Z、TZ——从左至右依次为沸腾钢、半镇静钢、镇静钢、特殊镇静钢）四部分顺序组成。如 Q235 – A·F 即为屈服点为 235 MPa、质量 A 级的沸腾钢。碳素结构钢一般以热轧空冷的各种型钢、薄板状态供应，主要用做冲压件、焊接结构件和对机械性能要求不高的机械零件。

（2）优质碳素结构钢　优质碳素结构钢的牌号用钢中碳量的平均质量分数（含碳量）的万倍的两位数字表示。例如 45 钢就是平均 $\omega_c = 0.45\%$ 的优质碳素结构钢。在制造机械零件常用的优质碳素结构钢中，15、20 等含碳量较低的优质碳素结构钢具有较好的塑性，其强度、硬度都较低，常用做冲压件、焊接件和要求不高的渗碳件；40、45 钢在经过调质热处理后，具有较好的综合机械性能，是制造轴、齿轮、螺栓、螺母等基础机械零件用量最多的钢铁材料之一；60、65 等含碳量较高的优质碳素结构钢经淬火和随后的中温回火后，具有较高的弹性极限和屈强比（σ_s/σ_b），一般用于要求不高的小型弹簧。

（3）碳素工具钢　碳素工具钢分为优质碳素工具钢和高级优质碳素工具钢。优质碳素工具钢其牌号顺序包括字母 T 及表示碳平均质量分数（含碳量）的千倍的数字。对于高级优质碳素工具钢则还要在数字后加字母 A。例如 T10A 钢表示平均 $\omega_c = 1.0\%$ 的高级优质碳素工具钢。碳素工具钢具有很高的硬度，且随着含碳量的增加，碳素工具钢的耐磨性增加，而韧性则降低。碳素工具钢适合于制造小型的手动工具，如各种钳工工具中就有用 T7、T8 钢制作的錾子，用 T9、T10、T11 钢制作的丝锥、钻头，用 T12、T13 钢制作的锉刀、刮刀等。

工程用铸造碳钢牌号中 ZG 表示铸钢，前三位数表示最小屈服强度值，后三位数表示最小抗拉强度值，如 ZG340 – 640。

2）合金钢

合金钢是在碳素钢中加入一种或数种合金元素的钢。常用的合金元素有 Mn、Si、Cr、Ni、Mo、W、V、Ti 等。

不同种类的合金钢牌号的编号方法不同，常用合金钢的分类、牌号及用途见表 1-2。低合金高强度结构钢的钢号由代表屈服点的汉语拼音的第一个字母"Q"、屈服点的数值（MPa）、质量等级符号（A、B、C、D——从左至右，质量依次提高）三部分顺序组成。如 Q390-A。此类钢属低碳、低合金钢，在具有良好的塑性、韧性、抗冲压性和焊接性的同时，强度和耐腐蚀性明显高于相同含碳量的碳素钢。常用于锅炉、车辆、船舶、桥梁等。

表 1-2 合金钢的分类、牌号及用途

分 类	牌号举例	应用举例
合金结构钢	Q235	船舶、桥梁、车辆、起重机械
	40Cr	曲轴、齿轮、连杆、凸轮
	20CrMnTi	汽车、拖拉机齿轮、凸轮
合金工具钢	Cr12	拉丝模、压印模、搓丝板及冲模冲头
	9SiCr	丝锥、板牙、铰刀
	W18Cr4V	齿轮滚刀、插齿刀、拉刀
	5CrMnMo	中、小型热锻模
特殊性能钢	GCr15	滚动轴承
	60Si2Mn	汽车、拖拉机减震板弹簧
	1Cr18NiTi	汽轮机叶片

合金结构钢钢号中首数字表示平均含碳量的万分之几，钢号中标明主要合金元素及平均含量的百分之几，含量少于 1.5% 时一般不标出含量，高级优质钢则在其后加 A。合金结构钢中的滚动轴承钢钢号前加 G，并标明平均含铬量的千分之几。如 18Cr2Ni4W、38CrMoAlA、60Si2Mn、GCr15。合金结构钢比碳素结构钢具有更广泛和更好的性能，用于制造比较重要的、服役条件比较恶劣的、有特殊使用性能或工艺性能要求的机械零件，如传动轴、变速齿轮、连杆、弹簧、滚动轴承等。

在合金工具钢中，当平均含碳量≥1.0% 时不标出，当平均含碳量 <1.0% 时，牌号首数字为平均含碳量的千分之几（作为例外，高速钢的含碳量不标出，如 W18Cr4V），合金元素及含量的表示法同合金结构钢。如 Cr12MoV、5CrMnMo、9SiCr。合金工具钢特别是高速钢用做刀具比碳素工具钢具有更高的红硬性，即在高温下可保持硬度 HRC≥60，广泛用于制造各种刀具。而模具钢、量具钢则用于制造各种冷热模具和量具。

在特殊性能钢牌号中，当平均含碳量≤0.03% 时，号首数字以 00 表示；当平均含碳≤0.08% 时，号首数字以 0 表示；其余钢号号首数字表示平均含碳量的千分之几。合金元素及含量的表示法同合金结构钢。如 00Cr18Ni10、0Cr18Ni9Ti、2Cr13。特殊性能钢用量最多的是不锈钢和耐热钢，它们广泛地用于各种化工设备、医疗器械、高温下工作的零件等。

3）铸铁

铸铁中硅、锰、硫、磷等杂质较钢多，抗拉强度、塑性和韧性不如钢好，但容易铸造，减震性好，易切削加工，且价格便宜，所以铸铁在工业中仍然得到广泛的应用，常用铸铁的分类、牌号及用途见表1-3。

表1-3　铸铁的分类、牌号及用途

名　称	牌号及其含义		性　能	应用举例
	牌号举例	含　义		
灰口铸铁	HT100 HT200 HT300 HT350	HT表示灰铁，三位数字表示最低抗拉强度(MPa)	铸造性能、减震性、耐磨性、切削加工性能优异	皮带轮、轴承座、气缸、飞轮、齿轮箱、凸轮、油缸、机床床身等
球墨铸铁	QT400-17 QT500-5 QT600-2 QT600-2 QT1200-1	QT表示球铁，数字分别为最低抗拉强度(MPa)和最小伸长率(%)	较灰铁的机械性能优良，可以进行热处理	汽车、拖拉机、柴油机等的曲轴、缸体、缸套、传动齿轮、连杆等
蠕墨铸铁	RuT260 RuT300 RuT420	RuT表示蠕铁，数字表示最低抗拉强度(MPa)	具有良好的综合性能	排气管、汽缸盖、活塞环、钢珠研磨盘、吸淤泵
可锻铸铁	KTH300-6 KTH330-8 KTH350-10 KTH370-12	KTH表示黑心可锻铸铁，数字分别表示最低抗拉强度(MPa)和延伸率(%)	塑性好、韧性好、耐腐蚀性较高	弯头、三通管件、扳手、犁头、犁柱、减速器壳、制动器、铁道零件等
	KTZ450-2 KTZ550-4 KTZ700-2	KTZ表示珠光体可锻铸铁，数字含义同上	强度、硬度较高，可进行热处理	高载荷、耐磨损零件，如曲轴、凸轮轴、轴套等

（1）灰口铸铁

牌号为"灰铁"的汉语拼音字头HT加表示其最低抗拉强度的三位数字组成。如HT100、HT150、HT350。灰口铸铁的抗拉强度、塑性、韧性较低，抗压强度、硬度、耐磨性较好，工艺性能也较好，广泛用于机器设备的床身、底座、箱体等。

（2）球墨铸铁

牌号为"球铁"的汉语拼音字头QT加表示其最低抗拉强度和最小伸长率的两组数字组成。如QT600-3。球墨铸铁强化处理后比灰口铸铁有着更好的机械性能，可代替碳素结构钢用于制造曲轴、连杆、齿轮等重要零件。

（3）蠕墨铸铁

牌号为"蠕铁"的汉语拼音字头RuT加表示其最低抗拉强度的三位数字组成。蠕墨铸铁的机械性能介于灰口铸铁和球墨铸铁之间，主要用于制造柴油机气缸套、气缸盖、阀体等。

（4）可锻铸铁

牌号为"可铁"的汉语拼音字头 KT 加表示黑心可锻铸铁的汉语拼音字头 H(或白心可锻铸铁 B、珠光体可锻铸铁 Z)加表示其最低抗拉强度和最小伸长率的两组数字组成。如 KTH300 - 06。可锻铸铁的机械性能优于灰口铸铁,常用做管接头、农机具等。

(5)白口铸铁

以化合状态(Fe_3C)存在,断口呈银白色,故称白口铸铁。其性能硬而脆,很难切削加工,很少用来铸造机件,可作耐磨件。

4)有色金属

(1)铝及铝合金

铝是目前工业中应用最广泛的有色金属。它具有良好的导电、导热性,强度低,塑性好,可以进行各种压力加工。为了获得良好的机械性能和工艺性能,通常在铝中加入一定量的其他元素以制成具有较高强度的铝合金。根据化学成分和工艺特点的不同,铝合金分为形变铝合金和铸造铝合金。

①形变铝合金

根据主要性能特点和用途,形变铝合金分为防锈铝(代号 LF)、硬铝(代号 LY)、超硬铝(代号 LC)、锻造铝(代号 LD)等。它们的供应状态是具有各种规格的型材、板材、线材、管材等。防锈铝(如 LF5、LF21)具有良好的塑性和耐腐蚀性,可用于制作油箱、油管、铆钉及餐具等结构件。硬铝(如 LY11,LY12)及超硬铝(如 LC4,LC5)经过热处理后可以获得较高的硬度和强度,可用于制造飞机螺旋桨、叶片、大梁、起落架、桁架等高强度结构件。锻铝(如 LD5,LD7)只有良好的热塑性,可用于制造复杂的大型锻件。

②铸造铝合金(代号 ZL)

依据化学成分可分为铝硅铸造合金(如 ZL101,ZL102)、铝铜铸造合金(如 ZL201,ZL202)、铝镁铸造合金(如 ZL301)等。铸造铝合金具有良好的铸造性能,适宜于铸造成型,用于生产形状复杂的零件。常用于制造电动机壳体、汽缸体、油泵壳体、内燃机活塞及仪器、仪表零件等。

(2)铜及铜合金

纯铜又称紫铜,具有良好的导电性、导热性、抗大气腐蚀及抗磁性。广泛用于制造导电材料及防磁器械等。铜合金按化学成分可分为黄铜、青铜、白铜三大类,其中黄铜和青铜应用最广泛。

①黄铜。

黄铜是以锌为主要合金元素的合金。它具有良好的耐腐蚀性和加工工艺性。

根据化学成分和加工方法的不同,黄铜又可分为普通黄铜,牌号如 H70,H62,H58,数字表示铜的百分含量。常用于制造弹壳、冷凝器管、弹簧、垫圈、螺钉、螺母等;特殊黄铜,牌号如 HIpb9 - 1,常用于制造高强度及化学性能稳定的零件;铸造黄铜,牌号如 ZCuZn38,ZCuZn33Pb2 等,常用于铸造机械、热压轧制零件及轴承、轴套等。

②青铜。

工业上把以锡、铝、铍、锰、铅等为主要元素的铜合金称为青铜。青铜可分为锡青铜、铝青铜、铍青铜等。锡青铜具有良好的耐腐蚀性和耐磨性,常用于制造泵、齿轮、耐磨轴承等;铝青铜具有强度高、耐腐蚀性好、铸造性能优良的优点,常用于制造弹性零件及耐腐蚀、耐磨零件等。铍青铜不仅强度高,弹性好,抗蚀、耐热、耐磨等性能也较好,主要用于制造精密仪器、仪表的弹性元件、耐磨零件等。另外,有色金属还有镁及镁合金、锌及锌合金、轴承合金等。

第二节 常用的非金属材料

随着科学技术的发展,工业中除大量使用金属材料外,非金属材料在近几十年来也有了迅速的发展,得到愈来愈广泛的应用。常用的非金属材料有工程塑料、复合材料、工业橡胶、工业陶瓷等。

1. 工程塑料

工程塑料是应用最广的有机高分子材料,也是最重要的工程结构材料。其主要成分是合成树脂,此外还包括填料或增强材料、增塑剂、固化剂等添加剂。它具有很多优良性能,如密度小,耐腐蚀,耐磨和减磨性好,良好的电绝缘性和成形性等。其不足之处是强度、硬度较低,耐热性差,易老化等。现已有几百种工程塑料在工业生产中被广泛应用。典型的工程塑料及性能与应用见表1-4。

表1-4 典型的工程塑料及性能与应用

名　称	性　能	应　用
聚氯乙烯 (PVC)	分为硬质和软质两种,硬质聚氯乙烯强度、硬度高,耐蚀、耐水性好,适合热接和切削加工。软质聚氯乙烯强度、硬度低,耐蚀性差,易老化。	常用于制造塑料管、塑料板、薄膜、软管、低压电缆的绝缘层等,加入发泡剂可制成泡沫塑料,用于制作衬垫、包装袋等。
ABS塑料	抗冲击性、耐热性、耐低温性、耐化学药品性及电气性能优良,还具有易加工、制品尺寸稳定、表面光泽性好等特点,容易涂装、着色,还可以进行表面喷镀金属、电镀、焊接、热压和粘接等二次加工。	广泛应用于机械、汽车、电子电器、仪器仪表、纺织和建筑等工业领域,是一种用途极广的热塑性工程塑料。
聚酰胺 (PA)	由于它独特的低比重、高抗拉强度、耐磨、自润滑性好、冲击韧性优异、具有刚柔兼备的性能。	广泛用于汽车及交通运输业。典型的制品有泵叶轮、风扇叶片、阀座、衬套、轴承、各种仪表板、汽车电器仪表、冷热空气调节阀等零部件。
聚四氟乙烯 (F-4)	聚四氟乙烯俗称"塑料王",具有优良的化学稳定性、耐腐蚀性、密封性、高润滑不黏性、电绝缘性和良好的抗老化耐力。能在+250℃至-180℃的温度下长期工作。	化工、石化、炼油、氯碱、制酸、磷肥、制药、农药、化纤、染化、焦化、煤气、有机合成、有色冶炼、钢铁、原子能及高纯产品生产(如离子膜电解),黏稠物料输送与操作,卫生要求高度严格的食品、饮料等加工生产部门。
酚醛树脂 (PF)	具有较高的机械强度,耐热、耐磨、耐酸、电绝缘性好。耐电弧、耐烧蚀,广泛应用于电器仪表工业,近年来在航天工业中也得到一定的应用。	广泛用做电绝缘材料、家具零件、日用品、工艺品等。此外,还用做耐酸用的石棉酚醛塑料、作绝缘用的涂胶纸、涂胶布、作绝缘隔音用的酚醛泡沫塑料和蜂窝塑料等。

2. 复合材料

复合材料是指由两种或两种以上物理、化学性质不同的物质，经人工合成的一种多相固体材料。一般由高强度、高模量、脆性大的增强材料和低强度、低模量、韧性好的基体材料所组成。它不仅具有各组成材料的优点，而且还可以获得单一材料不具备的优良综合性能。其有高强度和模量，较好的疲劳强度和耐蚀、耐热、耐磨性，同时还有一定的减震性。已成为一种大有发展和应用前途的新型工程材料。但是它也有一定的缺点，如断裂伸长率较小，抗冲击性较差，横向强度较低，成本较高等，常用复合材料的种类、组成及应用见表1-5。

表1-5 复合材料的种类、组成及应用

种 类	组 成 方 式	应 用
纤维增强复合材料	常以树脂、橡胶、陶瓷等非金属或金属材料为基体，以玻璃纤维、碳纤维、石墨纤维等有机纤维或金属及陶瓷晶须等高强度、高模量的纤维为增强材料组合而成。	热固性玻璃钢：轴承、仪表盘、壳体、叶片等。 热塑性玻璃钢：车身、船体、直升机旋翼等。 碳纤维树脂复合材料：比强度和比模量高的飞行器结构件、重型机械的轴瓦、齿轮及化工的腐蚀件等。
层合复合材料	由两层或两层以上不同性质的材料叠合而成，以达到增强的目的。	三层复合材料：无油润滑轴承、机床导轨、衬套、垫片等。 夹层复合材料：飞机、船舶的隔板及冷却塔等。
颗粒复合材料	以高硬度、高强度的细小陶瓷或金属颗粒，均匀分散在韧性基体中而形成。	颗粒与树脂复合材料：塑料中加颗粒填料、橡胶加炭黑增强等。 陶瓷颗粒与金属复合材料：（金属陶瓷）如WC硬质合金刀具。

3. 工业陶瓷

陶瓷是一种无机非金属固体材料。其特点是高硬度、高耐磨性、高弹性模量、高抗压强度、高熔点、高化学稳定性、耐高温、耐腐蚀，但抗拉强度低，脆性大。此外，大多数陶瓷可作绝缘材料，有的可作半导体材料、压电材料、热电和磁性材料，故其在工业上的应用日益广泛。根据成分和用途，工业陶瓷可分为硅酸盐陶瓷（或普通陶瓷）和特种陶瓷两种。其性能与应用见表1-6。

表1-6 陶瓷的性能与应用

名 称	性 能	应 用
硅酸盐陶瓷	质地硬、耐酸、耐高温、不生锈、绝缘性能良好。由于成分中含有较多的碱金属氧化物和其他物质，故脆性大，强度不高。	广泛用于日用、电气、化工、建筑等方面，如装饰件、绝缘材料、餐具、耐蚀容器、管道、设备等。
特种陶瓷	特种陶瓷按化学成分可分为氧化物陶瓷、氮化物陶瓷、硅化物陶瓷及氟化物陶瓷等。其性能优于硅酸盐陶瓷，如硬度、强度高，耐磨、耐高温，有极高的化学稳定性和耐腐蚀性。	各种泵类机械的密封件，轴承垫圈、刀具、汽车发动机、柴油机内耐热、耐磨零件，化工管道、泵、阀等。

14

4.合成橡胶

合成橡胶是通过化学合成的方法，以生胶为基础加入适量的配合剂而制成的高分子材料。配合剂包括硫化剂、填充剂、软化剂及发泡剂等。常用合成橡胶的性能和应用见表1-7。

表1-7　常用合成橡胶的性能与应用

种　类		性　能	应　用
通用橡胶	丁苯橡胶（SBR）	比天然橡胶质地均匀，耐热、耐老化性能好，但加工成形困难，硫化速度慢。	广泛用于轮胎、胶带、胶管、电线电缆、医疗器具及各种橡胶制品的生产等领域。
	顺丁橡胶（BR）	有较高的耐磨性，比丁苯橡胶高26%。	主要用于轮胎工业中，可用于制造胶管、胶带、胶鞋、胶辊、玩具等。还可以用于各种耐寒性要求高的制品和用做防震。
特种橡胶	丁腈橡胶（NBR）	丁腈橡胶主要采用低温乳液聚合法生产，耐油性极好，耐磨性较高，耐热性较好，粘接力强。其缺点是耐低温性差、耐臭氧性差，电性能低劣，弹性稍低。	广泛用于制作各种耐油橡胶制品、多种耐油垫圈、垫片、套管、软包装、软胶管、印染胶辊、电缆胶材料等。
	硅橡胶	无味无毒，不怕高温和抵御严寒，有良好的电绝缘性、耐氧抗老化性、耐光抗老化性以及防霉性、化学稳定性等。	高温硅橡胶主要用于制造各种硅橡胶制品，而室温硅橡胶则主要是作为粘接剂、灌封材料或模具使用。

第三节　金属材料热处理

金属材料的热处理是将固态金属或合金，采用适当的方式进行加热、保温和冷却，改变材料内部组织结构，从而获得改善材料性能的工艺，称之为热处理。加热、保温和冷却是金属材料热处理的3个基本要素。经过热处理以后，不仅可以改变材料的内部组织结构，而且可以消除材料或毛坯组织结构的某些缺陷，改善工艺性能，提高使用性能，减轻零件重量，提高质量，降低成本，延长寿命。金属材料的热处理广泛地用于机械制造工程中，既用于原材料、毛坯的预备热处理，又用于加工过程中的工序间热处理和产品零件的最终热处理。

在机床、运输设备行业中70%~80%的零件要热处理，而在量具、刃具、轴承和工模具等行业中甚至为100%。

钢的热处理分类如图1-7所示。其工艺过程通常可用温度-时间坐标的工艺曲线来表示。钢常用的各种热处理工艺规范如图1-8所示。

整体热处理：退火、正火、淬火、回火、调质等

热处理　表面热处理　表面淬火：感应加热淬火、火焰加热淬火等
　　　　　　　　　　　化学热处理：渗碳、渗氮等

其他热处理：形变热处理、超细化热处理、真空热处理等

图1-7　钢的热处理分类

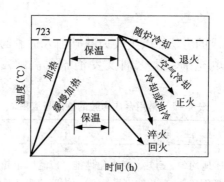

图1-8 钢的各种热处理工艺规范

热处理工艺按其工序位置可分为预备热处理和最终热处理。预备热处理可以改善材料的加工工艺性能，为后续工序作好组织和性能的准备；最终热处理可以提高金属材料的使用性能，充分发挥其性能潜力。因此，热处理得到了广泛的应用。

1. 钢的常用热处理

1）退火与正火

（1）退火

退火是将金属或合金加热到适当的温度，保持一定的时间，然后缓慢冷却的热处理工艺。

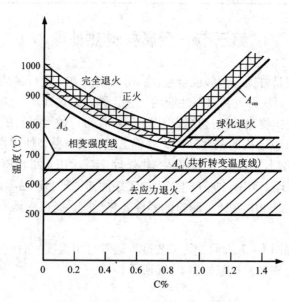

图1-9 退火和正火的加热温度范围

退火的目的：

①降低硬度，改善切削加工性。

②消除残余应力，稳定尺寸，减少变形与裂纹倾向。

③细化晶粒，调整组织，消除组织缺陷。

16

在生产中,退火工艺应用很广泛。根据工件要求退火的目的不同,退火的工艺规范有多种,常用的有完全退火、球化退火和去应力退火等。

(2)正火

正火是将钢加热到 A_{c3}(亚共析钢)或 A_{cm}(共析、过共析钢)以上 30~50℃,保温一定时间后,在空气中冷却的热处理工艺方法。

正火的目的:

①对于力学性能要求不高的碳钢、低合金钢结构件,可作最终热处理。

②对于低碳钢可用来调整硬度,避免切削加工中的"粘刀"现象,改善切削加工性。

③对于共析、过共析钢,正火可消除网状二次渗碳体,为球化退火作准备。

正火本质上是一种退火,经正火处理的钢,其机械性能接近于退火状态,但因冷却速度较退火快,占用炉子等热处理设备的时间短,生产成本低,故在技术允许的情况下尽量用正火代替退火。对一些使用性能要求不高的中碳钢零件也可用正火代替调质处理(淬火+高温回火)。

退火和正火可在电阻炉或煤、油、气炉中进行,最常用的是电阻炉。电阻炉是利用电流通过电阻丝产生的热量来加热工件,同时用热电偶等电热仪表控制温度,操作简单、温度准确。在加热过程中,由于工件与外界介质在高温下发生化学反应,当加热温度和加热速度控制不当或装炉不合适时,会造成工件氧化、脱碳、过热、过烧及变形等缺陷。因此要严格控制加热温度和加热速度等。图 2-8 为退火和正火的加热温度范围。

2)淬火

淬火是将工件加热到 A_{c1} 或 A_{c3} 以上某一温度,保温一定时间使其奥氏体化,然后以一定的冷却速度冷却,从而获得马氏体(或贝氏体)的热处理工艺方法。

淬火的目的是提高钢的强度和硬度,增加耐磨性,并通过回火处理可获得既有较高的强度、硬度,又有一定弹性、韧性的具有优良综合机械性能的工件。

淬火的冷却介质称为淬火剂。常用的淬火剂有水和油两种。水通常用于一般碳钢零件的淬火。在水中加入食盐或碱,可以提高冷却速度。淬火时也常用植物油或矿物油作淬火剂。油作淬火剂时,冷却能力较水低,可防止工件产生裂纹等缺陷,适用于合金钢淬火。油易燃,价格较高,且易老化。

淬火操作时,应注意淬火工件浸入淬火剂的方式。如果浸入方式不正确,则可能因工件各部分的冷却速度不一致而造成极大的内应力,使工件发生变形、裂纹或产生局部淬不硬等缺陷。浸入方式的根本原则是保证工件最均匀地冷却,具体操作如图 1-10 所示。

厚薄不匀的工件,厚的部分应先浸入淬火剂中;细长的工件,如钻头、锉刀、轴等,应垂直地浸入淬火剂中;薄而平的工件,如圆盘铣刀等,不能平着放入而必须立着放入淬火剂中;薄壁环状工件,必须沿其轴线垂直于液面方向浸入;截面不均匀的工件,应斜着浸入淬火剂中,使工件各部分的冷却速度接近。

3)回火

回火是将淬火后的钢重新加热到 A_{c1} 以下某一温度范围(大大低于退火、正火和淬火时的加热温度),保温后在空气、油或水中冷却的热处理工艺。回火的目的是减小或消除工件在淬火时产生的内应力,降低淬火钢的脆性,使工件获得较好的强度、韧性、塑性、弹性等综合力学性能。

根据回火温度的不同，回火分为低温回火、中温回火和高温回火。

（1）低温回火

回火温度为 150～250℃。低温回火可以部分消除淬火造成的内应力，降低钢的脆性，提高韧性，同时保持较高的硬度。故广泛应用于要求硬度高、耐磨性好的零件，如量具、刃具、冷变形模具及表面淬火件等。

（2）中温回火

回火温度为 300～450℃。中温回火可以消除大部分内应力，硬度有显著的下降，但仍有一定的韧性和弹性。中温回火主要应用于各类弹簧，高强度的轴、轴套及热锻模具等工件。

（3）高温回火

回火温度为 500～650℃。高温回火可以消除内应力，使工件既具有良好的塑性和韧性，又具有较高的强度。淬火后再经高温回火的工艺称为调质处理。对于大部分要求较高综合力学性能的重要零件，都要经过调质处理，如轴、齿轮等。

2. 钢的表面热处理

很多机器零件，如曲轴、齿轮、凸轮、机床导轨等，是在冲击载荷和强烈的摩擦条件下工作的，要求表面层坚硬耐磨，不易产生疲劳破坏，而芯部则要求有足够的塑性和韧性。显然，采用整体热处理是难以达到上述要求的，这时可通过对工作表面采取强化热处理，即表面热处理的方法解决。常用的表面热处理方法有表面淬火和化学热处理两种。

1）表面淬火

钢的表面淬火一般分为火焰加热表面淬火和感应加热表面淬火等。表面淬火使工件表层硬度增高，而芯部仍然保持原有的韧性。

（1）火焰加热表面淬火

采用乙炔－氧（或煤气－氧）的混合气体燃烧的火焰迅速加热工件表面，至淬火温度后快速冷却（如喷水）的淬火工艺，叫火焰加热表面淬火。淬硬层深度一般为 2～6 mm。这种淬火方法设备简单，操作方便，成本低廉，特别适用于大型工件、单件、小批生产。但加热温度较难控制，因而淬火质量不稳定。

（2）感应加热表面淬火

如图 1－11 所示，将工件放在通有高频（中频、工频）电流的线圈中，利用感应电流通过工件产生热效应（集肤效应），使工件表层（或局部）迅速加热并进行快速冷却的淬火工艺，叫感应加热表面淬火。由于加热时间短，淬火表层组织细、性能好，感应加热表面淬火生产效率高，工件表面氧化、脱碳极少，变形也小，淬硬层深度易于控制，容易实现自动化。但设备费用昂贵，适宜用于形状简单的工件大批量生产。

2）化学热处理

化学热处理是将工件放在一定的介质中加热和保温，使介质中的某些元素渗入工件表层，从而改变表层的化学成分、组织和性能的热处理工艺。通过化学热处理可提高工件表面的硬度和耐磨性，也可提高工件表面的耐蚀性、耐热性等。常用的化学热处理有渗碳、渗氮、碳氮共渗以及渗硼、铝、铬、硅等。渗碳是将工件置于渗碳介质中，加热保温一段时间，使碳原子渗入工件表层，提高表层含碳量，从而增强表面的硬度及耐磨性。渗碳工件材料一般为低碳钢。渗碳工艺常用的有气体渗碳和固体渗碳。渗碳后，仍需对工件进行淬火和低温回火处理。

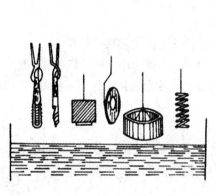

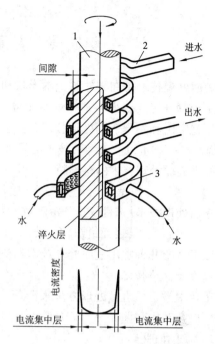

图 1-10　工件浸入淬火剂的正确方法　　　　图 1-11　感应加热表面淬火示意图

3.热处理常用设备及其使用

热处理加热的专用设备称为热处理炉,根据热处理方法不同,所用的加热炉也不同。常用的有箱式电阻炉等。

1)箱式电阻炉结构及其使用

箱式电阻炉如图 1-12 所示。按工作温度可分为高温、中温及低温炉三种,其中以中温箱式电阻炉应用最广,其最高工作温度为 950℃,可用于碳素钢、合金钢的退火、正火、淬火。中温箱式电阻炉见图 1-13。

图 1-12　箱式电阻炉外观图

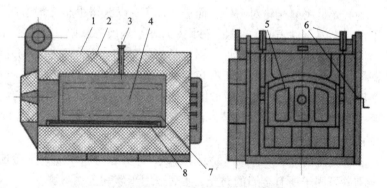

图 1-13　中温箱式电阻炉

1—炉壳;2—炉衬;3—热电偶孔;4—炉膛;

5—炉门;6—炉门升降机;7—电热元件;8—炉底板

第四节　金属常用表面处理技术

表面处理技术是在零件的基本形状和结构形成之后，通过不同的工艺方法对零件表面进行加工处理，使其获得与基体材料不同的性能的一项专门技术，它是跨多种学科的通用技术。研究应用和发展表面处理技术，对于提高零件的使用寿命和可靠性、充分发挥材料的潜力、提高产品质量以及推动新技术的发展等都具有十分重要的意义。

根据表面处理技术的科学特点，可以作如下分类：

表面处理技术 { 表面合金化技术：喷焊、堆焊、离子注入、激光渗碳、热渗镀
表面覆层、覆膜技术：气相沉积、涂装、电镀、化学镀、热喷镀、热浸镀
表面组织转化技术：喷丸、滚压、抛光、激光强化、电子束热处理

以下介绍几种常用表面处理技术

1.表面机械强化

工业中常采用机械处理方法来清理、强化及光整金属表面，如喷丸处理、滚压加工、内孔挤压以及磨光和抛光等，其中喷丸处理、抛光处理在生产中应用很广泛。

1）喷丸处理

喷丸处理是利用高速喷射的沙丸或铁丸，对工件表面进行强烈的冲击，使其表面发生塑性变形，从而达到强化表面和改变表面状态的一种工艺方法。喷丸的方法通常有手工操作和机械操作两种。常用的喷丸有以下几种：铸铁弹丸、钢弹丸、玻璃弹丸、沙丸等，其中黑色金属常选用铸铁弹丸、钢弹丸和玻璃弹丸，而有色金属与不锈钢常用玻璃弹丸和不锈钢弹丸。

喷丸处理是工厂广泛采用的一种表面强化工艺，其设备简单、成本低廉，不受工件形状和位置限制，操作方便，但工作环境较差。喷丸广泛用于提高零件机械强度以及耐磨性、抗疲劳和耐腐蚀性等。还可用于表面消光、去氧化皮和消除铸、锻、焊件的残余应力等。

2）磨光和抛光

（1）磨光

磨光是用磨光轮对零件表面进行加工，以获得平整光滑磨面的一种表面处理方法。其作用在于去掉零件表面的锈蚀、砂眼、焊渣、划痕等缺陷，提高零件的表面平整度。

磨光分粗磨和细磨两种。粗磨是将粗糙的表面和不规则的外形修整成形，可用手工或机械操作。手工操作多数用于有色金属；机械操作用于钢材，一般在砂轮上进行。经过粗磨后金属表面磨痕很深，需要通过细磨加以消除，为抛光做准备。细磨有手工细磨和机械细磨。手工细磨是由粗到细在各号金相砂轮上进行；机械细磨常用预磨机、蜡盘、抛光膏加速细磨过程。

磨光用的磨料：青铜、黄铜、铸铁、锌等软材料多用人造金刚砂；对于钢则用人造刚玉。金刚砂可用于所有金属的磨光，尤其适用于软韧金属材料。

（2）抛光

抛光是镀层表面或零件表面装饰加工的最后一道工序，其目的是消除磨光工序后残留在表面上的细微磨痕，获得光亮的外观。

抛光方法有机械、化学、电解等多种，常用的方法是抛光轮抛光，它是将数层圆形的布、呢绒、毛毡等叠缝成车轮状，安装在抛光机轴上使其旋转进行抛光。抛光轮的载体种类很

多，有棉、麻、毛、纸、皮革、塑料及其混合物等；研磨材料颗粒细而均匀，外形呈多角形，刃口锋利。常用抛光粉的种类、性能、用途如表 1-8 所示。粗抛光时用黏结剂将研磨粉粘在抛光轮上，可用金刚石、氧化铁研磨粉，也可用氧化铬研磨粉，或者使用半固态或液态的研磨剂。

表 1-8 常用抛光粉的种类、性能、用途

材 料	莫氏硬度	特 点	应用范围
Al_2O_3	9	白色，平均尺寸 $0.3\mu m$	通用于粗抛光
MgO	5.5~6	白色，颗粒细小均匀	适用 Al，Mg 合金
Cr_2O_3	8	绿色，高硬度，抛光能力差	适用于淬火后合金钢、钛合金
Fe_2O_3	6	红色	适用于较软金属合金
金刚石粉	10	磨削极佳，寿命长	适用于各种材料的粗精抛光

2. 转化膜处理

转化膜处理是将工件浸入某些溶液中，在一定条件下使其表面产生一层致密的保护膜，提高工件防腐蚀的能力，增加装饰作用。常用的转化膜处理有氧化处理和磷化处理。

1）氧化处理

（1）钢的氧化处理

钢的氧化处理是将钢件在空气—水蒸气或化学药物中加热到适当温度，使其表面形成一层蓝色（或黑色）的氧化膜，以改善钢的耐蚀性和外观，这种工艺称为氧化处理，又叫发蓝处理。氧化膜是一层致密而牢固的 Fe_3O_4 薄膜，只有 0.5~1.5 mm 厚，对钢件的尺寸精度无影响。氧化处理后的钢件还要进行肥皂液浸渍处理和浸油处理，以提高氧化膜的防腐蚀能力和润滑性能。

钢的氧化处理有以下基本工艺过程：

化学除油→热水洗→流动冷水洗→酸洗→流动冷水洗→一次氧化→二次氧化→冷水洗→热水洗→补充处理→流动冷水洗→流动热水洗→干燥。

氧化处理过程中溶液中的氧化剂含量越高，生成氧化膜速度也越快，而且膜层致密、牢固。溶液中碱的浓度适当增大，获得氧化膜的厚度增大；碱浓教育工作者过低，氧化膜薄而脆弱。溶液的温度适当升高，可以提高氧化膜的致密度。工件含碳量越高，越容易氧化，氧化时间越短。氧化处理时间主要根据钢件的含碳量和工件氧化要求来调整。氧化处理工艺不影响零件的精度，常用于仪器、仪表、工具、枪械及某些机械零件的表面，使其达到耐磨、耐蚀以及防护与装饰的目的。

（2）铝及其合金的氧化处理

铝（或铝合金）在自然条件下很容易生成致密的氧化膜，可以防止空气中水分和有害气体的氧化和侵蚀，但是在碱性和酸性溶液中易被腐蚀。为了在铝和铝合金表面获得更好的保护氧化膜，应进行氧化处理。常用的处理方法有化学氧化法与电化学氧化法。

化学氧化法是把铝（或铝合金）零件放入化学溶液中进行氧化处理而获得牢固的氧化膜，其厚度为 0.3~4 mm。按处理溶液的性质可分碱性和酸性溶液氧化处理。例如，碱性氧化液为 Na_2CO_3（50 g/L）、Na_2CrO_4（15 g/L）、NaOH（25 g/L），处理温度为 80~100℃，处理时间为

10~20 min。经氧化处理后的铝表面呈现厚度为 0.5~1 mm 的金黄色氧化膜。此方法适用于纯铝、铝镁、铝锰合金。化学氧化法主要用于提高铝和铝合金的耐蚀性和耐磨性，并且此工艺方法操作简单，成本低，适于大批量生产。

电化学氧化法是在电解液中使铝和铝合金表面形成氧化膜的方法，又称阳极氧化法，将以铝(或铝合金)为阳极的工件置于电解液中，通电后阳极上产生氧气，使铝或铝合金发生化学或电化学溶解，结果在阳极表面形成一层氧化膜。阳极氧化膜不仅具有良好的力学性能与抗蚀性能，而且还具有较强的吸附性，采用不同的着色方法后，还可获得各种不同颜色的装饰外观。

为了在铝及铝合金表面获得不同性质的氧化膜，常采用不同种类的电解液来实现。常用的电解液有硫酸、铬酸和草酸等。

铝及铝合金氧化处理的基本工艺过程如下：

电化学除油→热水洗→冷水洗→出光→冷水洗→阳极氧化→冷水洗→染色→冷水洗→封闭→冷水洗→干燥。

由于阳极氧化膜的多孔结构和强吸附性能，表面易被污染，特别是腐蚀介质进入孔内易引起腐蚀。因此阳极氧化膜形成后，必须进行封闭处理，封闭氧化膜的孔隙，提高抗蚀、绝缘和耐磨等性能，减弱对杂质或油污的吸附。常用的封闭方法有蒸汽封闭法和石蜡、油类、树脂封闭法等。

2)磷化处理

把钢件浸入磷酸盐为主的溶液中使其表面沉积，形成不溶于水的结晶型磷酸盐转化膜的过程称为磷化处理。常用的磷化处理溶液为磷酸锰铁盐和磷酸锌溶液，磷化处理后的磷化膜厚度一般为 5~15 mm，其抗腐蚀能力是发蓝处理的 2~10 倍。磷化膜与基体结合力较强，有较好的防蚀能力和较高的绝缘性能，在大气、油类、苯及甲苯等介质中均有很好的抗蚀能力，对油、蜡、颜料及漆等具有极佳的吸收力，适合做油漆底层。但磷化膜本身的强度、硬度较低，有一定的脆性，当钢材变形较大时易出现细小裂纹，不耐冲击，在酸、碱、海水及水蒸气中耐蚀性较差。在磷化处理后进行表面浸漆、浸油处理，抗蚀能力可较大提高。

磷化处理所需设备简单，操作方便，成本低，生产效率高。在一般机械设备中可作为钢铁材料零件的防护层，也可作为各种武器的润滑层和防护层。

3)电镀与化学镀

(1)电镀

电镀是将被镀金属制品作为阴极，外加直流电，使金属盐溶液的阳离子在工件表面沉积形成电镀层。电镀实质上是一种电解过程，其阴极上析出物质的重量与电流强度、时间成正比。欲进行电镀必要的三个条件是：电源、镀槽(镀液)及电极。

电镀可以为材料或零件覆盖一层比较均匀、具有良好结合力的镀层，以改变其表面特性和外观，达到材料保护或装饰的目的。电镀除了可使产品美观、耐用外，还可获得特殊的功能，可提高金属制品的耐蚀性、耐磨性、耐热性、反光性、导电性、润滑性、表面硬度以及修复磨损零件尺寸及表面缺陷等，如在半导体器件上镀金，可以获得很低的接触电阻；在电子元件上镀铝—锡合金可以获得很好的钎焊性能；在活塞环及轴上镀铬可以获得很高的耐磨性；以及防止局部渗碳的镀铜、防止局部渗氮的镀锡等。目前，广泛应用的电镀工艺有镀铜、镀镍、镀铬、镀锌、镀银、镀金等。

（2）化学镀

化学镀亦称无外接电源镀。其原理是在水溶液中金属沉积。一般按 $M_2 + 2e \rightarrow M$ 进行。即溶液中存在两个正价电荷的金属离子 M，当它接受两个电子后转变为金属原子 M，在适当条件下沉积于工件表面形成镀层。化学镀获得电子是通过化学反应直接在溶液中产生的，它一般有电荷交换沉积、接触沉积、还原沉积等几种。目前，化学镀镍、镀铜、镀银、镀金、镀钴、镀钯、镀铂、镀锡等已在工业生产中应用，尤其在电子工业中应用更为广泛。

第五节　金属材料的选用

在机械制造工程中，不仅要选用适宜制作机械零件的材料牌号，还要合理选用商品材料的形状和规格。

1. 钢铁材料商品

市场供应的钢铁材料商品有铸锭、型材、板材、管材、线材和异型截面材等钢材。

1）铸锭

将冶炼的生铁或钢浇注到砂模或钢模，就成为铸锭。生铁锭是生产各种铸铁件和铸钢件的主要原材料，铸钢锭则是生产大型锻压件和各种型材的坯料。

2）型材

企业生产的钢锭除一小部分直接作为商品供应市场以外，绝大部分是轧成各种型材、板材、管材、线材和异型截面材供应市场。

（1）型钢　机械制造企业常用的型钢有圆钢、方钢、扁钢、六角钢、八角钢、工字钢、槽钢、等边角钢、不等边角钢等。型钢的规格以反映其断面形状特征的主要尺寸表示。如圆钢 20 表示直径 $d = 20$ mm 的圆钢，等边角钢 $20 \times 20 \times 3$ 表示边宽 $b = 20$ mm、边厚 $d = 3$ mm 的等边角钢。如图 1 – 14、1 – 15 所示。

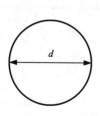

图 1 – 14　圆钢

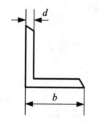

图 1 – 15　等边角钢

（2）钢板　钢板厚度 $\delta \leqslant 4$ mm 为薄钢板，$\delta > 4$ mm 为厚钢板。钢带是厚度一般为 0.05 ~ 7 mm、宽度一般为 4 ~ 520 mm 的长钢板。市场以张为单位供应的商品钢板规格以厚度×宽度×长度表示，以卷为单位供应的商品钢板和钢带规格以厚度×宽度表示。

（3）钢管　钢管按质量分无缝钢管和有缝钢管两类。无缝钢管是用钢锭或钢坯采用冷轧或热轧方法连续轧制而成，管子轴向无连接缝；有缝钢管是用板材卷压成管焊接而成，管子轴向有焊接缝，因而强度不如无缝钢管。钢管截面形状以圆形为多，还有扇形、方形或其他异型截面。圆形截面无缝钢管的规格以截面圆的外径×管壁厚表示，有缝钢管的规格以截面圆的内径表示公称口径(英寸)。

(4)钢丝 钢丝的规格以直径的毫米数或相应的线号表示,线号越大,直径越细。

为了便于现场识别商品钢材的牌号,在供应商出厂时或机械制造企业内部管理中,都要按照标准(GB、YB)在两端端面涂上不同颜色的油漆标志。如 Q235 钢为红色,20 钢为棕色+绿色,45 钢为白色+棕色,40Cr 钢为绿色+黄色,60Mn 为绿色三条,42CrMo 钢为绿色+紫色,20CrMnTi 钢为黄色+黑色,GCr15 钢为蓝色一条,W18Cr4V 钢为棕色+条蓝色一条。

2. 金属材料选用的基本原则

机械零件选用材料时,主要考虑零件的工作条件对材料的使用性能的要求,零件的制造工艺对材料的工艺性能的要求,以及材料的经济成本。

选用材料应能满足零件的工作条件对材料的使用性能的要求,这是选材的基本出发点。选用材料时对零件的工作条件及对使用性能的要求主要考虑以下几点:

(1)零件的工作环境和服役情况,特别是承受载荷的情况。

(2)零件的形状、尺寸和重量所受的限制。

(3)零件的重要性。

选用材料还应能满足零件的制造对材料的工艺性能的要求,并考虑材料的经济成本,既要能够在现有的工艺技术和装备条件下能够加工制造,又要考虑材料本身的价格及加工工艺的成本费用。在权衡工艺性能和经济成本时,视零件的重量和加工量的大小不同。例如当零件重量不大而加工量很大时,加工费用是构成零件制造成本的主要因素,选择材料时首先考虑其工艺性能。反之,则应重视相对价格。毛坯材料的相对价格可参考表1-9。

表1-9 毛坯材料相对价格表

材 料	种类规格	相对价格
铸造金属	灰铸铁件	1
	碳素钢铸件	2
	铝合金铸件	8 ~ 10
圆 钢	Q235($\phi 33 \sim \phi 42$)	1
	优质碳素结构钢($\phi 29 \sim \phi 50$)	1.5 ~ 1.8
	合金结构钢($\phi 29 \sim \phi 50$)	1.7 ~ 2.5
	弹簧钢($\phi 29 \sim \phi 50$)	1.7 ~ 3
	滚动轴承钢($\phi 29 \sim \phi 50$)	3
	合金工具钢($\phi 29 \sim \phi 50$)	3 ~ 20
	耐热合金钢($\phi 29 \sim \phi 50$)	5

在具体选材时,应根据机械零件的功能用途、工作环境、受力情况,查阅材料标准和手册,初步选择能满足要求的材料。再从选材的角度进行产品和零件的结构分析,考察能否用更廉价、更通用的材料或经热处理强化后部分或全部代替初选的材料,为此有时甚至还可在不影响产品和零件的功能的前提下,修改结构设计,以满足选材的基本原则。

3.典型零件选材举例

1)轴

轴是机械产品的主要零件和基础零件之一，在工作状态下，轴受到往复循环的应力的作用，有时还有冲击载荷的作用，其失效形式主要是疲劳裂纹和断裂。同时在轴颈与轴承配合处还因相互摩擦而磨损。因此，轴类零件的材料应具有较高的强度、塑性、韧性、疲劳强度等综合机械性能，承受摩擦磨损处还应有高的硬度和耐磨性。

在轴类零件选材时，形状简单、尺寸不大、承载较小和转动速度较低的轴可选用钢、球墨铸铁等碳素钢或铸铁材料，不经热处理或经热处理制成；形状复杂、尺寸较大、承载较大和转动速度较高的轴可选用45、40Cr、35CrMo、42CrMo、40CrNi、38CrMoAl等碳素钢或合金钢，经热处理制成。

例如C6132车床的主轴就是用45钢按以下工艺路线制造的：

下料→锻造→正火→粗加工→调质→精加工→局部表面淬火→低温回火→精磨→成品。

2)齿轮

齿轮也是机械产品的主要零件和基础零件之一。齿轮的失效形式主要是齿面的疲劳裂纹、磨损和折断。齿轮的工作条件和失效形式要求其材料应具有高的弯曲疲劳强度和接触疲劳强度，齿面应有高的硬度和耐磨性，芯部则要有足够的强度和韧性。

对于工作较平稳，无强烈的冲击，负荷不大，转速不太高，形状不太复杂，尺寸不太大的齿轮，可选用20、45、40Cr、40MnB等低碳钢、中碳结构钢、中碳低合金钢等经调质、表面淬火或渗碳淬火制造。对于工作条件较恶劣，负荷较大，转速较高，且频繁受到强烈的冲击，形状复杂，尺寸大的齿轮，对材料性能和热处理质量的要求高，可选用20CrMo、20CrMnTi、18Cr2Ni4W、40Cr、42CrMo等合金钢，经调质、表面淬火或渗碳淬火等热处理制造。例如用20CrMnTi钢可按以下工艺制造汽车齿轮：

下料→锻造→正火→机加工(制齿)→渗碳→淬火→低温回火→喷丸→精磨→成品。

第二章
铸　造

第一节　概　述

　　铸造是指将熔炼好的金属浇入铸型，待其凝固后获得一定形状和性能铸件的成形方法。用铸造方法得到的金属件称为铸件。

　　铸造可以说是历史最悠久的金属成形方法之一。早在公元前 4000 年以前，人类就开始使用铸造方法制造箭头、矛头等青铜兵器。在我国历史上所出现的灿烂的青铜器文化就是以很高水平的青铜冶炼和铸造技术为基础的。图 2 - 1 所示为我国著名国宝司母戊大鼎，是目前已出土的最大最重的青铜器，它充分体现了我国古代青铜冶铸生产规模和造型、纹饰等方面高超工艺水平。

图 2 - 1　司母戊大鼎

　　铸造具有如下特点：

　　（1）铸造生产适应性强。铸件尺寸和质量不受限制，铸件的轮廓尺寸可由几毫米到数十米，壁厚由 0.5 mm 到 1 m 左右，质量可由几克到数百吨。铸件形状可以非常复杂，特别是可以获得具有复杂内腔的铸件，适于铸造生产的金属材质范围广，生产批量不受限制。

　　（2）铸造生产成本低。铸造生产使用的原材料来源广泛，价格便宜，铸件形状、尺寸与零件相近，节省大量的金属材料和加工工时，废金属回收利用方便，因此铸造生产成本低廉。

　　铸造因为具有上述特点，所以在当今的制造业仍然得到了广泛应用。在机床、汽车、拖拉机、动力机械等制造业中，25% ~ 80% 的毛坯为铸造而成。图 2 - 2 所示的发动机缸体零件，其毛坯就是铸造出来的。

　　铸造的方法很多，主要有砂型铸造、金属型铸造、压力铸造、离心铸造以及熔模铸造等，其中以砂型铸造应用最为广泛。

　　砂型铸造的典型工艺过程包括模样和芯盒的制作、型砂和芯砂配制、造型制芯、合箱、熔炼金属、浇注、落砂、清理及检验。图 2 - 3 是套筒铸件的铸造生产工艺过程。

图 2-2　发动机缸体零件

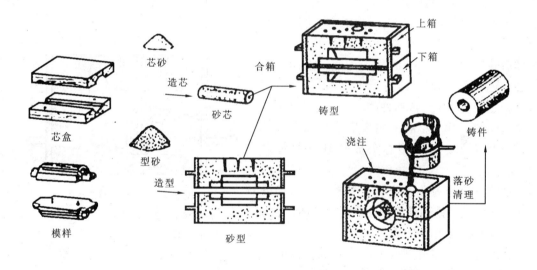

图 2-3　套筒砂型铸造生产工艺过程示意图

第二节　砂型铸造

一、铸造的生产工艺过程

砂型铸造是用型砂紧实制成铸型生产铸件的铸造方法。砂型铸造是目前生产中最基本的而且是用得最多的铸造方法。用砂型铸造生产的铸件，约占铸件总产量80%以上。砂型铸造生产的一般过程如图 2-4 所示。其中制作铸型和熔炼金属是核心环节。对大型铸件的铸型

27

和型芯在合箱前还要进行烘干。

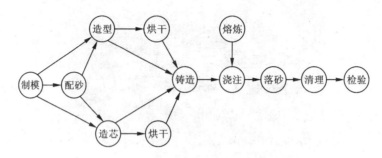

图2-4 砂型铸造工艺过程

二、砂型

铸型是用金属或其他耐火材料制成的组合整体,是金属液凝固后形成铸件的地方。砂型就是用型(芯)砂制成的铸型。典型的两箱铸型如图2-5所示,它由上砂型、下砂型、浇注系统、型腔、型芯和通气孔组成。

型砂被填紧在上、下砂箱中,连同砂箱一起,称为上砂型(上箱)和下砂型(下箱)。取出模样后砂型中留下的空腔称为型腔。液体充满型腔,凝固后,即形成铸件。

型芯主要用来形成铸件的内腔、孔及外形上妨碍起模的凹槽。型芯上用来安放和固定型芯的部分称为型芯头,型芯头放在砂型的型芯座中。

浇注系统是为金属液填充型腔和冒口而开设于铸型中的一系列通道,通常由浇口杯、直浇道、横浇道和内浇道组成。

排气道是为在铸型或型芯中排除浇注时形成的气体而设置的沟槽或孔道。在型砂或砂芯

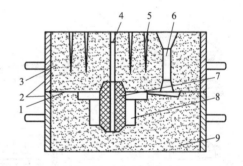

图2-5 铸型构造示意图

1—分型面;2—上下砂箱;3—上砂型;
4—排气通道;5—通气孔;6—浇注系统;
7—型芯;8—型腔;9—下砂型

上,常用针或成形气孔板扎出出气孔,用于水蒸气或其他气体的排除。出气孔的底部要与模样离开一定距离。

三、造型材料

制造砂型的材料称为造型材料,用于制造砂型的材料习惯上称为型砂,用于制造砂芯的造型材料称为芯砂。通常型砂是由原砂(山砂或河砂)、黏土和水按一定比例混合而成,其中黏土约为9%,水约为6%,其余为原砂。有时还加入少量如煤粉、植物油、木屑等附加物以提高型砂和芯砂的性能。

型砂的质量直接影响着铸件的质量。型砂质量不好会使铸件产生气孔、砂眼、粘砂和夹砂等缺陷,这些缺陷造成的废品约占铸件总废品的50%以上。中、小铸件广泛采用湿砂型

1

（不经烘干可直接浇注的砂型），大铸件则用干砂型（经过烘干的砂型）。

1. 湿型砂的组成

湿型砂主要由砂子、膨润土、煤粉和水等材料所组成，也称煤粉砂。砂子是型砂的主体，主要成分是 SiO_2，其熔点为 1713℃，是耐高温的物质。膨润土是黏结性较大的一种黏土，用做黏结剂。它吸水后形成胶状的黏土膜，包覆在砂粒表面，把单个砂粒粘结起来，使型砂具有湿态强度。煤粉是附加物质，它在高温受热时，分解出一层带光泽的碳附着在型腔表面起防止铸铁件粘砂的作用，砂粒之间的空隙起透气作用。

2. 对湿型砂的性能要求

为保证铸件质量，必须严格控制型砂的性能。对湿型砂的性能要求分为两类：一类是工作性能，指砂型经受自重、外力、高温金属液烘烤和气体压力等作用的能力，包括湿强度、透气性、耐火度和退让性等。另一类是工艺性能，指便于造型、修型和起模的性能，如流动性、可塑性、起模性和紧实率等。特别在机器造型中，这些性能更为重要。

（1）湿强度。湿型砂抵抗外力破坏的能力称为湿强度。包括抗压、抗拉和抗剪强度等，其中湿压强度影响最大。其数值要求控制在 $5 \sim 10$ N/cm^2。足够的强度可保证铸型在铸造过程中不破损、塌落和胀大。但强度太高也不好，会使铸型过硬，透气性、退让性和落砂性很差。

（2）透气性。型砂孔隙透过气体的能力称为透气性。当高温金属液浇入铸型时，型内会产生大量气体（包括水分汽化为蒸汽和原有空气受热膨胀），这些气体必须通过铸型排出去。如果型砂透气性太低，气体留在型内，会使铸件形成呛火、气孔和浇不到等缺陷。但透气性太高会使砂型疏松，铸件易出现表面粗糙和机械黏砂的缺陷。以在单位压力下、单位时间内通过单位面积和单位长度型砂试样的空气量来表示，一般要求透气性值为 $30 \sim 100$（习惯不写单位）。

（3）耐火度。指型砂经受高温热作用的能力。耐火度主要取决于砂中 SiO_2（熔点 1713℃）的含量，SiO_2 含量越多，型砂耐火度越高。对于铸铁件，砂中 SiO_2 含量 $\geq 85\%$ 就能满足要求。

（4）退让性。铸件凝固和冷却过程中产生收缩时，型砂能被压缩、退让的性能称为退让性。型砂退让性不足，会使铸件收缩受到阻碍，产生内应力、变形和裂纹等缺陷。对小铸件砂型，不要舂得过紧；对大砂型，可在型（芯）砂中加入锯末、焦炭粒等材料以增加退让性。

（5）溃散性。是指型砂浇注后容易溃散的性能。溃散性好，型砂容易从铸件上清除，可以节省落砂和清砂的劳动量，溃散性与型砂配比及黏结剂种类有关。

（6）流动性。型砂在外力或本身重量的作用下，砂粒间相对移动的能力称为流动性。流动性好的型砂易于充填、舂紧和形成紧实度均匀、轮廓清晰、表面光洁的型腔，可减轻紧砂劳动量，提高生产率。

（7）可塑性。指型砂在外力作用下变形，去除外力后仍保持变形的能力。可塑性好，型砂柔软容易变形，起模和修型时不易破碎及掉落。手工起模时在模样周围砂型上刷水的作用就是增加局部砂型的水分，以提高可塑性。

（8）最适宜的干湿程度和紧实率。为得到所需的湿强度和可塑性，湿型砂必须含有适量水分，使型砂具有最适宜的干湿程度。如果型砂太干，虽流动性好，但可塑性差，起模时砂型易破碎，湿强度也低，铸件易出现砂眼和冲砂等缺陷。如果型砂太湿，则流动性、湿强度和透气性都很差，砂型的硬度不均匀，铸件易产生气孔和呛火等缺陷。

29

判断型砂干湿程度有以下几种方法：

①水分。指型砂试样在 105～110℃下烘干至恒重，能去除的水分含量(%)。但若型砂中含有大量吸水的粉尘类材料时，虽然水分很高，型砂仍然显得干而脆。合适的水分因型砂的组成不同而不同，故这种方法不很准确。

②手感。手攥一把型砂，感到潮湿但不沾手，柔软易变形，印在砂团上的手指痕迹清楚，砂团掰断时断面不粉碎，说明型砂的干湿适宜、性能合格。这种方法简单易行，但需凭个人经验，因人而异，也不准确。

③紧实率。指型砂试样紧实前后的体积变化率，以紧实后减小的体积与原体积的百分比表示。过干的型砂紧实前堆积得较密实，紧实后体积变化较小，则紧实率小。过湿的型砂易结成小团，未紧实前堆积得较疏松，紧实后体积减少较多，则紧实率大。紧实率可用仪器测定，是能较科学地表示湿型砂的干湿程度的方法。对手工造型和一般机器造型的型砂，要求紧实率保持在 45%～50%。

3. 型砂的种类

按黏结剂的不同，型砂可分为下列几种：

(1) 黏土砂。是以黏土(包括膨润土和普通黏土)为黏结剂的型砂。其用量约占整个铸造用砂量的 70%～80%。其中湿型砂使用最为广泛，因为湿型铸造不用烘干，可节省烘干设备和燃料，降低成本；工序简单，生产率高；便于组织流水生产，实现铸造机械化和自动化。但湿型砂强度不高，多用于中小铸件生产。

为节约原材料，合理使用型砂，往往把湿型砂分成面砂和背砂。与模样接触的那一层型砂，称为面砂。其强度、透气性等要求较高，需专门配制。在面砂背后，只作为填充加固用的型砂称为背砂，一般使用旧砂。在大量生产中，为提高生产率，简化操作，往往不分面砂和背砂，而用一种砂，称为单一砂。

(2) 水玻璃砂。是由水玻璃(硅酸钠的水溶液)为黏结剂配制而成的型砂。水玻璃加入量为砂子质量的 6%～8%。

水玻璃砂型浇注前需进行硬化，以提高强度。硬化方法有：通 CO_2 气化学硬化和加热表面烘干，还可以在型砂中先加入硬化剂，起模后砂型自行硬化。由于取消或大大缩短了烘干工序，水玻璃砂的出现使大件造型工艺大为简化。但水玻璃砂的溃散性差，落砂、清砂及旧砂回用都很困难。在浇注铸铁件时黏砂严重，故不适于做铸铁件，主要应用在铸钢件生产中。

(3) 树脂砂。是以合成树脂(酚醛树脂和呋喃树脂等)为黏结剂的型砂。树脂加入量约为砂子质量的 3%～6%。树脂砂加热后 1～2 min 可快速硬化，且干强度很高，做出的铸件尺寸精确、表面光洁；溃散性极好，落砂时只要轻轻敲打铸件，旧砂就会自动溃散落下。由于有快干自硬特点，使造型过程易于实现机械化和自动化。树脂砂是一种有发展前途的新型造型材料，目前主要用于制造复杂的砂芯。

4. 型砂的制备

型砂的制配工艺对型砂的性能有很大影响。浇注时，砂型表面受高温铁水的作用，砂粒粉碎变细、煤粉燃烧分解，型砂中灰分增多而透气性降低，部分黏土丧失黏结力，均使型砂的性能变坏。所以，落砂后的旧砂，一般不直接用于造型，需掺入新材料，经过混制，恢复型砂的良好性能后才能使用。旧砂混制前需经磁选及过筛以去除铁块及砂团，型砂的混制是在混砂机中进行的。

型砂的制配过程是：先加入新砂、旧砂、膨润土和煤粉等干混 2~3 min，再加水湿混 5~12 min，性能符合要求后即从出砂口卸砂。混好的型砂应堆放 4~5 h，使黏土膜内水分均匀（调匀）。使用前还要用筛砂机或松砂机进行松砂，以打碎砂团和提高型砂性能，使之松散好用。

四、造型方法

按砂型紧实方式的不同，造型方法分为手工造型和机器造型两大类。

（一）手工造型

手工造型就是由人工用造型工具来进行砂型制造。手工造型方法很多，常用的造型方法有：整模两箱造型、分模造型、挖砂造型、活块模造型、刮板造型及三箱造型等。常用的造型工具如图 2-6 所示。

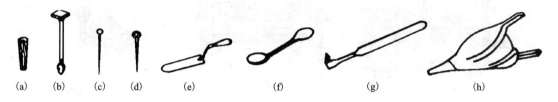

图 2-6 常用造型工具

(a)捣砂锤；(b)直浇道棒；(c)通气针；(d)起模针；(e)墁刀：修平面及挖沟槽用；
(f)秋叶：修凹的曲面用；(g)砂钩：修深的底部或侧面及钩出砂型中散砂用；(h)皮老虎

1. 整模两箱造型

当零件的最大截面在端部，并选它作分型面，将模样做成整体的整模两箱造型，步骤如图 2-7 所示。

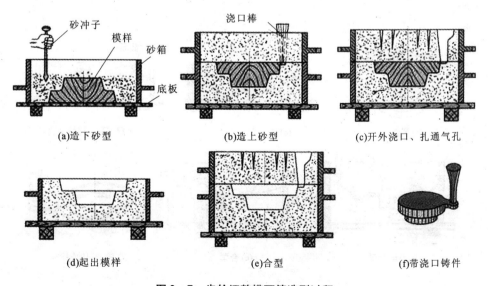

(a)造下砂型   (b)造上砂型   (c)开外浇口、扎通气孔

(d)起出模样   (e)合型   (f)带浇口铸件

图 2-7 齿轮坯整模两箱造型过程

整模造型的型腔全在一个砂箱里，能避免错箱等缺陷，铸件形状、尺寸精度较高。模样制造和造型都较简单，多用于最大截面在端部的、形状简单的铸件生产。

2. 分模造型

套管的分模两箱造型过程如图2-8所示。这种造型方法简单，应用较广。分模造型时，若砂箱定位不准，夹持不牢，易产生错箱，影响铸件精度，铸件沿分型面还会产生披缝；影响铸件表面质量，清理也费时。

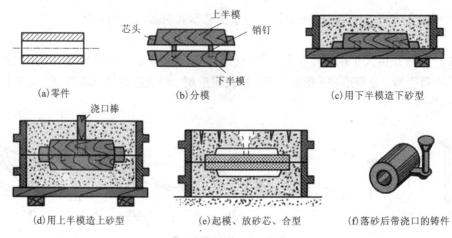

图2-8 分模两箱造型过程

3. 挖砂造型

当铸件的最大截面不在端部，且模样又不便分成两半时，常采用挖砂造型。图2-9所示为手轮的挖砂造型过程示意图。挖砂造型时，要将下砂型中阻碍起模的砂挖掉，以便起模。由于要准确挖出分型面，操作较麻烦，要求操作技术水平较高，故这种方法只适用于单件或小批生产。

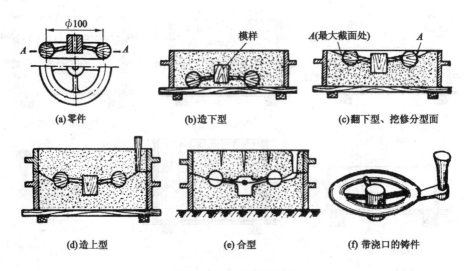

图2-9 挖砂造型过程

4.活块造型

当铸件侧面有局部凸起阻碍起模时,可将此凸起部分做成能与模样本体分开的活动块。起模时,先把模样主体起出,然后再取出活块,如图 2 – 10 所示为活块造型过程。

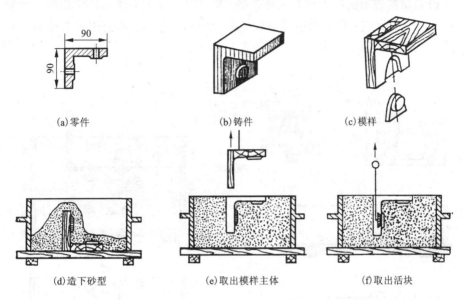

(a)零件   (b)铸件   (c)模样

(d)造下砂型   (e)取出模样主体   (f)取出活块

图 2 – 10   活块造型过程

活块造型时必须将活块下面的型砂捣紧,以免起模时该部分型砂塌落,同时要避免撞紧活块,造成起模困难。活块造型主要用于单件或小批量生产带有突出部分的铸件。

5.刮板造型

刮板造型是用与铸件断面形状相适应的刮板代替模样的造型方法。造型时,刮板绕固定轴回转,将型腔刮出,如图 2 – 11 所示。

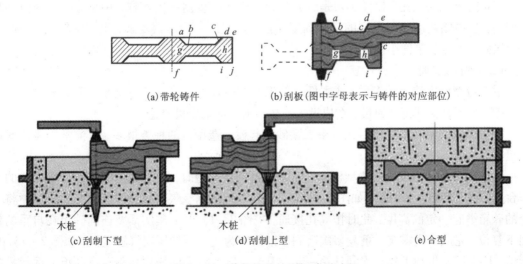

(a)带轮铸件   (b)刮板(图中字母表示与铸件的对应部位)

(c)刮制下型   (d)刮制上型   (e)合型

图 2 – 11   带轮铸件的刮板造型过程

这种造型方法可节省制模工时及材料,但操作麻烦,要求较高操作技术,生产率低,多用于单件或小批量生产较大回转体铸件,如飞轮、圆环等。

6. 三箱造型

用三个砂箱制造铸型的过程称为三箱造型。前述各种造型方法都是使用两个砂箱,操作简便、应用广泛。但有些铸件如两端截面尺寸大于中间截断时,需要用三个砂箱,从两个方向分别起模。图 2 – 12 所示为槽轮的三箱造型过程。

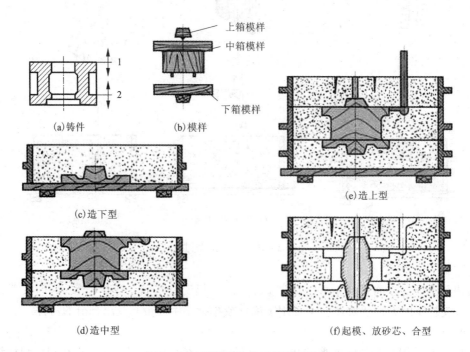

图 2 – 12　槽轮铸件的三箱造型过程

三箱造型的特点是:模样必须是分开的,便于从中型内起出模样;中型上、下两面都是分型面,且中箱高度应与中型的模样高度相近;造型过程操作较复杂,生产率较低,易产生错箱缺陷,只适于单件小批量生产。

(二) 机器造型

手工造型的方法多种多样,成本低。但工人的劳动强度大,尤其是紧砂和起模,既影响生产率,又不易保证铸件质量,在成批大量生产时,常采用机器造型。

机器造型的实质是用机器代替手工紧砂和起模。造型机的种类很多,目前常用震压式造型机等。

图 2 – 13 所示为震压式造型机和震压紧砂过程。造型时,把单面模板固定在造型机的工作台上,扣上砂箱,加型砂,如图 2 – 13(b)所示。当压缩空气进入震实活塞底部时,便将其上的砂箱举起一定的高度,此时排气孔接通,见图 2 – 13(c),震实活塞连同砂箱在自重的作用下复位,完成一次震实。重复多次直到型砂紧实为止。再使压实气缸进气,如图 2 – 13(d)所示,压实活塞带动工作台连同砂箱一起上升,与造型机上的压板接触,将砂箱上部较松的型砂压实而完成紧砂的全过程。一般震压式造型机的震动频率为 150 ~ 500 次/分钟。造型机

上大都装有起模装置,常用的有顶箱起模、落模起模、漏模起模和翻转落箱起模等四种。如图 2－14(a)所示为顶箱起模,当砂型紧实后,造型机的四根顶杆同时垂直向上将砂箱顶起而完成起模;如图2－14(b)所示为落模起模,起模时将砂箱托住,模样下落,与砂箱分离,这两种方法均适用于形状简单、高度较小的模样起模。

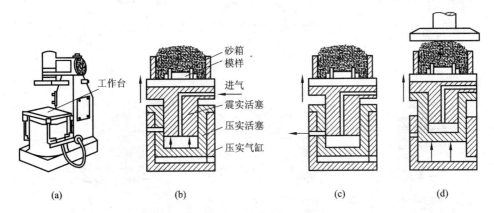

图 2－13　震压式造型机和震压紧砂过程

(a)震压式造型机;(b)加型砂;(c)排气;(d)紧砂

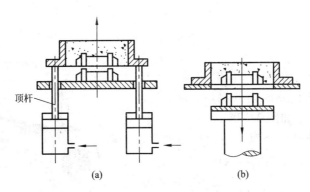

图 2－14　机器造型的起模方法

(a)顶箱起模;(b)落模起模

五、制造砂芯

砂芯的作用是形成铸件的内腔。浇注时砂芯受高温液体金属的冲击和包围,因此除要求砂芯具有铸件内腔相应的形状外,还应具有较好的透气性、耐火性、强度、退让性等性能,故要用杂质少的石英砂和用植物油、水玻璃等黏结剂来配制芯砂,并在砂芯内放入金属芯骨和扎出通气孔以提高强度和透气性。砂芯是用芯盒制造而成的,其工艺过程和造型过程相似,如图 2－15 所示。做好的砂芯,用前必须烘干。

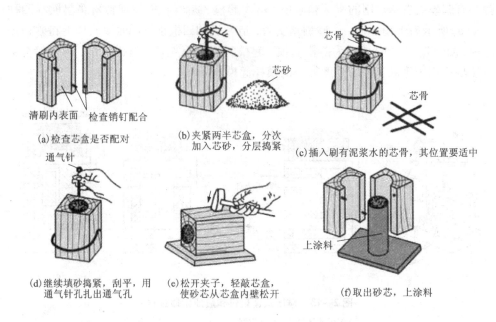

(a)检查芯盒是否配对

清刷内表面　检查销钉配合

(b)夹紧两半芯盒,分次加入芯砂,分层捣紧

芯砂

(c)插入刷有泥浆水的芯骨,其位置要适中

芯骨

芯骨

通气针

(d)继续填砂捣紧,刮平,用通气针孔扎出通气孔

(e)松开夹子,轻敲芯盒,使砂芯从芯盒内壁松开

(f)取出砂芯,上涂料

上涂料

图2-15　用垂直分开式芯盒造芯过程

六、浇注系统

在铸型中引导液体金属进入型腔的通道称为浇注系统。典型的浇注系统由外浇口、直浇道、横浇道和内浇道组成,如图2-16所示。浇注系统的作用是:①引导液体金属平稳地充满型腔,避免冲坏型壁和型芯;②挡住熔渣进入型腔;③调节铸件的凝固顺序。图中的冒口是为了保证铸件质量而增设的,其作用是排气、浮渣和补缩。对厚薄相差大的铸件,都要在厚大部分的上方适当开设冒口。

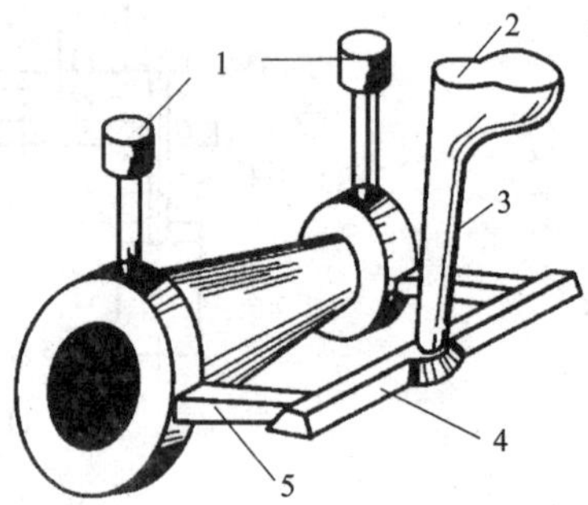

图2-16　浇注系统及冒口

1—冒口；2—外浇口；3—直浇道；
4—横浇道；5—内浇道

七、铸件的落砂、清理及常见缺陷

(一)落砂

从砂型中取出铸件的工作称为落砂。落砂时应注意铸件的温度。落砂过早,铸件温度过高,暴露于空气中急速冷却,易产生过硬的白口组织及形成铸造应力、裂纹等缺陷。但落砂过晚,将过长地占用生产场地和砂箱,使生产率降低。一般说来,应在保证铸件质量的前提下尽早落砂,一般铸件落砂温度在400~500℃之间。铸件在砂型中合适的停留时间与铸件形状、大小、壁厚及合金种类等有关。形状简单、小于10 kg的铸铁件,可在浇注后20~40 min左右落砂；10~30 kg的铸铁件可在浇注后30~60 min左右落砂。落砂的方法有手工落砂和机械落砂两种。大量生产中采用各种落砂机落砂。

（二）清理

落砂后的铸件必须经过清理工序，才能使铸件外表面达到要求。清理工作包括下列内容：

1. 切除浇冒口

铸铁件可用铁锤敲掉浇冒口，铸钢件要用气割切除，有色合金铸件则用锯割切除。大量生产时，可用专用剪床切除。

2. 清除工件内腔的砂芯和芯骨黏砂

工件内腔的砂芯和芯骨可用手工、震动出芯机或水力清砂装置去除。水力清砂方法适用于大、中型铸件砂芯的清理，可保持芯骨的完整，便于回用。

3. 清除铸件表面黏砂

铸件表面往往黏结着一层被烧焦的砂子，需要清除干净。小型铸件广泛采用滚筒清理、喷丸清理，大、中型铸件可用抛丸室、抛丸转台等设备清理，生产量不大时也可用手工清理。常用的清砂设备介绍如下：

（1）清理滚筒。将铸件和白口铸铁制的星形铁同时装入滚筒内，关闭加料门，转动滚筒。装入其中的铸件和小星形铁不断翻滚，相互碰撞与摩擦，使铸件表面清理干净。

（2）抛丸清理滚筒。图 2-17 所示为抛丸清理滚筒工作示意图，抛丸器内高速旋转的叶轮以 60~80 m/s 的速度抛射到铸件表面上，滚筒低速旋转，使铸件不断翻滚，表面被均匀地清理干净。

（3）抛丸清理转台。铸件放在转台上，边旋转边被抛丸器抛出的铁丸清理干净。

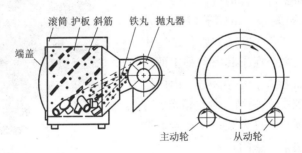

图 2-17 抛丸清理滚筒工作示意图

4. 铸件的修整

最后，去掉在分型面或在芯头处产生的飞边、毛刺和残留的浇、冒口痕迹，可用砂轮机、手凿和风铲等工具修整。

（三）灰铸铁件的热处理

灰铸铁件一般不需热处理，但有时为消除某些铸造缺陷，则清理后需进行退火。

（1）消除应力退火。形状较复杂或重要的铸件，为避免因内应力过大引起变形、裂纹和降低加工后尺寸精度，都需要进行消除应力退火。即把铸件加热到 550~600℃，保温 2~4 h后，随炉缓慢冷却至 200~150℃ 出炉。

（2）消除白口退火。当铸件表面出现极硬的白口组织，加工困难时，可用高温退火的方法消除，即把铸件加热到 900~950℃，保温 2~5 h后，随炉冷却。

（四）铸件缺陷分析

清理完的铸件要进行质量检验。合格铸件验收入库，次品酌情修补，废品挑出回炉。检验后，应对铸件缺陷进行分析，找出主要原因，提出预防措施。

第三节　特种铸造

所谓特种铸造，是指除砂型铸造外的其他铸造方法。目前特种铸造已经发展到数十种，其中应用较多的有熔模铸造、金属型铸造、陶瓷型铸造、压力铸造、低压铸造、离心铸造、消失模铸造、挤压铸造、连续铸造等。一般而言，与砂型铸造相比，特种铸造有如下优点，这使得特种铸造得到了迅速发展。

（1）铸件尺寸精度得到提高，表面质量高，易于实现少切削或无切削加工，降低原材料的消耗。

（2）铸件内部质量好，内部缺陷少，力学性能好，铸件壁厚可减薄。

（3）可改善劳动条件，便于实现生产过程机械化、自动化，从而提高生产效率。

一、熔模铸造

熔模铸造又称为失蜡铸造，是用易熔材料（如蜡料）制成模样，在模样上包覆若干层耐火涂料，制成型壳，用熔化的方法使模样消失后，型壳经高温焙烧、浇注而获得铸件的方法。曾侯乙尊盘是春秋战国时期最复杂、最精美的青铜器件，如图 2 - 18 所示，1978 年在湖北曾侯乙墓中出土，这件尊盘的惊人之处在于其鬼斧神工的透空装饰。装饰表层彼此独立，互不相连，由内层铜梗支撑，内层铜梗又分层联结，参差错落，玲珑剔透，令观者凝神屏息，叹为观止。经专家鉴定，这就是采用失蜡法来铸造的。

图 2 - 18　曾侯乙尊盘

图 2 - 19 所示为叶片的熔模铸造工艺过程示意图。先在压型中做出单个蜡模［如图 2 - 19（a）所示］，再把单个蜡模焊到浇注系统蜡模上［统称蜡模组，见图 2 - 19（b）］，随后在蜡模组上分层涂挂涂料及撒上石英砂，并硬化结壳。熔化蜡模，得到中空的硬型壳图［见图 2 - 19（c）］，型壳经高温焙烧去掉杂质后浇注［见图 2 - 19（d）］，冷却后，将型壳打碎取出铸件。因此，熔模铸造的铸型也属于一次性铸型。

熔模铸造的优点是：

（1）铸件精度高，铸件尺寸公差等级可达 IT4 ~ IT7（尺寸公差 0.26 ~ 1.1 mm），粗糙度 Ra 可达 6.3 ~ 1.6 μm，一般可以不再进行机械加工；

（2）适用于各种铸造合金，特别是对形状复杂的耐热合金钢铸件，它几乎是目前唯一的铸造方法，因为型壳材料是耐高温的；

（3）因为是用熔化的方法取出蜡模，因而可做出形状很复杂、难于加工的铸件，如汽轮

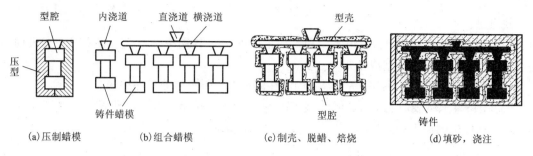

图 2 – 19 叶片的熔模铸造工艺过程

机叶片等。

但也存在下列缺点：

（1）工艺过程复杂，生产成本高；

（2）不能用于生产大型的铸件。

熔模铸造广泛用于航空、电器、仪器和刀具制造部门。

二、压力铸造

压力铸造，简称压铸，将液态或半液态金属在高压（5 ~ 150 MPa）下高速（充型时间为 0.01 ~ 0.28）充填到金属铸型中，并在压力下凝固以获得铸件。

压铸机种类很多，原理相似，图 2 – 20 描述了卧式压铸机压铸基本过程。压型是压力铸造生产铸件的模具，主要由动型和定型两个大部分组成。定型固定在压铸机的定模底板上，动型随压铸机的动模底板移动，完成开合型动作。压型中还装有抽芯和顶出机构等，用于抽出型芯，顶出铸件等。

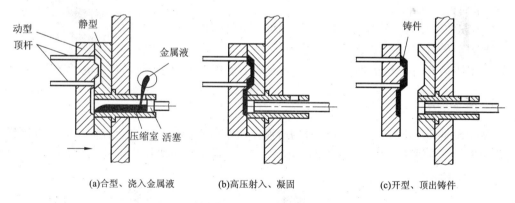

图 2 – 20 压铸工艺过程示意图

压力铸造的优点是：

（1）由于金属液在高压下成形，因此可以铸出壁很薄、形状很复杂的铸件；

（2）压铸件在高压下结晶凝固，组织致密，其机械性能比砂型铸件提高 20% ~ 40%；

（3）压铸件表面粗糙度可达 $Ra3.2 ~ 0.8$ μm，铸件尺寸公差等级可达 IT4 ~ 8（尺寸公差 0.26 ~ 1.6 mm），一般不需再进行机械加工；

（4）生产率很高，每小时可铸几百个铸件，而且易于实现半自动化、自动化生产。

缺点是：

(1)压铸型结构复杂，必须用昂贵和难加工的合金工具钢来制造，其加工精度和表面粗糙度要求很严，所以压铸型成本很高。

(2)不适于压铸铸铁、铸钢等金属，因浇注温度高，压铸型的寿命很短。

(3)压铸件虽然表面质量好，但因型腔内的空气不易排出，因而铸件表皮下易产生小气孔，不宜进行机械加工和热处理，否则气孔会暴露出来。

三、金属型铸造

金属型铸造用铸铁、铸钢或其他合金制造铸型。液态合金在重力作用下浇入金属铸型以获得铸件。因金属铸型可反复使用几百乃至数万次，故又称永久型。

一般金属型用铸铁或耐热钢做成，结构如图2-21所示。

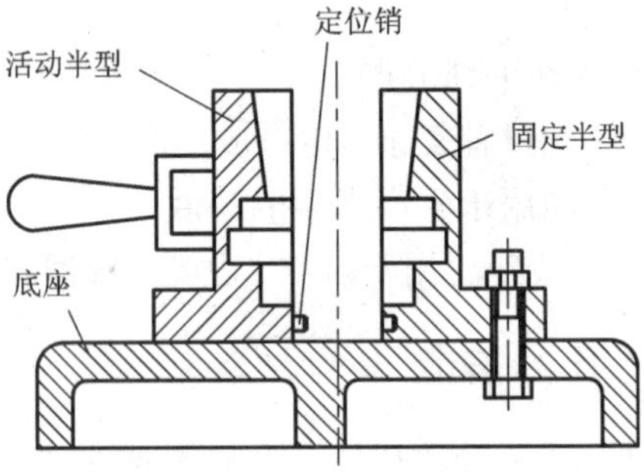

金属型具有下列优点：

(1)一型多铸，一个金属铸型可以做几百个甚至几万个铸件；

图 2-21　金属型铸造

(2)生产率高；

(3)冷却速度较快，铸件组织致密，机械性能较好；

(4)铸件表面光洁，尺寸准确，铸件尺寸公差等级可达 IT6～IT9(尺寸公差 0.5～2.2 mm)。

但金属型铸造也存在如下缺点：

(1)金属铸型成本高，加工费用大；

(2)金属铸型没有退让性，不宜生产形状复杂的铸件；

(3)金属铸型冷却快，铸件易产生裂纹。

金属型铸造常用于大批量生产有色金属铸件，如铝、镁、铜合金铸件，也可浇注铸铁件。

四、实型铸造

实型铸造是使用泡沫聚苯乙烯塑料制造模样(包括浇注系统)，在浇注时，迅速将模样燃烧气化消失掉，金属液充填了原来模样的位置，冷却凝固后而成铸件的铸造方法，工艺过程中如图2-22所示。

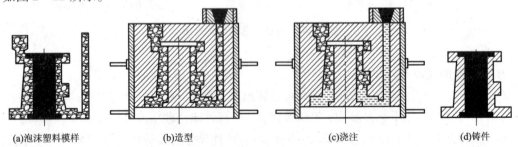

(a)泡沫塑料模样　　(b)造型　　(c)浇注　　(d)铸件

图 2-22　实型铸造工艺过程示意图

实型铸造工艺有以下特点：

(1)铸造工艺简单。实型铸造没有型腔和分型面，没有取模、下芯和配箱等工序，简化了工艺过程和清理工序。

(2)会产生大量的气体。浇注过程中，由于模样受高温金属滚热辐射的作用，在与金属液接触前，先发生软化、融熔，继之燃烧气化，产生了大量的气体，使金属液与模样间始终保持一个间隙 δ。因此，浇注时金属液上升速度低于模样的气化速度，或铸型的透气性高时，δ 值就较大，其气体压力亦愈小，这有利于聚苯乙烯的高温分解产物渗入或逸出铸型，有利于提高铸件质量。当上升速度超过模样材料的气化速度时，引起 δ 中气体压力的增加，迫使金属液上升速度减慢，且易发生金属液沸腾，使尚未完全气化的聚苯乙烯残留物卷入金属液内或压向铸型表面，引起铸件的缺陷。

(3)造型工艺严格。实型铸造用型砂要求透气性高，填砂时应防止模样变形，紧实均匀。对形状复杂的内腔或舂砂困难处，可将模样做成分块结构或放芯骨、砂钩等，以便填砂舂砂，保证砂型的强度。为利于排气，宜在铸型上多戳出气孔，同时更应注意铸型的紧固，以免引起抬箱、溢箱。

(4)选用底注式浇注系统。实型铸造的浇注系统宜选用开放的底注式浇口，使液体金属由铸型底部注入型腔。内浇口的最小截面积应比普通铸造的尺寸大10% ~15%，截面厚度不小于5 mm。

(5)浇注温度要高。浇注时的原则是高温(比普通铸造的浇注温度高20 ~80℃)，先慢后快，即待浇注系统充满后再加快浇速，且不得中断，以免产生冷隔、夹渣等缺陷。

(6)实体模样表面应涂覆涂料。实型铸造铸件的表面质量取决于模样表面的粗糙度和涂层的透气性、强度和耐高温性能。一般铸件可采用石蜡 + 泡沫聚苯乙烯塑料粉末作为涂料。涂料涂覆方法除小型成批模样宜采用浸涂外，一般均为涂刷和喷涂，涂料层厚为0.5 ~2.5 mm。

五、离心铸造

离心铸造将液态金属浇入高速旋转的铸型，在离心力作用下凝固成形的工艺叫离心铸造。离心铸造在离心机上进行，按旋转轴的空间位置有卧式和立式两种离心机，如图2 - 23所示。铸型多用金属型，也可用非金属型。

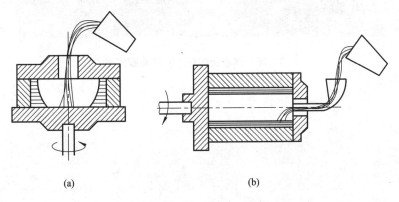

(a)   (b)

图2 - 23 离心铸造示意图

(a)立式；(b)卧式

离心铸造特别适用于生产中空圆筒形铸件，不需要型芯，没有浇冒口，材料消耗小，且具有较高的劳动生产效率。铸件组织致密，也很少存在缩孔、气孔、夹渣等缺陷。

图 2-24 所示为实习所用的离心铸造机，用于制作成形铸件，利用主轴高速旋转产生的离心力使金属液体充满硅橡胶制成的型腔。实习时，应注意合理设置转速参数，如转速不够，铸件质量明显下降。图 2-25 所示为配套使用的硅橡胶模型制作出来的铸件。

图 2-24 离心铸造机

图 2-25 离心铸造铸件和硅橡胶模型

第三章
锻　压

第一节　概　述

对坯料施加外力，使其产生塑性变形、改变尺寸、形状及改善性能，用以制造机械零件、工件或毛坯的成形加工方法称为锻压。锻压包括锻造和冲压。

一、锻造的特点和分类

锻造是在加压设备及工(模)具的作用下，使金属坯料或铸锭产生局部或全部的塑性变形，以获得一定几何形状、尺寸和质量的锻件的加工方法。锻件是指金属材料经过锻造变形而得到的工件或毛坯。

锻造具有以下特点：

(1)改善金属的内部组织，提高金属的力学性能。如能提高零件的强度、塑性和韧性。

(2)具有较高的劳动生产率。

(3)采用精密模锻可使锻件尺寸、形状接近成品零件，可大大节约金属材料和减少切削加工工时。

(4)适应范围广。锻件的质量可小至不足一千克，大至数百吨；既可进行单件、小批量生产，又可进行大批量生产。

(5)不能锻造形状复杂的锻件。

根据成形方式不同，锻造分为自由锻和模锻两大类。图 3-1 所示为锻造方法示意。自由锻按锻造时工件所受作用力来源不同，又分为手工自由锻与机器自由锻两种。由于手工自由锻作用力较小且劳动强度大，在现代工业生产中已逐步被机器自由锻和模锻所替代。模锻按所使用的锻造设备不同，又分为胎模锻和模锻两种。

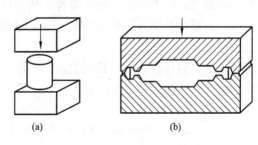

图 3-1　锻造方法示意图

(a)自由锻；(b)模锻

二、冲压的特点

使板料经分离或成形而得到制件的工艺统称为冲压。图 3-2 所示为冲压方法示意。冲压件是用冲压的方法制成的工件或毛坯。

冲压具有以下特点：

(1)在分离或成形过程中，板料厚度变化很小，内部组织也不产生变化。

(2)生产效率很高，易实现机械化、自动化生产。

(3)冲压制件尺寸精确，表面光洁，一般不再进行加工或按需要补充进行机械加工即可使用。

(4)适应范围广，从小型的仪表零件到大型的汽车横梁等均能生产，并能制出形状较复杂的冲压制件。

(5)冲压模具精度高，制造复杂，成本高，所以冲压主要适用于大批量生产。

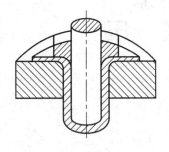

图3-2　冲压方法示意图

三、压力加工

使毛坯材料产生塑性变形或分离且无切屑的加工方法称为压力加工。锻造和冲压都属压力加工范畴。

锻造和冲压所加工的材料应具有良好的塑性，以便在锻压时能产生足够的塑性变形而不被破坏。钢和有色金属都具有一定的塑性，都可以进行锻压加工；铸铁的塑性一般极差，不能进行锻压加工。

第二节　锻前加热与锻后冷却

一、坯料加热

1.锻坯的加热目的和锻造温度范围

锻坯加热是为了提高其塑性和降低变形抗力，以便锻造时省力，同时在产生较大的塑性变形时不致破裂。一般地说，金属随着加热温度的升高，塑性增加，变形抗力降低，可锻性得以提高。但是加热温度过高又容易产生一些缺陷，因此，锻坯的加热温度应控制在一定的温度范围之内。

各种金属材料在锻造时允许的最高加热温度称为该材料的始锻温度。为保证里外温度均匀，锻坯表面加热到所需温度后还应保温一定时间。保温时间与金属的导热系数、锻坯的截面尺寸和在炉内的放置状态有关。各种金属材料在锻造时允许的最高加热温度，称为该材料的始锻温度，如表3-1所示。碳钢的始锻温度一般应低于其熔点100~200℃，合金钢的始锻温度较碳钢低。金属材料终止锻造的温度，称为该材料的终锻温度。坯料在锻造过程中，随着热量的散失，温度不断下降，因而，塑性越来越差，变形抗力越来越大。温度下降到一定程度后难以继续变形，且易产生锻裂，必须及时停止锻造重新加热。

从始锻温度到终锻温度之间的间隔，称为锻造温度范围。确定锻造温度范围的原则是：在保证金属坯料具有良好锻造性能的前提下，尽量放宽锻造温度范围，以降低消耗，提高生产率。

表3－1 常用金属材料的锻造温度范围

金属种类	始锻温度/℃	终锻温度/℃	锻造温度范围/℃
普通碳素钢	1250～1280	700	580
优质碳素钢	1150～1200	800	400
合金结构钢	1100～1200	800～850	350
碳素工具钢	1100	770～800	330
合金工具钢	1050～1150	800～850	250～300
耐 热 钢	1100～1150	850	250～300
铜 合 金	800～900	650～700	150～200
铝 合 金	450～500	350～380	100～150

锻件的温度可用仪表测定，在生产中也可根据被加热金属的火色来判别，如碳钢的加热温度与火色的关系如表3－2所示：

表3－2 碳钢的加热温度与火色的关系

温度/℃	1300	1200	1100	900	800	700	小于600
火色	白色	亮黄	黄色	樱红	赤红	暗红	黑色

2. 加热方法和加热设备

加热炉锻件加热可采用一般燃料如焦炭、重油等进行燃烧，利用火焰加热，也可采用电能加热。典型的电能加热设备是高效节能红外箱式炉，其结构如图3－3所示。它采用硅碳

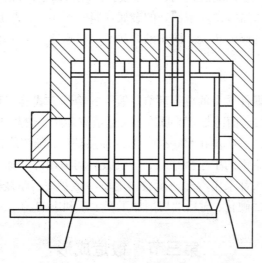

图3－3 红外箱式炉

1—踏杆；2—炉门；3—炉膛；4—温度传感器；
5—硅碳棒冷端；6—硅碳棒热端；7—耐火砖；8—反射层

棒为发热元件，并在内壁涂有高温烧结的辐射涂料，加热时炉内形成高辐射均匀温度场，因此升温快，单位耗电低，达到节能目的。红外炉采用无级调压控制柜与其配套，具有快速启动，精密控温，送电功率和炉温可任意调节的特点。

3. 加热缺陷及其防止措施

（1）氧化与脱碳。

钢是铁碳组成的合金。在高温下，金属坯料的表层受炉气中的氧气、二氧化碳及水蒸气等氧化性气体的作用，发生激烈氧化，生成氧化皮及脱碳层。这样既造成金属烧损（一次加热烧损约为坯料质量的 2% ~3%），还会降低锻件表面质量。在下料计算坯料质量时，应加上这个烧损量。

钢在高温下长时间与氧化性炉气接触，会造成坯料表层一定深度内碳元素的烧损，这种现象称为脱碳。脱碳层小于锻件的加工余量时，对零件没有影响，脱碳层大于加工余量时，会使零件表层性能下降。

减少氧化和脱碳的方法是在保证加热质量的前提下，严格控制送风量，快速加热，避免坯料在高温炉中停留时间过长。

（2）过热和过烧。

金属加热时，由于加热温度过高或高温下保持时间过长引起晶粒粗大的现象称为过热。晶粒粗大的锻件机械性能较差。过热的坯料可以在随后的锻造过程中将粗大的晶粒打碎，也可以在锻造以后进行热处理，将晶粒细化。

如果加热温度远远大于始锻温度，使晶粒边界出现氧化及熔化的现象称为过烧。过烧破坏了晶粒间的结合力，一经锻打即破碎成废品。过烧是无法挽救的缺陷。

为了防止过热和过烧，要严格控制加热温度和高温下的保温时间，一次装料不要太多，遇有设备故障需要停锻时，要及时将炉内的高温坯料取出。

（3）加热裂纹。

由于加热速度过快或装炉温度过高，尺寸较大的坯料由于内部各部分之间较大的温差引起膨胀，容易导致内部加热裂纹。塑性好的金属坯料一般不会产生加热裂纹，高碳钢或某些高合金钢产生加热裂纹的倾向较大。防止的方法是严格遵守加热规范，尽量采取快速加热。

二、锻件的冷却

锻件的冷却是保证锻件质量的重要环节。锻件的冷却方式有三种：①空冷。在无风的空气中，锻件放置于干燥的地面冷却。②坑冷。在充填有砂子、炉灰或石棉灰等绝热材料的坑中以较慢的速度冷却。③炉冷。在 500~600℃ 的加热炉中，随炉缓慢冷却。

碳素结构钢和低合金钢的中小型锻件，一般锻后均采用冷却速度较快的空冷方式冷却，成分复杂的合金钢锻件大都采用冷却速度较慢的坑冷或炉冷，厚截面的大型锻件采用炉冷。冷却速度过快会造成表面硬化，对后续切削加工产生不利影响。

第三节　锻造成形

锻造成形工艺主要分为无模自由成形（也称自由锻）和模膛塑性成形（也称模锻）。自由锻又可分为手工自由锻（简称手锻）和机器自由锻（简称机锻）。机锻能生产各种大小的锻件，是目前工厂普遍采用的自由锻方法。对于小型、大批量锻件的生产则采用模锻。

一、自由锻造成形

自由锻是指只用简单的通用性工具或在锻造设备的上、下时间，施加冲击力或压力，直接使坯料产生塑性变形而获得所需的几何形状及内部质量的锻件的锻造方法。

自由锻由于锻件形状简单、操作灵活，适用于单件、小批量及重型锻件的生产。手工自由锻只能生产小型锻件，生产效率低，劳动强度大，仅用于修配或简单、小型、小批锻件的生产，在现代工业生产中，机器自由锻已成为锻造生产的主要方法，在重型机械制造中，它具有特别重要的作用。

（一）自由锻设备

自由锻的设备分为锻锤和液压机两大类。锻锤产生冲击力使坯料变形。

生产中使用的锻锤有空气锤、蒸汽空气锤。空气锤的吨位（落下部分的重量）较小，只可用来锻造小型锻件；蒸汽空气锤的吨位稍大（最大吨位可达 50 kN），故可生产重量小于 1500 kg 的锻件。液压机产生压力使金属坯料变形。生产中使用的液压机主要是自由锻水压机，水压机锻造时采用静压力完成塑性变形过程，没有震荡，而且它的吨位较大，一般用于锻造巨型锻件。

1. 空气锤

图 3 – 4 所示为空气锤的外形图和工作原理示意图。它有压缩气缸和工作气缸，电动机通过减速机构和曲柄连杆机构，带动压缩气缸的压缩活塞上下运动，产生压缩空气。当压缩缸的上、下气道与大气相通时，压缩空气不进入工作缸，电动机空转，锤头不工作；通过手柄或踏脚杆操纵上下使压缩空气进入工作气缸的上部或下部，推动工作活塞上下运动，从而带动锤头及上砧铁的上升或下降，完成各种击打动作。旋阀与两个汽缸之间有四种连通方式，可以产生提锤、连打、下压、电机空转四种动作。

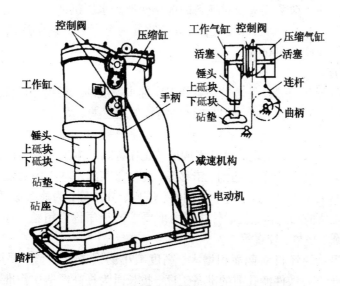

图 3 – 4 空气锤的外形图和工作原理示意图

空气锤的吨位用落下部分(包括工作活塞、锤头、上砧铁)的质量表示,常用的空气锤吨位为 50 ~750 kg。空气锤的吨位主要根据锻件的材料、大小和形状来选择。

2. 蒸汽空气锤

以蒸汽或压缩空气(0.6 ~0.9 MPa)为动力,驱动锤头上、下运动进行打击而完成自由锻工艺需要的锻锤。锻锤由锤身、气缸、落下部分和砧座等组成。吨位以落下部分的质量表示,常用的有 1000 ~5000 kg,可锻造 70 ~700 kg 的中小型锻件。图 3 –5 所示为拱式蒸汽自由锻锤的外形及工作原理图。工作时,通过操作手柄控制滑阀,使蒸汽或压缩空气进入气缸上腔或下腔,推动活塞上下运动,实现锤头的悬空、压紧、单次打击和连续打击等自由锻造的基本动作。

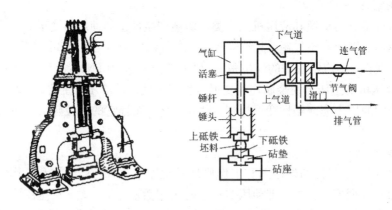

图 3 –5　拱式蒸汽自由锻锤

3. 水压机

大型锻件通常在水压机上完成,水压机是以高压水(20 ~200 atm)作为动力的一种液压机,通过控制高压水和传动系统实现对坯料的施压变形。水压机锻造时,以静压力代替锤锻时的冲击力,其锻造压力大,锻透深度大,有利于改善大型锻件的内部质量。自由锻造所用水压机的吨位一般为 800 ~15000 t。

(二)自由锻工序

自由锻加工各种形状的锻件是通过一系列工序逐步完成的。根据变形性质和变形程度的不同,自由锻工序可分为基本工序、辅助工序和精整工序三类。

1. 自由锻的基本工序

改变坯料的形状和尺寸,实现锻件基本成形的工序称为基本工序。自由锻的基本工序包括镦粗、拔长、冲孔、弯曲、扭转、切割、错移等;为便于实施基本工序而使坯料预先产生某些局部、少量变形的工序称为辅助工序,如倒棱、压肩、分段等;为修整锻件的形状和尺寸,消除表面不平,校正弯曲和歪扭,使锻件达到图纸要求的工序称为精整工序,一般在终锻温度以下进行,如滚圆、平整、校直等。

(1)镦粗。镦粗是使坯料横截面积增大、高度减小的锻造工序。主要用于饼块状锻件(如齿轮坯);也用于空心锻件冲孔前的准备工序、拔长时为提高锻造比作准备工序等。其基本方法可分为完全镦粗和局部镦粗。如图 3 –6 所示,为使镦粗顺利进行,坯料的高度 H_0 与直径 D_0 之比应小于 2.5 ~3。如果高径比过大,则易将锻坯镦弯,高径比过大或锤击力量不足时，还可能将坯料镦成双鼓形。若不及时矫正而继续锻打，则会产生折叠，使锻件报废。为保证锻造质量，镦粗时注意以下操作要点：①镦粗前，坯料加热温度要均匀，表面不得有凹孔、裂纹等缺陷，否则镦粗会使缺陷扩大。②镦粗时，坯料容易产生纵向弯曲，可将坯料放倒，轻轻锤击加以校正。锻造的坯料要放平，防止镦弯，镦弯后应及时校正。③锻造中，若产生双鼓形，坯料要及时校形，通常是镦粗和校形交替反复进行，以防止锻件折叠。④操作时，要夹紧坯料、平稳锻击、力要重而且正，以防锻件飞出伤人。

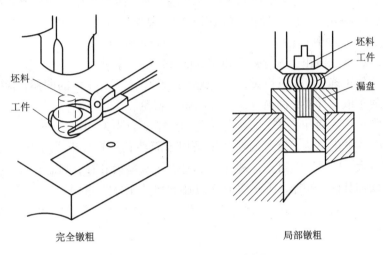

图 3-6 完全镦粗与局部镦粗

（2）拔长。拔长是使坯料长度增加、横截面积减小的锻造工序，主要用于曲轴、连杆等长轴类锻件。

拔长时注意以下操作要点：

① 锻打时，坯料每次的送进量应为砧铁宽度 B 的 $0.3 \sim 0.7$ 倍，送进量太小，易产生夹层；送进量太大，金属主要向宽度方向流动，展宽多，延长少，反而降低拔长效率。

② 将圆截面的坯料拔长成直径较小的圆截面锻件时，必须先把坯料锻成方形截面，在拔长到边长接近锻件直径时，锻成八角形，然后滚打成圆形，如图 3-7 所示。

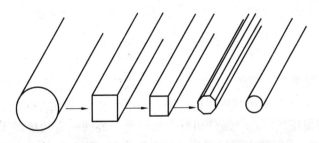

图 3-7 圆截面坯料拔长过程

③ 拔长过程中应不断翻转锻件，可用反复左右翻转 90° 的方法顺序锻打，使其截面经常保持近于方形；也可以沿轴线锻完一遍后，先翻转 180° 锻打校直，然后再翻转 90° 顺次锻打，

如图 3 - 7 所示。后一种方法适用于大型坯料的拔长。拔长翻转时，应注意工件的宽度与厚度之比不要超过 2.5，否则再次翻转后继续拔长将容易产生折叠。

④ 锻造有台阶的轴类锻件，先要在截面分界处用圆棒或三角刀进行压痕或切肩，然后再局部拔长。

⑤ 锻造有孔的长轴线锻件，可将已冲孔的空心坯料套入芯轴后拔长，目的是为了减小壁厚，增加长度。为提高拔长效率，可在上平、下 V 形的砧铁中锻打。

（3）冲孔。在坯料上锻出通孔或不通孔的锻造工序，称为冲孔。冲孔分实心冲头冲孔和空心冲头冲孔（图 3 - 8）两类。冲孔时注意以下操作要点：

① 坯料应均匀加热到始锻温度，以提高塑性和防止冲裂。

② 冲孔前坯料预先镦粗，尽量减少冲孔深度并使端面平整。

③ 为保证孔位正确，应先进行试冲，即先用冲子轻轻冲出孔位的凹痕，检查孔位准确后方可冲孔。为便于取出冲头，冲前可向凹痕内撒些煤粉。

④ 一般锻件采用双面冲孔法，即将孔冲到坯料厚度的 2/3 ~ 3/4 深度时，取出冲子，翻转坯料，然后从反面将孔冲透。较薄的坯料可采用单面冲孔，单面冲孔时应将冲子大头朝下，漏盘孔径不宜过大，且须仔细对正。冲孔后如要进一步增大孔径，则需扩孔。扩孔是减小空心毛坯壁厚而增加其内、外径，或仅增加其内径的锻造工序。它用来锻造环形锻件（如轴承环等）。扩孔的基本方法有冲头扩孔和芯轴扩孔两种，冲头扩孔适用于外径与内径之比大于 1.7 的锻件，芯轴扩孔可锻造大孔径的薄壁锻件。

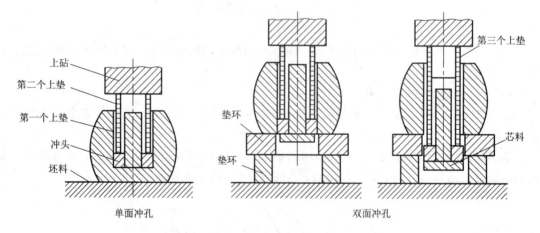

图 3 - 8　空心冲头冲孔

（4）弯曲。弯曲是采用一定的工模具将坯料弯成所需角度或形状锻件的工序，一般用于锻造吊钩、U 形叉等各种弯曲形状的锻件。图 3 - 9（a）、（b）为角度弯曲，（c）为成形弯曲。

（5）扭转。扭转是将坯料的一部分相对于另一部分旋转一定角度的工序。扭转时，应将坯料加热到始锻温度，受扭曲变形的部分必须表面光滑，面与面的相交处要有过渡圆角，以防扭裂。扭转不在同一平面内、由几部分组成的锻件（如曲轴）时，可先在一个平面内锻出，然后再扭转到各自所要求的位置。

（6）切割。切割是分割坯料或切除锻件余料的工序。切割的基本方法有单面切割和双面

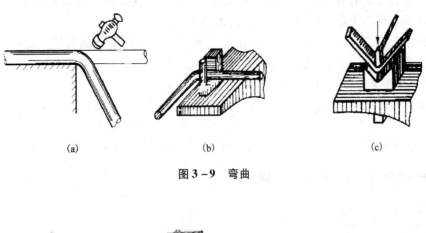

(a)   (b)   (c)

图 3 - 9 弯曲

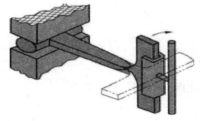

图 3 - 10 扭转

切割。前者可用于小尺寸截面的坯料切割，切割后截面较平整、无毛刺。后者用于切割截面尺寸较大的坯料。

（7）错移。错移是将坯料的一部分相对另一部分平移错开的工序（如图 3 - 11 所示）。先在错移部分压肩，然后加垫块及支撑，锻打错开，最后修整。

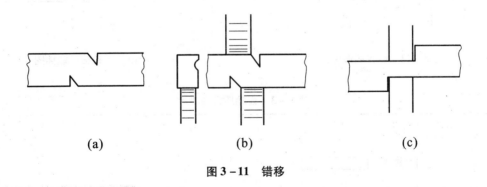

(a)   (b)   (c)

图 3 - 11 错移

在上述的自由锻基本工序中，镦粗、拔长和冲孔三种工序应用最多。此外，还有压口、压肩、分段等辅助工序以及摔圆、校正、整形等修整工序。在锻造过程中，应根据锻件的形状来选择不同的锻造工序。

2. 自由锻工艺过程

不同形状的锻件要采取不同的基本工序锻造成形。在选择和安排自由锻造基本工序时，应对多种工艺方案进行综合分析比较，要从优质、高效、低耗的基本原则出发，尽量减少工序次数和合理安排各工序的顺序，从而制定最佳工艺过程。

(1)锻件图。在自由锻工艺过程中，工序的确定是以锻件图为依据的。锻件图是在零件图的基础上考虑了加工余量、锻造公差、工艺余块(为简化锻件形状便于锻造而增加的多余金属，也称敷料)等之后绘制的图解。为便于锻工在锻造过程中参考，可以在锻件图上用双点画线表示零件图的轮廓形状，并在各尺寸线下面的括号内标出零件的尺寸。

(2)带孔圆盘类锻件的自由锻工艺过程，其主要工序是在漏盘内局部镦粗和双面冲孔。

(3)阶梯轴类锻件的自由锻工艺过程，其主要工序是在整体拔长后分段压肩和拔长。

二、典型锻件自由锻工艺过程

(一)带孔圆盘类锻件

(1)锻件名称：齿轮坯；

(2)锻件材料：45；

(3)锻件图：如图 3-12 所示；

(4)设备：150 kg 空气锤；

(5)始终锻温度：1200～800℃；

(6)工序：如表 3-3 所示。

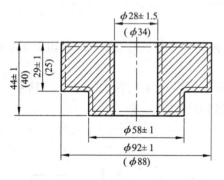

图 3-12 齿轮坯锻件图

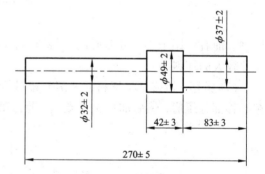

图 3-13 齿轮轴坯锻件图

表 3-3 齿轮坯锻造工序

序号	工序名称	工序简图	使用工具	操作工艺
1	墩粗		火钳 墩粗漏盘	控制墩粗后的高度为墩粗漏盘的 45 mm

序号	工序名称	工序简图	使用工具	操作工艺
2	冲孔	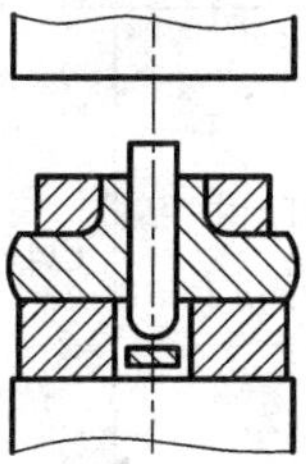	火钳 墩粗漏盘 冲子 冲子漏盘	1. 注意冲子对中； 2. 采用双面冲孔，左图为工件翻转后将孔冲透的情况
3	修正外圆	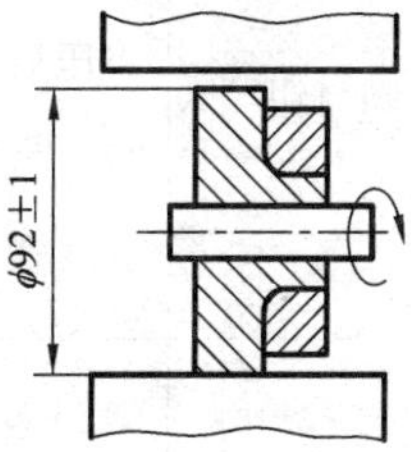 $\phi 92\pm1$	火钳 冲子	边轻打边旋转锻件，使外圆消除鼓形，并达到 $\phi 90\pm1$
4	修整平面	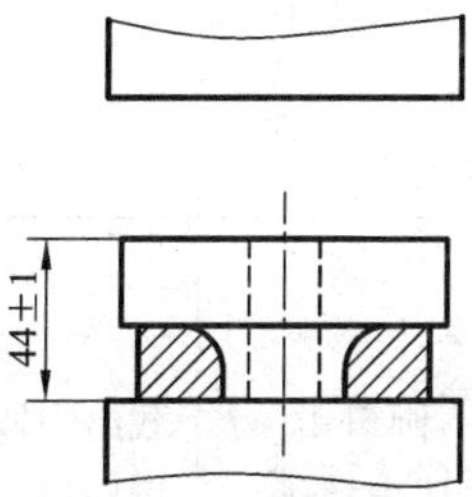 44 ± 1	火钳	轻打(如端面不平还要边轻打边旋转锻件)，使锻件厚度达到 44 ±1 mm

(二)阶梯轴坯锻件

(1)锻件名称：齿轮轴坯；

(2)锻件材料：40Cr；

(3)锻件图：如图 3-13 所示；

(4)设备：150 kg 空气锤；

(5)始终锻温度：1180~850℃；

(6)工序：如表 3-4 所示。

53

表 3 -4 齿轮轴坯锻造工序

序号	工序名称	工序简图	使用工具	操作工艺
1	压肩		圆口钳 压肩摔子	边轻打边旋转锻件
2	拔长		圆口钳	将压肩一端拔长至直径不小于 $\phi40$ mm
3	摔圆		圆口钳 摔圆摔子	将拔长部分摔圆至 $\phi40 \pm 1$ mm
4	压肩		圆口钳 压肩摔子	截出中段长度 88 mm 后,将另一端压肩
5	拔长		尖口钳	将压肩一端拔长至直径不小于 $\phi40$
6	摔圆修整		圆口钳 摔圆摔子	将拔长部分摔圆至 $\phi40 \pm 1$ mm

第四节 模型锻造

一、模锻

利用模具使坯料在模膛内产生塑性变形,从而获得锻件的锻造方法称模型锻造,简称模锻。模锻适用于中、小型锻件的大批量生产。模锻与自由锻相比有如下特点:① 可锻造形状较为复杂、内部质量较好的中小型锻件;② 锻件尺寸精度较高、表面粗糙度小。节约材料和工时;③ 操作简单,生产效率高,易实现机械化和自动化;④ 锻模制造复杂、成本高、设备昂贵、能量消耗大,模锻件的质量受到模锻设备吨位的限制,一般在 150 kg 以下。根据不同的设备类型,模锻分为锤上模锻和压力机上模锻。

模锻全称为模型锻造,将加热后的坯料放置在固定于模锻设备上的锻模内锻造成形。模锻可以在多种设备上进行。在工业生产中,锤上模锻大都采用蒸汽 – 空气锤,吨位在 5 ~ 300 kN(0.5 ~ 30 t)。压力机上的模锻常用热模锻压力机,吨位在 25000 ~ 63000 kN。

模锻的锻模结构有单模膛锻模和多模膛锻模。图 3 – 14 所示为单模膛锻模,它用燕尾槽和斜楔配合使锻模固定,防止脱出和左右移动;用键和键槽的配合使锻模定位准确,并防止前后移动。单模膛一般为终锻模膛,锻造时常需空气锤制坯,再经终锻模膛的多次锤击一次成形,最后取出锻件切除飞边。

模锻的生产率和锻件精度比自由锻造高,可锻造形状较复杂的锻件,但要有专用设备,且模具制造成本高,只适用于大批量生产。

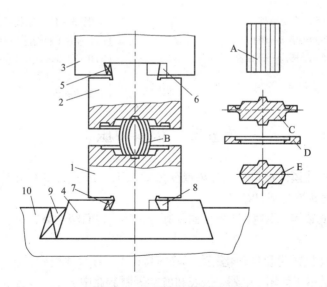

图 3 – 14 单模膛锻模及其固定

1—下模;2—上模;3—锤头;4—模座;5—上模用楔;6—上模用键;7—下模用楔;8—下模用键;
9—模座楔;10—砧座;A—坯料;B—变形;C—带飞边的锻件;D—切下的飞边;E—锻件

二、胎模锻

胎模锻造是自由锻和模锻相结合的一种加工方法，通常是先用自由锻制坯，然后在胎模中锻造成形，整个锻造过程在自由锻设备上进行。胎模结构如图 3-15 所示。胎模锻造时，下模置于气锤的下砧上，但不固定。坯料放在胎模内，合上上模，用锤头锻打上模，待上下模合拢后，便形成锻件。

图 3-16 所示为手锤锻件的胎模锻造过程。

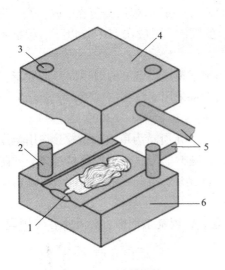

图 3-15 胎模结构

1—模膛；2—导销；3—销孔；
4—上模块；5—手柄；6—下模块

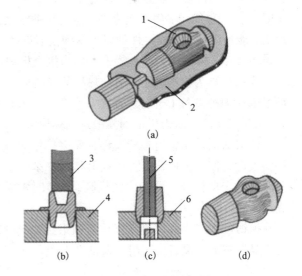

图 3-16 胎模锻造过程

(a)有连皮 1 和飞边 2 的胎模锻件；
(b)用冲头 3 和凹模 4 切锻件的飞边；
(c)用冲子 5 和凹模 6 冲锻件的连皮；
(d)锻件成品

第五节　板料冲压

板料冲压是利用冲模使板料产生分离或变形的加工方法。因多数情况下板料无须加热，故亦称冷冲压，又简称冷冲或冲压。

常用的板材为低碳钢、不锈钢、铝、铜及其合金等，它们塑性高，变形抗力低，适合于冷冲压加工。

板料冲压易实现机械化和自动化，生产效率高；冲压件尺寸精确，互换性好；表面光洁，无须机械加工；广泛用于汽车、电器、仪表和航空等制造业中。

一、冲床结构及工作原理

冲床有很多种类型，常用的开式冲床如图 3-17 所示。电动机 4 通过 V 形带 10 带动大飞轮 9 转动，当踩下踏板 12 后，离合器 8 使大飞轮与曲轴相连而旋转，再经连杆 5 使滑块 11 沿导轨 2 做上下往复运动，进行冲压加工。当松开踏板时，离合器脱开，制动器 6 立即制止曲轴转动，使滑块停止在最高位置上。

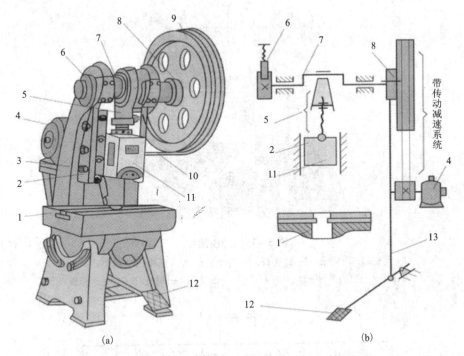

图3-17　开式冲床

（a）外形图；（b）传动简图

1—工作台；2—导轨；3—床身；4—电动机；5—连杆；6—制动器；7—曲轴；
8—离合器；9—飞轮；10—V形带；11—滑块；12—踏板；13—拉杆

二、冲压模具

1. 冲模结构

冲模是使板料产生分离或变形的工具。如图3-18所示为典型的冲模结构，它由上模和下模两部分组成。上模的模柄固定在冲床的滑块上，随滑块上下运动，下模则固定在冲床的工作台上。

冲头和凹模是冲模中使坯料变形或分离的工作部分，用压板分别固定在上模板和下模板上。上、下模板分别装有导套和导柱，以引导冲头和凹模对准。而导板和定位销则分别用以控制坯料送进方向和送进长度。卸料板的作用，是在冲压后使工件或坯料从冲头上脱出。

2. 冲模的分类

冲模是冲压生产中必不可少的模具。冲模基本上可分为简单模、连续模和复合模三种。

（1）简单冲模。简单冲模是在冲床的一次冲程中只完成一个工序的冲模。结构如图3-19所示。工作时条料在凹模上沿两块导板9之间送进，碰到定位销10为止。凸模向下冲压时，冲下的零件（或废料）进入凹模孔，而条料则夹住凸模并随凸模一起回程向上运动。条料碰到卸料板8时（固定在凹模上）被推下，这样，条料继续在导板间送进。重复上述动作，冲下第二个零件。

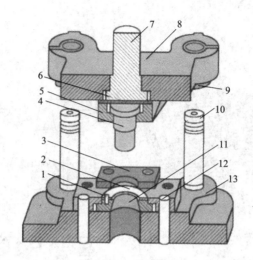

图 3 – 18 冲模结构

1—定位销；2—导板；3—卸料板；4—冲头；5—冲头压板；6—模垫；7—模柄；8—上模板；9—导套；10—导柱；11—凹模；12—凹模压板；13—下模板

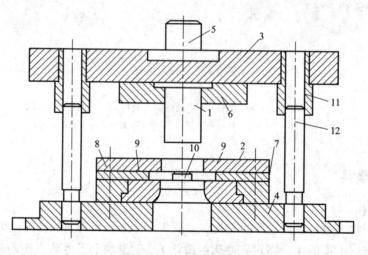

图 3 – 19 简单冲模结构

1—凸模；2—凹模；3—上模板；4—下模板；5—模柄；6，7—压板；
8—卸料板；9—导板；10—定位销；11—套筒；12—导柱

（2）连续冲模。冲床的一次冲程中，在模具不同部位上同时完成数道冲压工序的模具，称为连续模，如图 3 – 20 所示。工作时定位销 2 对准预先冲出的定位孔，上模向下运动，凸模 1 进行落料，凸模 4 进行冲孔。当上模回程时，卸料板 6 从凸模上推下废料。这时再将坯料 7 向前送进，执行第二次冲裁。如此循环进行，每次送进距离由挡料销控制。

（3）复合冲模。在一次冲程中，在模具同一部位上同时完成数道冲压工序的模具，称为复合模，如图 3 – 21 所示。复合模的最大特点是模具中有一个凸凹模 1。凸凹模的外圆是落料凸模刃口，内孔则为拉深凹模。当滑块带着凸凹模向下运动时，条料首先在凸凹模 1 和落料凹模 4 中落料。落料件被下模当中的拉深凸模 2 顶住，滑块继续向下运动时，凹模随之向

58

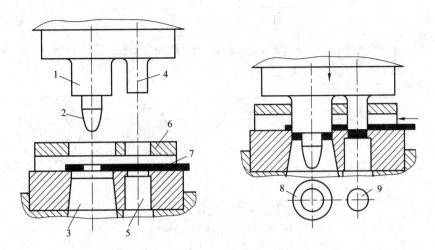

图 3 – 20 连续冲模

1—落料凸模；2—定位销；3—落料凹模；4—冲孔凸模；5—冲孔凹模；6—卸料板；
7—坯料；8—成品；9—废料

下运动进行拉深。顶出器 5 和卸料器 3 在滑块的回程中将拉深件 9 推出模具。复合模适用于产量大、精度高的冲压件。

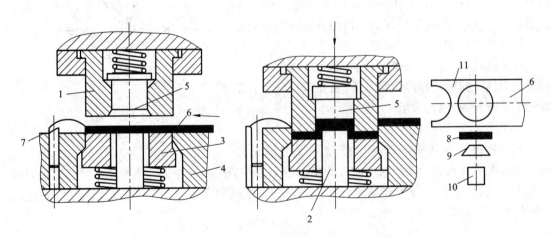

图 3 – 21 落料及拉深复合冲模

1—凸凹模；2—拉深凸模；3—压板(卸料器)；4—落料凹模；5—顶出器；
6—条料；7—挡料销；8—坯料；9—拉深件；10—零件；11—切余材科

三、冲压基本工艺

冲压的主要基本工序有落料、冲孔、弯曲和拉深。

1. 落料和冲孔

落料和冲孔是使坯料分离的工序，如图 3 – 22 所示。

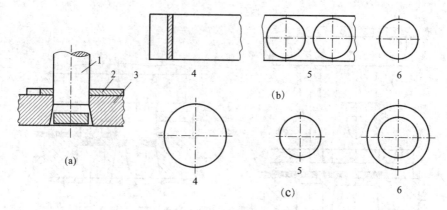

图 3 - 22　落料和冲孔

(a)冲裁模；(b)落料；(c)冲孔

1—凹模；2—坯料；3—冲头；4—坯料；5—余料；6—产品

　　落料和冲孔的过程完全一样，只是用途不同。落料时，被分离的部分是成品，剩下的周边是废料；冲孔则是为了获得孔，被冲孔的板料是成品，而被分离部分是废料。落料和冲孔统称为冲裁。冲裁模的冲头和凹模都具有锋利的刃口，在冲头和凹模之间有相当于板厚5% ~10%的间隙，以保证切口整齐而少毛刺。

　　2.弯曲

　　弯曲就是使工件获得各种不同形状的弯角。弯曲模上使工件弯曲的工作部分要有适当的圆角半径 r，以避免工件弯曲时开裂，如图3 -23 所示。

　　3.拉深

　　拉深是将平板坯料制成杯形或盒形件的加工过程。拉深模的冲头和凹模边缘应做成圆角以避免工件被拉裂。冲头与凹模之间要有比板料厚度稍大一点的间隙(一般为板厚的1.1 ~1.2 倍)，以减少摩擦力。为了防止褶皱，坯料边缘需用压板(压边圈)压紧，如图3 -24 所示。

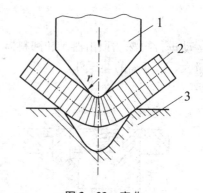

图 3 - 23　弯曲

1—冲头；2—坯料；3—凹模

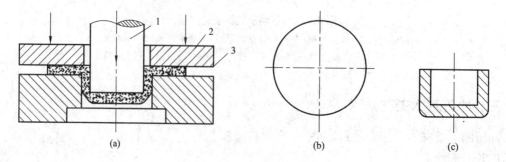

图 3 - 24　拉深

(a)拉深模；(b)坯料；(c)产品

1—冲头；2—压边圈；3—下模

60

第四章
焊 接

第一节 概 述

一、定义

焊接是指通过适当的物理、化学过程如加热、加压或二者并用等方法，使两个或两个以上分离的物体产生原子(分子)间的结合力而连接成一体的连接方法，是金属加工的一种重要工艺。广泛应用于机械制造、造船业、石油化工、汽车制造、桥梁、锅炉、航空航天、原子能、电子电力、建筑等领域。

二、焊接方法分类及发展现状

1. 焊接方法

目前在工业生产中应用的焊接方法已达百余种。根据它们的焊接过程和特点可将其分为熔焊、压焊、钎焊三大类，每大类可按不同的方法分为若干小类。

(1)熔焊是通过将需连接的两构件的接合面加热熔化成液体，然后冷却结晶连成一体的焊接方法。

(2)压焊是在焊接过程中，对焊件施加一定的压力，同时采取加热或不加热的方式，完成零件连接的焊接方法。

(3)钎焊是利用熔点低于被焊金属的钎料，将零件和钎料加热到钎料熔化，利用钎料润湿母材，填充接头间隙并与母材相互溶解和扩散而实现连接的方法。

2. 焊接的发展现状

目前工业生产中广泛应用的焊接方法是 19 世纪末和 20 世纪初现代科学技术发展的产物。特别是冶金学、金属学以及电工学的发展，奠定了焊接工艺及设备的理论基础；而冶金工业、电力工业和电子工业的进步，则为焊接技术的长远发展提供了有利的物质和技术条件。电子束焊、激光焊等二十余种基本方法和成百种派生方法的相继发明及应用，体现了焊接技术在现代工业中的重要地位。据不完全统计，目前全世界年产量45%的钢和大量有色金属(工业发达国家，焊接用钢量基本达到其钢材总量的60% ~70%)，都是通过焊接加工形成产品的。特别是焊接技术发展到今天，几乎所有的部门(如机械制造、石油化工、交通能源、冶金、电子、航空航天等)都离不开焊接技术。因此可以这样说，焊接技术的发展水平是衡量一个国家科学技术先进程度的重要标志之一，没有焊接技术的发展，就不会有现代工业和科学技术的今天。

在科学技术飞速发展的当今时代，焊接已经成功地完成了自身的蜕变。很少有人注意到这个过程是何时开始，何时结束的，但它确确实实地发生在过去的某个时段。我们今天面对着这样一个事实：焊接已经从一种传统的热加工技艺发展到了集材料、冶金、结构、力学、电子等多门类科学为一体的工程工艺学科。而且，随着相关学科技术的发展和进步，不断有新的知识融合在焊接之中。在人类社会步入 21 世纪的今天，焊接已经进入了一个崭新的发展阶段。当今世界的许多最新科研成果、前沿技术和高新技术，诸如计算机、微电子、数字控制、信息处理、工业机器人、激光技术等，已经被广泛地应用于焊接领域，这使得焊接的技术含量得到了空前的提高，并在制造过程中创造了极高的附加值。在工业化最发达的美国，焊接被视为"美国制造业的命脉，而且是美国未来竞争力的关键所在"。其主要根源就是基于这样一个事实：许多工业产品的制造已经无法离开焊接技术的使用。在人类发展史上留下辉煌篇章的三峡水利工程、西气东输工程以及"神舟"号载人飞船，哪个没有采用焊接结构？以西气东输工程项目为例，全长约 4300 km 的输气管道，焊接接头的数量竟达 35 万个以上，整个管道上焊缝的长度至少 1.5 万 km。离开焊接，简直无法想像如何完成这样的工程。

在进入 21 世纪的前夕，美国焊接学会(AWS)曾组织权威专家讨论、制定了美国今后 20 年焊接工业的发展战略。其分析报告对焊接未来做了如下预测：在 2020 年，焊接仍将是金属和其他工程材料连接的优选方法。美国工业界将依靠其在连接技术、产品设计、制造能力和全球竞争力方面的领先优势，成为这些性价比高、性能优越产品的世界主导。

焊接在未来的工业经济中不仅具有广阔的应用空间，而且还将对产品质量、企业的制造能力及其竞争力产生更大的影响。在加入 WTO 后，作为全球最大的发展中国家和经济活力最强的国家，我国焊接工业的发展充满了机遇和挑战。如何有效地把握机会，迎接挑战，保证今后可持续的健康发展，是我国焊接行业面临的重要课题。

3. 焊接安全生产和劳动保护

(1)手工电弧焊：电焊打眼经常发生，电焊烟尘是主要有害因素，会造成呼吸系统疾病或锰中毒，触电的危险也很大。

(2)氩弧焊：弧光辐射的强度比手工电弧焊大，强烈的紫外线照射能引起红斑、小水泡等皮肤疾病，存在高频电磁辐射和放射性危害，有毒气体臭氧和氮氧化物会造成呼吸系统疾病，存在触电危险。

(3)气焊与气割：火灾和爆炸是主要危险因素，焊接铜、铝等有色金属时，有毒气体会引起急性中毒。

(4)碳弧气刨：高浓度的烟尘是主要有害因素，会造成呼吸系统疾病或中毒，操作中火花飞溅，可能造成灼烫或火灾。

(5)等离子切割：弧光辐射、臭氧、氮氧化物浓度均高于氩弧焊，同时还存在噪声、高频电磁场、热辐射和放射性等有害因素，劳动卫生条件差，存在触电危险。

第二节 手工电弧焊

手工电弧焊通常又称为焊条电弧焊，属于熔化焊焊接方法之一，它是利用电弧产生的高温、高热量进行焊接的。如图4-1所示，焊接时电源的一极接工件，另一极与焊条相接。工件和焊条之间的空间在外电场的作用下，产生电弧。该电弧的弧柱温度可高达60000 K(阴极温度达24000 K，阳极温度达26000 K)。它一方面使工件接头处局部熔化，同时也使焊条端部不断熔化而滴入焊件接头空隙中，形成金属熔池。当焊条移开后，熔池金属很快冷却、凝固形成焊缝，使工件的两部分牢固地连接在一起。

手工电弧焊的电源设备，一般包括交流电弧焊变压器、直流电弧焊发电机(通常简称为交流弧焊机、直流弧焊机)。

一、手工电弧焊设备及工具

手工电弧焊(简称手弧焊)是利用电弧产生的热量来熔化母材和焊条的一种手工操作的焊接方法。手弧焊的焊接过程如图4-1所示。焊接时以电弧作为热源，电弧的温度可达6000 K，它产生的热量与焊接电流成正比。

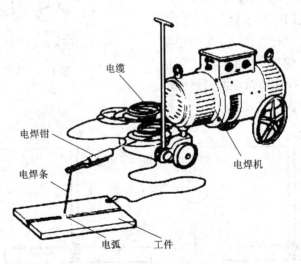

电缆

电焊钳

电焊条

电焊机

电弧   工件

图4-1 手工电弧焊过程

焊接前，把焊钳和焊件分别接到弧焊机输出端的两极，并用焊钳夹持焊条。焊接时，首先在焊件和焊条之间引出电弧，电弧同时将焊件和焊条熔化，形成金属熔池。随着电弧沿焊接方向前移，被熔化的金属迅速冷却，凝固成焊缝，使两焊件牢固地连接在一起。

手弧焊所需的设备简单，操作方便、灵活，适用于厚度2 mm以上多种金属材料和各种形状结构的焊接。它是目前工业生产中应用最广泛的一种焊接方法。

（一）手弧焊机

1.弧焊机的种类

电弧焊的电源称为电弧焊机，手工电弧焊的电源称为手弧焊机。弧焊机按其供给的焊接电流种类不同可分为交流弧焊机和直流弧焊机两类，直流弧焊机又有旋转式和整流式两种。

（1）交流弧焊机。交流弧焊机实际上是一种特殊的降压变压器，又称弧焊变压器。它具有结构简单、价格便宜、使用可靠、维护方便等优点，但在电弧稳定性方面有些不足。BX1-250型弧焊机是目前较常用的交流弧焊机，其外形如图4-2所示。

（2）直流弧焊机。直流弧焊电源输出端有正、负极之分，焊接时电弧两端极性不变。弧焊机正、负两极与焊条、焊件有两种不同的接线法：将焊件接到弧焊机正极，焊条接至负极，这种接法称正接，又称正极性；反之，将焊件接到负极，焊条接至正极，称为反接，又称反极性，如图4-3所示。焊接厚板时，一般采用直流正接，这是因为电弧正极的温度和热量比负极高，采用正接能获得较大的熔深。焊接薄板时，为了防止烧穿，常采用反接。在使用碱性低氢钠型焊条时，均采用直流反接。

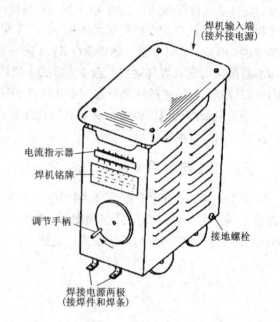

图4-2 交流弧焊机

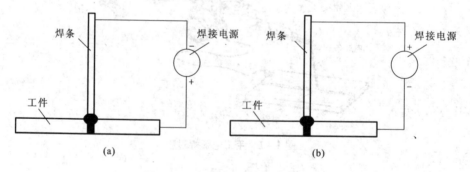

图4-3 直流弧焊机的不同接线法
（a）正接法；（b）负接法

① 旋转式直流弧焊机是由一台三相感应电动机和一台直流弧焊发电机组成，又称弧焊发电机，如图4-4所示。它的特点是能够得到稳定的直流电，因此，引弧容易，电弧稳定，焊接质量较好。但这种直流弧焊机结构复杂，价格比交流弧焊机贵得多，维修较困难，使用时噪音大。现在，这种弧焊机在国外已经淘汰，我国也已停止生产，正在淘汰中。

②整流式直流弧焊机是近年来发展起来的一种弧焊机。它的结构相当于在交流弧焊机上加上整流器，从而把交流电变成直流电。它既弥补了交流弧焊机电弧稳定性不好的缺点，又

64

比旋转式直流弧焊机结构简单，消除了噪音，它将逐步取代旋转式直流弧焊机。

2.弧焊机的主要技术参数

手弧焊机的主要技术参数标明在焊机的铭牌上，主要有初级电压、空载电压、工作电压、输入容量、电流调节范围和负载持续率等。

（1）初级电压是指弧焊机所要求的电源电压。一般交流弧焊机的初级电压为 220 V 或 380 V，直流弧焊机的初级电压为 380 V。

（2）空载电压是指弧焊机在未焊接时的输出端电压。一般交流弧焊机的空载电压为 60～80 V，直流弧焊机的空载电压为 50～90 V。

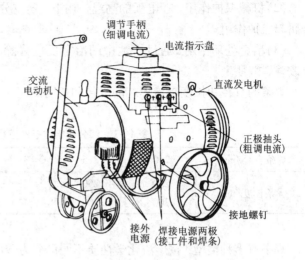

图 4－4 直流弧焊机

（3）工作电压是指弧焊机在焊接时的输出端电压。一般弧焊机时工作电压为 20～40 V。

（4）输入容量是指由网路输入到弧焊机的电流与电压的乘积，它表示弧焊变压器传递电功率的能力，其单位是 kV·A。功率是旋转式直流弧焊机的一个主要参数，通常是指弧焊发电机的输出功率，单位是 kW。

（5）电流调节范围是指弧焊机在正常工作时可提供的焊接电流范围。按弧焊机结构不同，调节弧焊机的焊接电流有时分为粗调节和细调节两步来进行，有时则不分。

（6）负载持续率。是指五分钟内有焊接电流的时间所占的平均百分数。

（二）电焊条

电焊条是手弧焊时的焊接材料（焊接时所消耗的材料统称为焊接材料）。它由焊芯和药皮两部分组成，如图 4－5 所示。

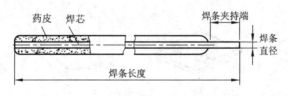

图 4－5 电焊条

焊芯是焊条内的金属丝，它具有一定的直径和长度。焊接时焊芯有两个作用：一是作为电极传导电流，产生电弧；二是熔化后作为填充金属，与熔化的母材一起组成焊缝金属。

药皮是压涂在焊芯表面上的涂料层，它由矿石粉、铁合金粉和黏结剂等原料按一定比例配制而成。它的主要作用是：

（1）改善焊条工艺性。如使电弧容易引燃，保持电弧稳定燃烧等。

（2）机械保护作用。在电弧的高温作用下，药皮分解产生大量气体，并形成熔渣，对熔化金属起保护作用。

（3）冶金处理作用。通过熔池中的冶金反应去除有害杂质，同时添加有益的合金元素，以改善焊缝质量。

焊条的直径和长度是指焊芯的直径和长度。表4-1是部分碳钢焊条的直径和长度规格。

表4-1　部分碳钢焊条的直径和长度规格

焊条直径/mm	2.0	2.5	3.2	4.0	5.0	5.8
焊条长度/mm	250 300	250 300	350 400	350 400	400 450	400 450

焊条有多种类型，按熔渣化学性质不同可分为酸性焊条和碱性焊条两大类。药皮中含有多量酸性氧化物的焊条，熔渣呈酸性，称为酸性焊条，常用牌号有J422、J502等；药皮中含有多量碱性氧化物的焊条称为碱性焊条，常用牌号有J427、J507等。此类焊条牌号中，"J"表示结构钢焊条；"42"或"50"表示熔敷金属抗拉强度等级，分别为420 MPa（43 kgf/mm^2）或490 MPa（50 kgf/mm^2）；牌号中第三位数字表示药皮类型和焊接电源种类，"2"表示氧化钛钙型药皮，用交流或直流电源均可，"7"表示低氢钠型药皮，直流电源。

电焊条的保管应保存在干燥的地方，避免受潮。特别是碱性焊条，每次使用前都要经烘干处理后才能使用。

二、手工电弧焊的工艺规范

（一）焊接接头形式和坡口形式

1. 接头形式

在焊接前，应根据焊接部位的形状、尺寸、受力的不同，选择合适的接头类型。常见的接头形式有对接、搭接、T形接和角接等，如图4-6所示。

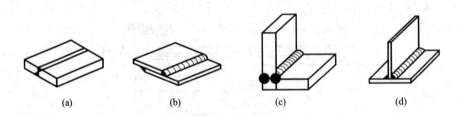

图4-6　常用的接头形式
（a）对接；（b）搭接；（c）角接；（d）T形接

2. 坡口形式

当焊件较薄时，在焊件接头处只要留一定的间隙，就能保证焊透。焊件较厚时，为了保证焊透，焊接前要把两个焊件间的待焊处加工成为所需的几何形状，称为坡口。对接接头是各结构中采用最多的一种接头形式，这种接头常见的坡口形式如图4-7所示。

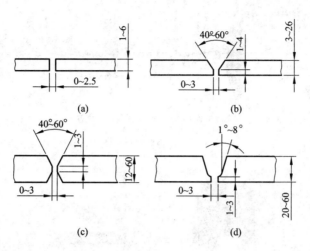

图 4 - 7 对接接头的坡口形式

(a)Ⅰ形坡口；(b)Y形坡口；(c)双Y形坡口；(d)带钝边形坡口

如施焊时，对Ⅰ形坡口、Y形坡口和带钝边U形坡口均可根据实际情况，采用单面焊或双面焊，如图4-8所示，但对双Y形坡口则必须采用双面焊。

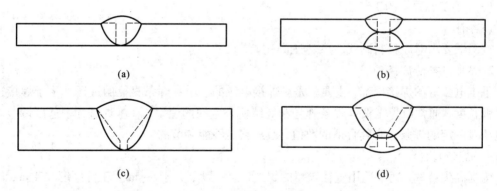

图 4 - 8 单面焊和双面焊

(a)Ⅰ形坡口单面焊；(b)Ⅰ形坡口双面焊；(c)Y形坡口单面焊；(d)Y形坡口双面焊

坡口的加工可以采用机械、火焰或电弧。加工坡口时，通常在其根部留有直边(称为钝边)，其作用是为了防止烧穿。接头组装时，往往留有间隙，这是为了保证焊透。

(二)焊接位置

在实际生产中，焊缝可以在空间不同的位置施焊。对接接头和角接接头的各种焊接位置(如图4-9所示)，其中以平焊位置最为合适。平焊时操作方便，劳动条件好，生产率高，焊接质量容易保证；立焊、横焊位置次之；仰焊位置最差。

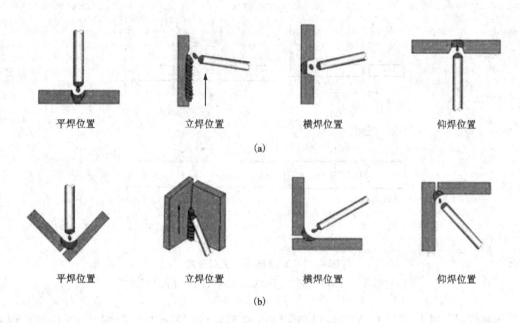

平焊位置   立焊位置   横焊位置   仰焊位置

(a)

平焊位置   立焊位置   横焊位置   仰焊位置

(b)

图4-9 焊接位置

(a)对接;(b)角接

(三)手工电弧焊的工艺规范

1.备料

按图纸要求对原材料画线,并裁剪成一定形状和尺寸。

2.焊接规范的选择

手工电弧焊的焊接规范,主要就是对焊接电流的大小和焊条直径的选择。至于焊接速度和电弧长度,通常由焊工根据焊条牌号和焊缝所在空间的位置,在施焊过程中适度调节。电弧电压对一定的焊条总有其合适的数值,通常它是不能调节的。

(1)焊条直径

为提高生产率,通常选用直径较粗的焊条,但一般不大于6 mm。工件厚度在4 mm以下的对接焊时,一般均用直径等于工件厚度的焊条。大厚度工件焊接时,一般接头处都要开坡口,在焊打底层焊时,可采用2~3 mm直径的焊条,之后的各层均可采用5~6 mm直径的焊条。立焊时,焊条直径一般不超过5 mm,仰焊时则不应超过4 mm。焊条直径的选择参考如表4-2所示。

表4-2 焊条直径的选择

焊件厚度/mm	2	3	4~7	8~12	≥13
焊条直径/mm	1.6~2.0	2.5~3.2	3.2~4.0	4.0~5.0	4.0~5.8

(2)焊接电流

焊接电流的大小主要根据焊条直径来确定。焊接电流太小,焊接生产率较低,电弧不稳定,还可能焊不透工件。焊接电流太大,则会引起熔化金属的严重飞溅,甚至烧穿工件。

对于焊接一般钢材的工件，焊条直径在 3～6 mm 时，可由下列经验公式求得焊接电流的参考值：

$$I = (30 \sim 55)d$$

式中：I——焊接电流；A；

　　　d——焊条直径，mm。

此外，电流大小的选择，还与接头形式和焊逢在空间的位置等因素有关。立焊、横焊时的焊接电流应比平焊减少 10%～15%；仰焊则减少 15%～20%。

3. 焊缝层数

焊缝层数视焊件厚度而定。中、厚板一般都采用多层焊。焊缝层数多些，有利于提高焊缝金属的塑性、韧性，但层数增加，焊件变形倾向亦增加，应综合考虑

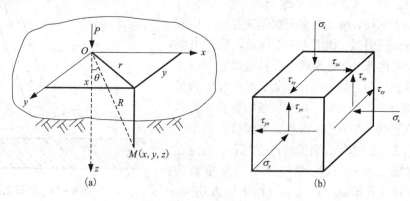

图 4-10　多层焊的焊缝和焊接顺序

后确定。对质量要求较高的焊缝，每层厚度最好不大于 4～5 mm。图 4-10 所示为多层焊的焊缝，其焊接顺序按照图中的序号进行焊接。

三、手工电弧焊的基本操作技术

手工电弧焊最基本的操作是引弧、运条和收尾。

(一) 引弧

引弧即产生电弧。焊条电弧焊是采用低电压、大电流放电产生电弧，依靠电焊条瞬时接触工件实现。引弧时必须将焊条末端与焊件表面接触形成短路，然后迅速将焊条向上提起 2～4 mm 的距离，此时电弧即引燃。引弧的方法有两种：碰击法和擦划法，如图 4-11 所示。

(1) 碰击法，也称点接触法或称敲击法。碰击法是将焊条与工件保持一定距离，然后垂直落下，使之轻轻敲击工件，发生短路，再迅速将焊条提起，产生电弧的引弧方法。此种方法适用于各种位置的焊接。

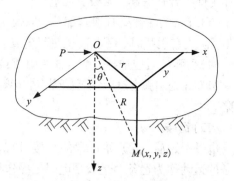

图 4-11　引弧方法
(a)碰击法；(b)擦划法

(2) 擦划法，也称线接触法或称摩擦法。擦划法是将电焊条在坡口上滑动，成一条线，当端部接触时，发生短路，因接触面很小，温度急剧上升，在未熔化前，将焊条提起，产生电弧的引弧方法。此种方法易于掌握，但容易玷污坡口，影响焊接质量。

上述两种引弧方法应根据具体情况灵活应用。擦划法引弧虽比较容易，但这种方法使用

不当时，会擦伤焊件表面。为尽量减少焊件表面的损伤，应在焊接坡口处擦划，擦划长度以 20 ~ 25 mm 为宜。在狭窄的地方焊接或焊件表面不允许有划伤时，应采用碰击法引弧。碰击法引弧较难掌握，焊条的提起动作太快并且焊条提得过高，电弧易熄灭；动作太慢，会使焊条粘在工件上。当焊条粘在工件上时，应迅速将焊条左右摆动，使之与焊件分离；若仍不能分离时，应立即松开焊钳切断电源，以免短路时间过长而损坏电焊机。

（3）引弧的技术要求。在引弧处，由于钢板温度较低，焊条药皮还没有充分发挥作用，会使引弧点处的焊缝较高，熔深较浅，易产生气孔，所以通常应在焊缝起始点后面 10 mm 处引弧，如图 4 - 12 所示。引燃电弧后拉长电弧，并迅速将电弧移至焊缝起点进行预热。预热后将电弧压短，酸性焊条的弧长约等于焊条直径，碱性焊条的弧长应为焊条直径的一半左右，进行正常焊接。采用上述引弧方法即使在引弧处产生气孔，也能在电弧第二次经过时，将这部分金属重新熔化，使气孔消除，并且不会留下引弧伤痕。为了保证焊缝起点处能够焊透，焊条可作适当的横向摆动，并在坡口根部两侧稍加停顿，以形成一定大小的熔池。

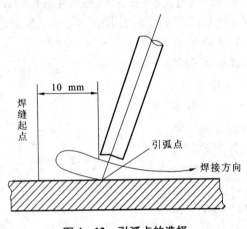

图 4 - 12　引弧点的选择

引弧对焊接质量有一定的影响，经常因为引弧不好而造成始焊的缺陷。综上所述，在引弧时应做到以下几点：

（1）工件坡口处无油污、锈斑，以免影响导电能力和防止熔池产生氧化物。

（2）在接触时，焊条提起时间要适当。太快，气体未电离，电弧可能熄灭；太慢，则使焊条和工件黏合在一起，无法引燃电弧。

（3）焊条的端部要有裸露部分，以便引弧。若焊条端部裸露不均，则应在使用前用锉刀加工，防止在引弧时，碰击过猛使药皮成块脱落，引起电弧偏吹和引弧瞬间保护不良。

（4）引弧位置应选择适当，开始引弧或因焊接中断重新引弧，一般均应在离始焊点后面 10 ~ 20 mm 处引弧，然后移至始焊点，待熔池熔透再继续移动焊条，以消除可能产生的引弧缺陷。

（二）运条

电弧引燃后，就开始正常的焊接过程。为获得良好的焊，缝成形，焊条得不断地运动。焊条的运动称为运条。运条是电焊工操作技术水平的具体表现。焊缝质量的优劣、焊缝成形的好坏，主要由运条来决定。

运条由三个基本运动合成，分别是焊条的送进运动、焊条的横向摆动运动和焊条的沿焊缝移动运动，如图 4 - 13 所示。

（1）焊条的送进运动。主要是用来维持所要求的电弧长度。由于电弧的热量熔化了焊条端部，电弧逐渐变长，有熄弧的倾向。要保持电弧继续燃烧，必须将焊条向熔池送进，直至整根焊条焊完为止。为保证一定的电弧长度，焊条的送进速度应与焊条的熔化速度相等，否则会引起电弧长度的变化，影响焊缝的熔宽和熔深。

（2）焊条的摆动和沿焊缝移动。这两个动作是紧密相连的，而且变化较多、较难掌握。通过两者的联合动作可获得一定宽度、高度和一定熔深的焊缝。所谓焊接速度即单位时间内完成的焊缝长度。图4-14表示焊接速度对焊缝成形的影响。焊接速度太慢，会焊成宽而局部隆起的焊缝；太快，会焊成断续细长的焊缝；焊接速度适中时，才能焊成表面平整、焊波细致而均匀的焊缝。

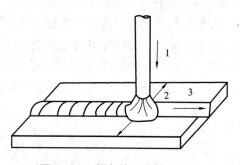

图4-13 焊条的三个基本运动

1—焊条送进；2—焊条摆动；3—沿焊缝移动

（3）运条手法。为了控制熔池温度，使焊缝具有一定的宽度和高度，在生产中经常采用下面几种运条手法。

①直线形运条法。采用直线形运条法焊接时，应保持一定的弧长，焊条不摆动并沿焊接方向移动。由于此时焊条不作横向摆动，所以熔深较大，且焊缝宽度较窄。在正常的焊接速度下，焊波饱满平整。此法适用于板厚3~5 mm的不开坡口的对接平焊、多层焊的第一层焊道和多层多道焊。

②直线往返形运条法。此法是焊条末端沿焊缝的纵向作来回直线形摆动，如图4-15所示，主要适用于薄板焊接和接头间隙较大的焊缝。其特点是焊接速度快，焊缝窄，散热快。

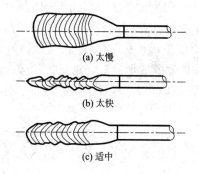

(a) 太慢

(b) 太快

(c) 适中

图4-14 焊接速度对焊缝成形的影响

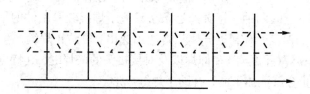

图4-15 直线往返形运条法

③锯齿形运条法。此法是将焊条末端作锯齿形连续摆动并向前移动，如图4-16所示，在两边稍停片刻，以防产生咬边缺陷。这种手法操作容易、应用较广，多用于比较厚的钢板的焊接，适用于平焊、立焊、仰焊的对接接头和立焊的角接接头。

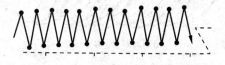

图4-16 锯齿形运条法

④月牙形运条法。如图4-17所示，此法是使焊条末端沿着焊接方向作月牙形的左右摆动，并在两边的适当位置作片刻停留，以使焊缝边缘有足够的熔深，防止产生咬边缺陷。此法适用于仰、立、平焊位置以及需要比较饱满焊缝的地方。其适用范围和锯齿形运条法基本相同，但用此法焊出来的焊缝余高较大。其优点是，能使金属熔化良好，而且有较长的保温时间，熔池中的气体和熔渣容易上浮到焊缝表面，有利于获得高质量的焊缝。

图4-17　月牙形运条法

⑤三角形运条法。如图4-18所示，此法是使焊条末端作连续三角形运动，并不断向前移动。按适用范围不同，可分为斜三角形和正三角形两种运条方法。其中斜三角形运条法适用于焊接T形接头的仰焊缝和有坡口的横焊缝。其特点是能够通过焊条的摆动控制熔化金属，促使焊缝成形良好。正三角形运条法仅适用于开坡口的对接接头和T形接头的立焊。其特点是一次能焊出较厚的焊缝断面，有利于提高生产率，而且焊缝不易产生夹渣等缺陷。

(a)斜三角形运条法　　　　　　　　(b)正三角形运条法

图4-18　三角形运条法

⑥圆圈形运条法。如图4-19所示，将焊条末端连续作圆圈运动，并不断前进。这种运条方法又分正圆圈和斜圆圈两种。正圆圈运条法只适于焊接较厚工件的平焊缝，其优点是能使熔化金属有足够高的温度，有利于气体从熔池中逸出，可防止焊缝产生气孔。斜圆圈运条法适用于T形接头的横焊(平角焊)和仰焊以及对接接头的横焊缝，其特点是可控制熔化金属不受重力影响，能防止金属液体下淌，有助于焊缝成形。

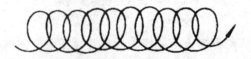

(a)正圆圈形运条法

(b)斜圆圈形运条法

图4-19　圆圈形运条法

(三)收尾

电弧中断和焊接结束时,应把收尾处的弧坑填满。若收尾时立即拉断电弧,则会形成比焊件表面低的弧坑。

在弧坑处常出现疏松、裂纹、气孔、夹渣等现象,因此焊缝完成时的收尾动作不仅是熄灭电弧,而且要填满弧坑。收尾动作有以下几种:

(1)画圈收尾法。焊条移至焊缝终点时,作圆圈运动,直到填满弧坑再拉断电弧。主要适用于厚板焊接的收尾。

(2)反复断弧收尾法。收尾时,焊条在弧坑处反复熄弧、引弧数次,直到填满弧坑为止。此法一般适用于薄板和大电流焊接,但碱性焊条不宜采用,因其容易产生气孔。

(3)回焊收尾法。焊条移至焊缝收尾处立即停止,并改变焊条角度回焊一小段。此法适用于碱性焊条。

当换焊条或临时停弧时,应将电弧逐渐引向坡口的斜前方,同时慢慢抬高焊条,使得熔池逐渐缩小。当液体金属凝固后,一般不会出现缺陷。

四、手工电弧焊的安全要求

1. 电焊机

(1)电焊机必须符合现行有关焊机标准规定的安全要求。

(2)电焊机的工作环境应与焊机技术说明书上的规定相符。特殊环境条件下,如在气温过低或过高、湿度过大、气压过低以及在腐蚀性或爆炸性等特殊环境中作业,应使用适合特殊环境条件性能的电焊机,或采取必要的防护措施。

(3)防止电焊机受到碰撞或剧烈振动(特别是整流式焊机)。室外使用的电焊机必须有防雨雪的防护设施。

(4)电焊机必须装有独立的专用电源开关,其容量应符合要求。当焊机超负荷时,应能自动切断电源。禁止多台焊机共用一个电源开关。

①电源控制装置应装在电焊机附近人手便于操作的地方,周围留有安全通道。

②采用启动器启动的焊机,必须先合上电源开关,再启动焊机。

③焊机的一次电源线,长度一般不宜超过 2～3 m,当有临时任务需要较长的电源线时,应沿墙或立柱用瓷瓶隔离布设,其高度必须距地面2.5 m以上,不允许将电源线拖在地面上。

(5)电焊机外露的带电部分应设有完好的防护(隔离)装置,电焊机裸露接线柱必须设有防护罩。

(6)使用插头插座连接的焊机,插销孔的接线端应用绝缘板隔离,并装在绝缘板平面内。

(7)禁止用连接建筑物金属构架和设备等作为焊接电源回路。

(8)电弧焊机的安全使用和维护。

①接入电源网路的电焊机不允许超负荷使用。焊机运行时的温升,不应超过标准规定的温升限值。

②必须将电焊机平稳地安放在通风良好、干燥的地方,不准靠近高热及易燃易爆危险的环境。

③要特别注意对整流式弧焊机硅整流器的保护和冷却。

④禁止在焊机上放置任何物件和工具,启动电焊机前,焊钳与焊件不能短路。

⑤采用连接片改变焊接电流的焊机，调节焊接电流前应先切断电源。

⑥电焊机必须经常保持清洁。清扫尘埃时必须断电进行。焊接现场有腐蚀性、导电性气体或粉尘时，必须对电焊机进行隔离防护。

⑦电焊机受潮，应当用人工方法进行干燥；受潮严重的，必须进行检修。

⑧每半年应进行一次电焊机维修保养。当发生故障时，应立即切断焊机电源，及时进行检修。

⑨经常检查和保持焊机电缆与电焊机的接线柱接触良好，保持螺帽紧固。

⑩工作完毕或临时离开工作场地时，必须及时切断焊机电源。

(9)电焊机的接地。

①各种电焊机(交流、直流)、电阻焊机等设备或外壳、电气控制箱、焊机组等，都应按现行《电力设备接地设计技术规程》的要求接地，防止触电事故。

②焊机的接地装置必须经常保持连接良好，定期检测接地系统的电气性能。

③禁用氧气管道和乙炔管道等易燃易爆气体管道作为接地装置的自然接地极，防止由于产生电阻热或引弧时冲击电流的作用，产生火花而引爆。

④电焊机组或集装箱式电焊设备都应安装接地装置。

⑤专用的焊接工作台架应与接地装置连接。

(10)为保护设备安全，又能在一定程度上保护人身安全，应装设熔断器、断路器(又称过载保护开关)、触电保安器(也叫漏电开关)。当电焊机的空载电压较高，而又在有触电危险的场所作业时，则对焊机必须采用空载自动断电装置。当焊接引弧时电源开关自动闭合，停止焊接、更换焊条时，电源开关自动断开。这种装置不仅能避免空载时的触电，也减少了设备空载时的电能损耗。

(11)不倚靠带电焊件。身体出汗而衣服潮湿时，不得靠在带电的焊件上施焊。

2.焊接电缆

(1)焊机用的软电缆线应采用多股细铜线电缆，其截面要求应根据焊接需要载流量和长度，按焊机配用电缆标准的规定选用。电缆应轻便柔软，能任意弯曲或扭转，便于操作。

(2)电缆外皮必须完整、绝缘良好、柔软，绝缘电阻不得小于 1 MΩ，电缆外皮破损时应及时修补完好。

(3)连接焊机与焊钳必须使用软电缆线，长度一般不宜超过 20~30 m。截面积应根据焊接电流的大小来选取，以保证电缆不致过热而损伤绝缘层。

(4)焊机的电缆线应使用整根导线，中间不应有连接接头。当工作需要接长导线时，应使用接头连接器牢固连接，连接处应保持绝缘良好，而且接头不要超过两个。

(5)焊接电缆线要横过马路或通道时，必须采取保护套等保护措施，严禁搭在气瓶、乙炔发生器或其他易燃物品的容器的材料上。

(6)禁止利用厂房的金属结构、轨道、管道、暖气设施或其他金属物体搭接起来作电焊导线电缆。

(7)禁止焊接电缆与油脂等易燃物料接触。

3.电焊钳

(1)电焊钳必须有良好的绝缘性与隔热能力，手柄要有良好的绝缘层。

(2)焊钳的导电部分应采用紫铜材料制成。焊钳与电焊电缆的连接应简便牢靠，接触良好。

(3)焊条在位于水平45°、90°等方向时焊钳应都能夹紧焊条，并保证更换焊条安全方便。

(4)电焊钳应保证操作灵便、焊钳重量不得超过600 g。

(5)禁止将过热的焊钳浸在水中冷却后立即继续使用。

(6)焊接场所应有通风除尘设施，防止焊接烟尘和有害气体对焊工造成危害。

(7)焊接作业人员应按 LD/T75—1995《劳动防护用品分类与代码》选用个人防护用品和合乎作业条件的遮光镜片和面罩。

(8)焊接作业时，应满足防火要求，可燃、易燃物料与焊接作业点火源距离不应小于10 m。

第三节 气体保护焊

气体保护焊是利用气体作为电弧介质并保护电弧和焊接区的电弧焊称为气体保护电弧焊，简称气体保护焊，如图4-20所示。

一、气体保护焊的组成

(一)焊接电源

熔化极气体保护焊通常采用直流焊接电源，目前生产中使用较多的是弧焊整流器式直流电源。近年来，逆变式弧焊电源发展也较快。焊接电源的额定功率取决于各种用途所要求的电流范围。熔化极气体保护焊所要求的电流通常在 100~500 A 之间，电源的负载持续率(也称暂载率)在 60%~100% 范围，空载电压在 55~85 V 范围。

图4-20 气体保护焊

1.焊接电源的外特性

熔化极气体保护焊的焊接电源按外特性类型可分为三种：平特性(恒压)、陡降特性(恒流)和缓降特性。

当保护气体为惰性气体(如纯 Ar)、富 Ar 和氧化性气体(如 CO_2)，焊丝直径小于 $\phi1.6$ mm 时，在生产中广泛采用平特性电源。这是因为平特性电源配合等速送丝系统具有许多优点，可通过改变电源空载电压调节电弧电压，通过改变送丝速度来调节焊接电流，故焊接规范调节比较方便。使用这种外特性电源，当弧长变化时可以有较强的自调节作用；同时短路电流较大，引弧比较容易。实际使用的平特性电源其外特性并不都是真正平直的，而是带有一定的下倾，其下倾率一般不大于 5 V/100 A，但仍具有上述优点。

当焊丝直径较粗(大于 $\phi2$ mm)，生产中一般采用下降特性电源，配用变速送丝系统。由于焊丝直径较粗，电弧的自身调节作用较弱，弧长变化后恢复速度较慢，单靠电弧的自身调节作用难以保证稳定的焊接过程。因此也像一般埋弧焊那样需要外加弧压反馈电路，将弧压(弧长)的变化及时反馈送到送丝控制电路，调节送丝速度，使弧长能及时恢复。

2. 电源输出参数的调节

熔化极气体保护焊电源的主要技术参数有：输入电压（相数、频率、电压）、额定焊接电流范围、额定负载持续率（%）、空载电压、负载电压范围、电源外特性曲线类型（平特性、缓降外特性、陡降外特性）等。通常要根据焊接工艺的需要确定对焊接电源技术参数的要求，然后选用能满足要求的焊接电源。

（1）电弧电压。电弧电压是指焊丝端头和工件之间的电压降，不是电源电压表指示的电压（电源输出端的电压）。电弧电压的预调节是通过调节电源的空载电压或电源外特性斜率来实现的。平特性电源主要通过调节空载电压来实现电弧电压调节。缓降或陡降特性电源主要通过调节外特性斜率来实现电弧电压调节。

（2）焊接电流。平特性电源的电流的大小主要通过调节送丝速度来实现，有时也适当调节空载电压来进行电流的少量调节。对于缓降或陡降特性电源则主要通过调节电源外特性斜率来实现。

（二）送丝系统

送丝系统通常是由送丝机（包括电动机、减速器、校直轮、送丝轮）、送丝软管、焊丝盘等组成。盘绕在焊丝盘上的焊丝经过校直轮和送丝轮送往焊枪。根据送丝方式的不同，送丝系统可分为四种类型：

（1）推丝式。推丝式是焊丝被送丝轮推送经过软管而达到焊枪，是半自动熔化极气保护焊的主要送丝方式。这种送丝方式的焊枪结构简单、轻便、操作维修都比较方便，但焊丝送进的阻力较大。随着软管的加长，送丝稳定性变差，一般送丝软管长为 3.5 ~ 4 m 左右。

（2）拉丝式。拉丝式可分为三种形式。一种是将焊丝盘和焊枪分开，两者通过送丝软管连接。另一种是将焊丝盘直接安装在焊枪上。这两种都适用于细丝半自动焊，但前一种操作比较方便。还有一种是不但焊丝盘与焊枪分开，而且送丝电动机也与焊枪分开，这种送丝方式可用于自动熔化极气体保护焊。

（3）推拉丝式。这种送丝方式的送丝软管最长可以加长到 15 m 左右，扩大了半自动焊的操作距离。焊丝前进时既靠后面的推力，又靠前边的拉力，利用两个力的合力来克服焊丝在软管中的阻力。推拉丝两个动力在调试过程中要有一定配合，尽量做到同步，但以拉为主。焊丝送进过程中，始终要保持焊丝在软管中处于拉直状态。这种送丝方式常被用于半自动熔化极气体保护焊。

（4）行星式（线式）。行星式送丝系统是根据"轴向固定的旋转螺母能轴向送进螺杆"的原理设计而成的。三个互为 120° 的滚轮交叉地安装在一块底座上，组成一个驱动盘。驱动盘相当于螺母，通过三个滚轮中间的焊丝相当于螺杆，三个滚轮与焊丝之间有一个预先调定的螺旋角。当电动机的主轴带动驱动盘旋转时，三个滚轮即向焊丝施加一个轴向的推力，将焊丝往前推送。送丝过程中，三个滚轮一方面围绕焊丝公转，另一方面又绕着自己的轴自转。调节电动机的转速即可调节焊丝送进速度。这种送丝机构可一级一级串联起来成为所谓线式送丝系统，使送丝距离更长（可达 60 m）。若采用一级传送，可传送 7 ~ 8 m。这种线式送丝方式适合于输送小直径焊丝（ϕ0.8 ~ 1.2 mm）和钢焊丝，以及长距离送丝。

（三）焊枪

熔化极气体保护焊的焊枪分为半自动焊焊枪（手握式）和自动焊焊枪（安装在机械装置上）。在焊枪内部装有导电嘴（紫铜或铬铜等）。焊枪还有一个向焊接区输送保护气体的通道和喷嘴。喷嘴和导电嘴根据需要都可方便地更换。此外，焊接电流通过导电嘴等部件时产生的电阻热和电弧辐射热一起，会使焊枪发热，故需要采取一定的措施冷却焊枪。冷却方式有：空气冷却，内部循环水冷却，或两种方式相结合。对于空气冷却焊枪，在 CO_2 气体保护焊时，断续负载下一般可使用高达 600 A 的电流。但是，在使用氩气或氦气保护焊时，通常只限于 200 A 电流。半自动焊枪通常有两种形式：鹅颈式和手枪式。鹅颈式焊枪适合于小直径焊丝，使用灵活方便，特别适合于紧凑部位、难以达到的拐角处和某些受限制区域的焊接。手枪式焊枪适合于较大直径焊丝，它对于冷却效果要求较高，因而常采用内部循环水冷却。半自动焊焊枪可与送丝机构装在一起，也可分离。

自动焊焊枪的基本构造与半自动焊焊枪相同，但其载流容量较大，工作时间较长，有时要采用内部循环水冷却。焊枪直接装在焊接机头的下部，焊丝通过送丝轮和导丝管送进焊枪。

(四)供气系统和冷却水系统

供气系统通常与钨极氩弧焊相似，对于 CO_2 气体，通常还需要安装预热器和干燥器，以吸收气体中的水分，防止焊缝中生成气孔。对于熔化极活性气体保护焊还需要安装气体混合装置，先将气体混合均匀，然后再送入焊枪。

水冷式焊枪的冷却水系统由水箱、水泵和冷却水管及水压开关组成。水箱里的冷却水经水泵流经冷却水管，经水压开关后流入焊枪，然后经冷却水管再回流入水箱，形成冷却水循环。水压开关的作用是保证当冷却水未流经焊枪时，焊接系统不能起动焊接，以保护焊枪，避免由于未经冷却而烧坏。

(五)控制系统

控制系统由焊接参数控制系统和焊接过程程序控制系统组成。焊接参数控制系统主要由焊接电源输出调节系统、送丝速度调节系统、小车(或工作台)行走速度调节系统(自动焊)和气流量调节系统组成。它们的作用是在焊前或焊接过程中调节焊接电流或电压、送丝速度、焊接速度和气流量的大小。焊接设备的程序控制系统的主要作用是：

(1)控制焊接设备的启动和停止。

(2)控制电磁气阀动作，实现提前送气和滞后停气，使焊接区受到良好保护。

(3)控制水压开关动作，保证焊枪受到良好的冷却。

(4)控制引弧和熄弧：熔化极气体保护焊的引弧方式一般有三种：爆断引弧(焊丝接触工件，通电使焊丝与工件接触处熔化，焊丝爆断后引燃电弧)；慢送丝引弧(焊丝缓慢送向工件直到电弧引燃，然后提高送丝速度)和回抽引弧(焊丝接触工件，通电后回抽焊丝引燃电弧)。熄弧方式有两种：电流衰减(送丝速度也相应衰减，填满弧坑，防止焊丝与工件黏连)和焊丝返烧(先停止送丝，经过一定时间后切断焊接电源)。

(5)控制送丝和小车(或工作台)移动(自动焊时)。

程序控制是自动的。半自动焊焊接启动开关装在手把上。当焊接启动开关闭合后，整个焊接过程按照设定的程序自动进行。程序控制的控制器由延时控制器、引弧控制器、熄弧控制器等组成。

程序控制系统将焊接电源、送丝系统、焊枪和行走系统、供气和冷却水系统有机地组合在一起，构成一个完整的、自动控制的焊接设备系统。除程控系统外，高档焊接设备还有参数自动调节系统。其作用是当焊接工艺参数受到外界干扰而发生变化时可自动调节，以保持有关焊接参数的恒定，维持正常稳定的焊接过程。

二、气体保护焊的特点

如图4-21所示为气体保护焊机，气体保护焊与其他焊接方法相比，具有以下特点：

(a)　　　　　　　　　　　(b)

图4-21　气体保护焊机

(1)电弧和熔池的可见性好，焊接过程中可根据熔池情况调节焊接参数。

(2)焊接过程操作方便，没有熔渣或很少有熔渣，焊后基本上不需清渣。

(3)电弧在保护气流的压缩下热量集中，焊接速度较快，熔池较小，热影响区窄，焊件焊后变形小。

(4)有利于焊接过程的机械化和自动化，特别是空间位置的机械化焊接。

(5)可以焊接化学活泼性强和易形成高熔点氧化膜的镁、铝、钛及其合金。

(6)可以焊接薄板。

(7)在室外作业时，需设挡风装置，否则气体保护效果不好，甚至很差。

(8)电弧的光辐射很强。

(9)焊接设备比较复杂，比焊条电弧焊设备价格高。

三、气体保护焊的分类

气体保护焊通常按照电极是否熔化和保护气体不同，分为非熔化极(钨极)、惰性气体保护焊(TIG)和熔化极气体保护焊，熔化极气体保护焊包括情性气体保护焊(MIG)、氧化性混合气体保护焊(MAG)、CO_2气体保护焊、管状焊丝气体保护焊(FCAW)。

四、气体保护焊的安全特点

图4-22所示为气体保护焊焊接现场，气体保护焊除具有一般手工电弧焊的安全特点以外，还要注意以下几点：

(1)气体保护焊电流密度大、弧光强、温度高，且在高温电弧和强烈的紫外线作用下产生高浓度有害气体，可高达手工电弧焊的4~7倍，所以要特别注意通风。

(2)引弧所用的高频振荡器会产生一定强度的电磁辐射，接触较多的焊工，会引起头昏、疲乏无力、心悸等症状。

图 4 - 22　气体保护焊焊接现场

（3）氩弧焊使用的钨极材料中的稀有金属带有放射性，尤其在修磨电极时形成放射性粉尘，接触较多，容易造成各种焊工疾病。

第四节　气　焊

气焊是利用气体火焰作为热源来熔化母材和填充金属的一种焊接方法，原理如图 4 - 23 所示。

气焊通常使用的气体是乙炔和氧气。乙炔和氧气混合燃烧形成的火焰称为氧乙炔焰。气焊的焊丝只作为填充金属，和熔化的母材一起组成焊缝。气焊铸铁、不锈钢、铝、铜等金属材料时，还应使用气焊熔剂，以去除焊接过程中形成的氧化物，改善液态金属流动性，并起保护作用，促使获得致密的焊缝，如图 4 - 24 所示。

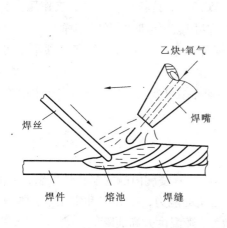

图 4 - 23　气焊原理

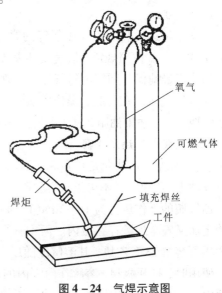

图 4 - 24　气焊示意图

与电弧焊相比，气焊热源的温度较低，热量分散，加热缓慢，生产率低，焊件变形严重。但是，气焊火焰易于控制，操作简便，灵活性强，气焊设备不需电源。

气焊一般应用于厚度在 3 mm 以下的低碳钢薄板和管子的焊接、铸铁件的焊补。对焊接质量要求不高的不锈钢、铜和铝及其合金，也可采用气焊进行焊接。

一、气焊设备

气焊所用的设备及气路连接如图 4-25、图 4-26 所示。

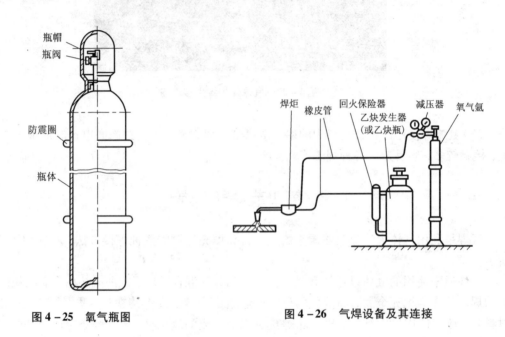

图 4-25 氧气瓶图　　　　　图 4-26 气焊设备及其连接

1.氧气瓶

氧气瓶是运送和贮存高压氧气的容器如图 4-25 所示，其容积为 40 L，工作压力为 15 MPa(150 atm)。按照规定，氧气瓶外表漆成天蓝色，并用黑漆标明"氧气"字样。

应该正确地保管和使用氧气瓶，否则，有发生爆炸的危险。放置氧气瓶必须平稳可靠，不应与其他气瓶混在一起；操作中氧气瓶距离乙炔发生器、明火或热源应大于 5 m；禁止撞击氧气瓶；严禁沾染油脂；夏天要防止曝晒，冬天瓶阀冻结时严禁火烤，应当用热水解冻。

2.乙炔瓶或乙炔发生器

(1)乙炔瓶。乙炔瓶是贮存和运送乙炔的容器，其外形与氧气瓶相似，外表漆成白色，并用红漆写上"乙炔"、"不可近火"等字样。

乙炔瓶的工作压力为 1.5 MPa(15 atm)。在瓶体内装有浸满丙酮的多孔性填料，可使乙炔稳定而又安全地贮存在瓶内。丙酮有很高的溶解乙炔的能力，在 15℃和常压下，体积 1 L 的丙酮可溶解 23 L 乙炔，其溶解度随压力提高而增大，随温度升高而降低。

使用时，打开瓶阀，溶解在丙酮内的乙炔就分解出来，通过乙炔瓶阀流出，而丙酮仍留在瓶内，以便溶解再次压入的乙炔。乙炔瓶阀下面的填料中心部分的长孔内放着石棉，其作用是帮助乙炔从多孔性填料中分解出来。

使用乙炔瓶时，除应遵守氧气瓶使用要求外，还应该注意瓶体的温度不能超过 30 ~ 40℃；搬运、装卸、存放和使用时都应竖立放稳，严禁在地面上卧放并直接使用，一旦要使用已卧放的乙炔瓶，必须先直立后静止 20 min，再连接乙炔减压器后使用；不能遭受剧烈的震动等。

（2）乙炔发生器。乙炔发生器是能使水与电石进行化学反应产生乙炔气体的装置。

乙炔是易燃易爆气体，为安全起见，乙炔发生器上部装有防爆膜。桶内压力过大时，防爆膜即自行破裂，防止乙炔发生器爆炸。

遵守乙炔发生器的安全规程十分重要，否则，会引起严重的后果。设备必须专人保管和使用；严禁接近明火；气焊工作地要距乙炔发生器 10 m 以外；禁止敲击和碰撞乙炔发生器；夏天要防止曝晒，冬天应防止冻结；要定期清洗和检查。

二、焊丝和焊剂

1. 焊丝

气焊时要使用焊丝作填充金属。焊接低碳钢常用的气焊丝牌号为 H08、H08A 等。焊丝直径一般为 2 ~ 4 mm。

2. 气焊熔剂

气焊熔剂是气焊时使用的助熔剂，其作用是保护熔池金属，去除焊接过程中形成的氧化物，增加液态金属的流动性。除低碳钢外，其他金属材料（如铸铁、不锈钢、耐热钢、铜、铝等）气焊时必须使用气焊熔剂。

三、气焊工艺

1. 点火、调节火焰与灭火

点火时，先微开氧气阀门，再打开乙炔阀门，随后点燃火焰。这时的火焰是碳化焰。然后，逐渐开大氧气阀门，将碳化焰调整成中性焰。同时，按需要把火焰大小也调整合适。灭火时，应先关乙炔阀门，后关氧气阀门。

2. 堆平焊波

气焊时，一般用左手拿焊丝，右手拿焊炬，两手的动作要协调，沿焊缝向左或向右焊接。

焊嘴轴线的投影应与焊缝重合，同时要注意掌握好焊嘴与焊件的夹角 α，如图 4 - 27 所示。焊件愈厚，α 愈大。在焊接开始时，为了较快地加热焊件和迅速形成熔池，α 应大些。正常焊接时，一般保持 α 在 30°~50°范围内。当焊接结束时，α 应适当减小，以便更好地填满熔池和避免焊穿。

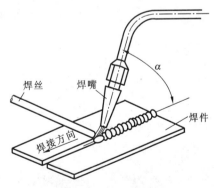

图 4 - 27 焊炬角度示意图

焊炬向前移动的速度应能保证焊件熔化并保持熔池具有一定的大小。焊件熔化形成熔池后，再将焊丝适量地点入熔池内熔化。

四、气割

氧气切割(简称气割)是根据某些金属(如铁)在氧气流中能够剧烈氧化(即燃烧)的原理,利用割炬来进行切割的。气割时用割炬代替焊炬,其余设备与气焊相同。

1.氧气切割过程

氧气切割的过程如图4-28所示。开始时,用氧乙炔火焰将割口始端附近的金属预热到燃点(约1300℃,呈黄白色)。然后打开切割氧阀门,氧气射流使高温金属立即燃烧,生成的氧化物(氧化铁,呈熔融状态)同时被氧流吹走。金属燃烧时产生的热量和氧乙炔火焰一起又将邻近的金属预热到燃点,沿切割线以一定的速度移动割炬,即可形成割口。

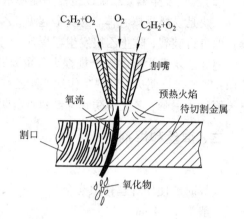

图4-28 气割过程

2.金属氧气切割的条件

金属材料只有满足下列条件才能采用氧气切割:

(1)金属材料的燃点必须低于其熔点。这是保证切割是在燃烧过程中进行的基本条件。否则,切割时金属先熔化变为熔割过程,使割口过宽,而且不整齐。

(2)燃烧生成的金属氧化物的熔点,应低于金属本身的熔点,同时流动性要好。否则,就会在割口表面形成固态氧化物,阻碍氧流与下层金属的接融,使切割过程不能正常进行。

(3)金属燃烧时能放出大量的热,而且金属本身的导热性要低。这是为了保证下层及割口附近的金属有足够的预热温度,使切割过程能连续进行。

满足上述条件的金属材料有纯铁、低碳钢、中碳钢和普通低合金钢。而高碳钢、铸铁、高合金钢及铜、铝等有色金属及其合金,均难以进行氧气切割。

第五章
车削加工

第一节　概　述

　　车削加工是在车床上利用工件的旋转和刀具的移动来改变毛坯的形状和大小，将其加工成合乎要求的零件的一种切削加工方法。车削是最基本、最常见的切削加工方法，在生产中占有十分重要的地位，一般占金属切削量的50%。车削适于加工回转表面，大部分具有回转表面的工件都可以用车削方法加工，如内外圆柱面、内外圆锥面、端面、沟槽、螺纹和回转成形面等，所用刀具主要是车刀。车削加工工件的表面尺寸公差等级一般为IT11～IT6，表面粗糙度 Ra 值为12.5～0.8 μm。车削的典型加工范围如图5-1所示。

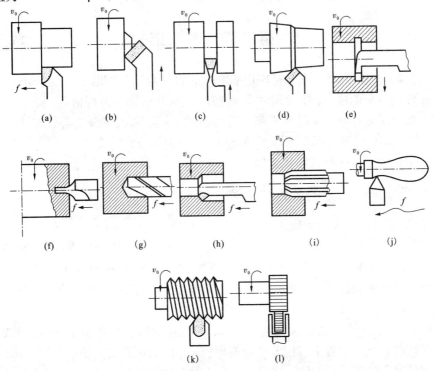

图5-1　普通车床所能加工的典型表面

(a)车外圆；(b)车端面；(c)切槽、切断；(d)车锥面；(e)切内槽；(f)钻中心孔；
(g)钻孔；(h)镗孔；(i)铰孔；(j)车成形面；(k)车外螺纹；(l)滚花

一、车削运动与车削用量

1. 车削运动

车削加工时，工件的旋转为主运动，刀具相对于工件的移动为进给运动。

2. 车削用量

车削加工时的切削用量，即车削用量，包括切削速度 v_c、进给量 f 和背吃刀量 a_p。

二、车削加工特点

车削加工与其他加工方法相比有以下特点：

（1）对于轴、盘、套类等零件各表面之间的位置精度要求容易达到，例如零件各表面之间的同轴度要求、零件端面与其轴线的垂直度要求以及各端面之间的平行度要求等。

（2）一般的情况下，切削过程比较平稳，可以采用较大的切削用量，以提高生产效率。

刀具简单，制造、刃磨和使用都较方便，容易满足加工对刀具几何形状的要求，有利于提高加工质量和生产效率。

（3）运用精车可以对有色金属零件进行精加工。有色金属容易堵塞砂轮，不便采用磨削对有色金属零件进行精加工。

（4）采用先进刀具，如多晶立方氮化硼刀具、陶瓷刀具或涂层硬质合金刀具等，可把淬硬钢（硬度 HRC55～65）的车削作为最终加工或精加工。

第二节　车　床

在各类金属切削机床中，车床是应用非常广泛的一类，约占机床总数的50%。车床既可用车刀对工件进行车削加工，也可用钻头、铰刀、丝锥和滚花刀进行钻孔、铰孔、车螺纹和滚花等操作。按照工艺特点、布局形式和结构特性的不同，车床可分为卧式车床、立式车床、落地车床、转塔车床以及仿形车床等多种类型，其中大部分为卧式车床。

下面以常用的 C6132 卧式车床为例进行介绍。

一、卧式车床各部分的名称和用途

卧式车床 C6132，C 表示为机床分类号，表示车床类机床；61 为组系代号，表示卧式；32 为主参数代号，表示床身上最大工件的回转直径的 1/10，即最大回转直径为 320 mm。

C6132 卧式车床主要由床身、主轴箱、挂轮箱、进给箱、溜板箱、刀架、尾座、操纵杆等几部分组成。其外形如图 5－2 所示。卧式车床与立式车床的主要区别在于其主轴为水平布置。

（1）床身。床身是车床的结构性基础构件，用以连接和安装各主要部件，并保证各部件之间的相对正确位置。床身上有四条平行的导轨，外侧的两条供大拖板作纵向移动之用；内侧的两条用于尾座的移动和定位。床身安装在床脚上，床脚内分别装有变速箱和电气箱。床脚是整台机床的支承件。床身在安装时，需先校平导轨，并将其固定在地基上。

（2）主轴箱。又称床头箱，它的主要任务是将主电机传来的旋转运动经过一系列的变速机构使主轴得到所需的正反两种转向的不同转速，同时主轴箱分出部分动力将运动传给进给

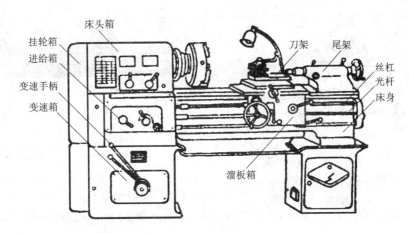

图 5 - 2　C6132 普通车床的外形

箱。主轴箱中，主轴是车床的关键零件。主轴在轴承上运转的平稳性直接影响工件的加工质量，一旦主轴的旋转精度降低，则机床的使用价值就会降低。在主轴的前端可以利用锥孔安装顶尖，也可利用主轴前端圆锥面安装卡盘和拨盘，以便装夹工件。

(3)挂轮箱。挂轮箱用来搭配不同齿数的齿轮，以获得不同的进给量，主要用于车削不同种类的螺纹。

(4)进给箱。又称走刀箱，内装进给运动的变速传动机构。主轴的运动由挂轮箱传入进给箱，再由箱内齿轮组合变速，可得到所需的进给量或螺距，通过光杠或丝杠将运动传至刀架以进行切削。

(5)溜板箱。是车床进给运动的操纵箱，内装有将光杠和丝杠的旋转运动变成刀架直线运动的机构，通过光杠传动实现刀架的纵向进给运动、横向进给运动和快速移动。用于一般的车削。通过丝杠带动刀架作纵向直线运动，用于车削螺纹。溜板箱中设有互锁机构，使两者不能同时使用。

(6)刀架。刀架用来夹持车刀并使其作纵向、横向或斜向进给运动。刀架为多层结构，由大拖板、中拖板、转盘、小拖板和方刀架组成，如图 5 - 3 所示。大拖板与溜板箱相连，可带动车刀沿床身导轨做纵向移动。中拖板可带动车刀沿大拖板上导轨做横向移动。转盘与中拖板相连，用螺栓紧固，松开螺母，转盘可在水平面内扳转任意角度，小拖板可沿转盘上的导轨做短距离移动。将转盘扳转一定角度后，小刀架可带动车刀做相应的斜向进给运动。方刀架用来装夹车刀，最多时可同时装夹四把。松开锁紧手柄即可转位，选择装在方刀架上的所需车刀，锁紧手柄即可使用。

(7)尾座。尾座用于安装后顶尖以支持工件，或安装钻头、铰刀等刀具进行孔加工。尾座的结构如图 5 - 4 所示，它主要由套筒、尾座体、底座等几部分组成。转动手轮，可调整套筒伸缩一定距离，并且尾座还可沿床身导轨推移至所需位置，以适应不同工件加工的要求。

(8)操纵杆。操纵杆是车床的控制机构，在操纵杆左端和拖板箱右侧各装有一个手柄，操作工人可以很方便地操纵手柄以控制车床主轴正转、反转或停车。

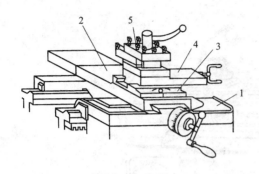

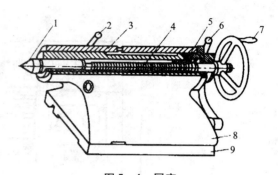

图 5-3　刀架

1—大滑板；2—中溜板；3—转盘；
4—小滑板；5—方刀架

图 5-4　尾座

1—顶尖；2—套筒锁紧手柄；3—套筒；4—丝杠；5—螺母；
6—尾座锁紧手柄；7—手轮；8—尾座体；9—底座

二、C6132 卧式车床的传动系统

C6132 卧式车床的传动系统图如图 5-5 所示。C6132 卧式车床的传动系统主要由主运动传动系统和进给运动传动系统组成。工件旋转为主运动，电动机输出的动力，经变速箱通过带传动传给主轴，更换变速箱和主轴箱外的手柄位置，得到不同的齿轮组啮合，从而得到不同的主轴转速。主轴通过卡盘带动工件作旋转运动。刀具的进给为进给运动。主轴的旋转运动通过换向机构、交换齿轮、进给箱、光杠（或丝杠）传给溜板箱，使溜板箱带动刀架沿床身作直线进给运动。进给运动又分为纵向（纵走刀）和横向（横走刀）两种运动，纵向进给运动是指车刀沿车床主轴轴向移动，横向进给运动是指车刀沿主轴径向移动。

三、C6132 卧式车床的调整及手柄的使用

C6132 卧式车床的调整主要是通过改变各操作手柄的位置实现的，如图 5-7 所示。

（1）变速手柄。主运动变速手柄为 1、2、6，进给运动手柄为 3、4，根据需要扳至相应位置。

（2）锁紧手柄。车刀锁紧手柄为 8，尾座锁紧手柄为 11，套筒锁紧手柄为 10。

（3）移动手柄。刀架纵向移动手柄为 17，刀架横向移动手柄为 7，小刀架移动手柄为 9，尾座移动手柄为 12。

（4）启停手柄。主轴正反转及停止手柄为 13，向上扳则主轴正转，向下扳则主轴反转，中间位置则主轴停止转动。刀架纵向自动手柄为 16，刀架横向自动手柄为 15，向上扳为启动，向下扳为停止。对开螺母开合手柄为 14，向上扳为打开，向下扳为闭合。

（5）换向手柄。刀架左右移动的换向手柄为 5，可根据指示使用。

（6）离合器。光杆与丝杆换向使用的离合器为 18，向右拉为光杆旋转，向左推为丝杆旋转。

注意事项：

①机床未完全停止严禁变换主轴转速，否则发生严重的主轴箱内齿轮打齿现象甚至机床事故。开车前要检查各手柄是否处于正确位置。

②纵向和横向手柄进退方向不能摇错，尤其是快速进退刀时要千万注意，否则会发生工

86

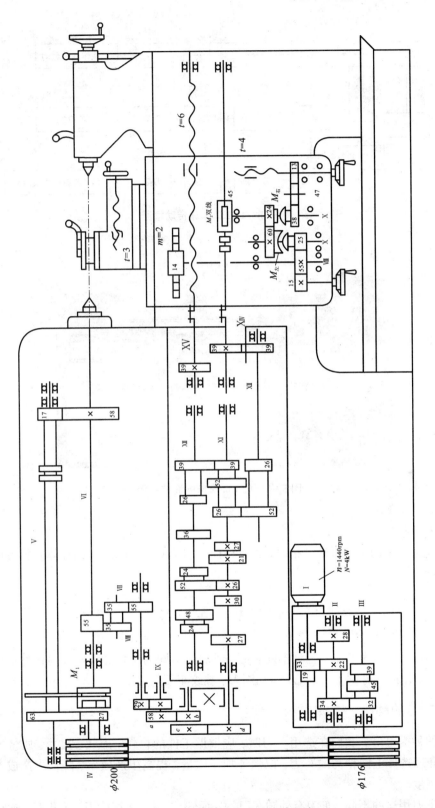

图 5－5　C6132 卧式车床的传动系统

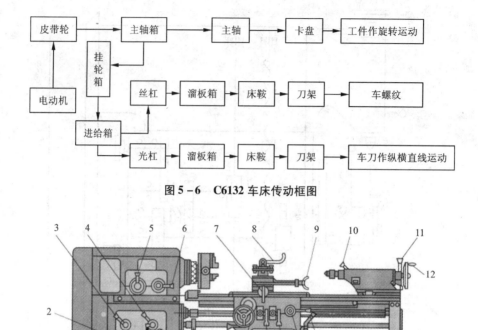

图 5 - 6 C6132 车床传动框图

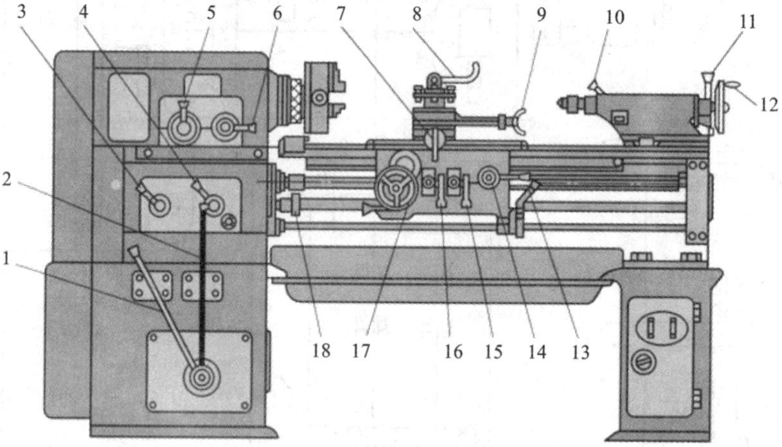

图 5 - 7 C6132 车床的调整手柄

件报废和安全事故。

③横向进给手动手柄每转一格时,刀具横向吃刀为 0.02 mm,其圆柱体直径方向切削量为 0.04 mm。

第三节 车 刀

在车削加工中,为了加工各种不同表面,或加工不同的工件,需要采用各种不同加工用途的车刀,常用的有外圆车刀、偏刀、切断刀、螺纹车刀等。

一、车刀的种类

车刀的种类很多。我们在选用车刀时,应根据工件的材料、形状、尺寸、质量要求和生产类型,合理选择不同种类的车刀,以保证加工质量,提高生产效率,降低生产成本及提高刀具的耐用度。

按照车刀用途的不同,车刀有外圆车刀,端面车刀,切断,切槽刀,镗孔刀,成形刀,内、外螺纹车刀等。

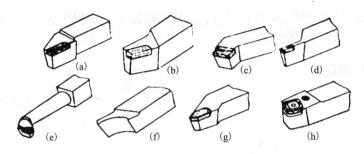

图 5 – 8 常用车刀种类

(a)90°外圆车刀;(b)75°外圆车刀;(c)端面车刀;(d)切断、切模刀;
(e)镗孔刀;(f)成形车刀;(g)外螺纹车刀;(h)内螺纹车刀

外圆车刀。如图 5 – 8(a)、(b)所示,主偏角一般取 90°和 75°,用于车削外圆表面和台阶。

端面车刀。如图 5 – 8(c)所示,主偏角一般取 45°,用于车削端面和倒角,也可用来车外圆。

切断、切槽刀。如图 5 – 8(d)所示,用于切断工件或车沟槽。

镗孔刀。如图 5 – 8(e)所示用于车削工件的内圆表面,如圆柱孔、圆锥孔等。

成形刀。如图 5 – 8(f)所示,有凹、凸之分,用于车削圆角和圆槽或者各种特形面。

内、外螺纹车刀。如图 5 – 8(g)、(h)所示,用于车削外圆表面的螺纹和内圆表面的螺纹。

按结构 – 形式的不同,车刀有整体式、焊接式、机夹式等三种类型。车刀的结构形式对其切削性能、生产效率和经济性等都有着重要的影响。

整体式车刀。刀头部分和刀杆部分均为同一种材料。用作整体式车刀的刀具材料一般是整体高速钢,如图 5 – 8(f)所示。

焊接式车刀。刀头部分和刀杆部分分属两种材料。即刀杆上镶焊硬质合金刀片,而后经刃磨所形成的车刀。图 5 – 8(a)、(b)、(c)、(d)、(e)、(g)均为焊接式车刀。

机夹式车刀。刀头部分和刀杆部分分属两种材料。它是将硬质合金刀片用机械夹固的方法固定在刀杆上的,如图示 4 – 8(h)所示。机械夹固式车刀又分为机夹重磨式和机夹不重磨式两种车刀。图 5 – 9(a)所示即是机夹重磨式车刀,图 5 – 9(b)即是机夹不重磨车刀。两者的区别在于:后者刀片形状为多边形,即多条切削刃,多个刀尖,用钝后只需将刀片转位即可使新的

 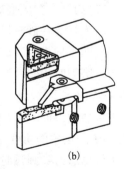

图 5 – 9 机夹式车刀

刀尖和刀刃进行切削而不需重新刃磨;前者刀片则只有一个刀尖和一个刀刃,用钝后就必须刃磨。

目前，机械夹固式车刀应用比较广泛，尤其以数控车床应用更为广泛，用于车削外圆、端面、切断、镗孔、内、外螺纹等。

二、车刀的刃磨

未经过使用的新刀或用钝后的车刀，必须进行刃磨，以形成或恢复正确合理的切削部分形状和刀具角度。车刀刃磨可分为机械刃磨和手工刃磨两种。机械刃磨在工具磨床上进行，刃磨效率高；手工刃磨一般在砂轮机上进行，对设备要求低，操作灵活方便，一般工厂仍普遍采用。车刀刃磨质量的好坏直接影响到车削加工的质量。刃磨高速钢车刀时，应选用粒度为46号到60号的软或中软的氧化铝砂轮(一般为白色)。刃磨硬质合金车刀时，应选用粒度为60号到80号的软或中软的碳化硅砂轮(一般为浅绿色)，两者不能搞错。

(一)车刀刃磨的步骤

车刀的几何角度是通过刃磨三个刀面得到的。车刀刃磨的步骤如下：

(1)磨主后刀面，同时磨出主偏角及主后角，如图5-10(a)所示。

(2)磨副后刀面，同时磨出副偏角及副后角，如图5-10(b)所示。

(3)磨前面，同时磨出前角，如图5-10(c)所示。

(4)修磨各刀面及刀尖，如图5-10(d)所示。

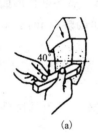

图5-10 外圆车刀刃磨的步骤

(二)刃磨车刀的姿势及方法

(1)人站立在砂轮机的侧面，以防砂轮碎裂时，碎片飞出伤人。

(2)两手握刀的距离放开，两肘夹紧腰部，以减小磨刀时的抖动。

(3)磨刀时，车刀要放在砂轮的水平中心，刀尖略向上翘约3°~8°，车刀接触砂轮后应作左右方向水平移动。当车刀离开砂轮时，车刀需向上抬起，以防磨好的刃刀被砂轮碰伤。

(4)磨后刀面时，刀杆尾部向左偏过一个主偏角的角度；磨副后刀面时，刀杆尾部向右偏过一个副偏角的角度。

(5)修磨刀尖圆弧时，通常以左手握车刀前端为支点，用右手转动车刀的尾部。

(三)磨刀安全知识

(1)刃磨刀具前，应首先检查砂轮有无裂纹，砂轮轴螺母是否拧紧，并经试转后使用，以免砂轮碎裂或飞出伤人。

(2)刃磨刀具不能用力过大，否则会使手打滑而触及砂轮面，造成工伤事故。

(3)磨刀时应戴防护眼镜，以免砂砾和铁屑飞入眼中。

（4）磨刀时不要正对砂轮的旋转方向站立，以防意外。

（5）磨小刀头时，必须把小刀头装入刀杆上。

（6）砂轮支架与砂轮的间隙不得大于 3 mm，如发现过大，应调整适当。

三、车刀的装夹

车刀必须正确、牢固地安装在刀架上，如图 5-11 所示，安装车刀应注意下列几点。

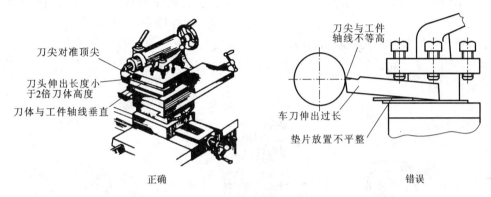

图 5-11　车刀的安装

（1）车刀在切削过程中要承受很大的切削力，伸出太长刀杆刚性不足，极易产生振动而影响切削，影响工件加工精度和表面粗糙度，所以，车刀刀头伸出的长度应以满足使用为原则，一般不超过刀杆高度的两倍。

（2）车刀在刀架上放置的位置要正确。加工外表面的刀具在安装时其中心线应与进给方向垂直，加工内孔的刀具在安装时其中心线应与进给方向平行，否则会使主、副偏角发生变化而影响车削。

（3）车刀刀尖要与工件回转中心高度一致。高度不一致会使切削平面和基面变化而改变车刀应有的静态几何角度。车刀装得太高，后刀面与工件加剧摩擦；装得太低，切削时工件会被抬起，而影响正常的车削，甚至会使刀尖或刀刃崩裂。刀尖应与车床主轴中心线等高。可根据尾架顶尖高低来调整。

（4）刀垫的作用是垫起车刀使刀尖与工件回转中心高度一致。车刀底面的垫片要平整，并尽可能用厚垫片，以减少垫片数量。车刀在切削过程中要承受一定的切削力，如果安装不牢固，就会松动移位发生意外。所以在调整好刀尖高低后，至少要用两个螺钉，交替将车刀拧紧。

第四节　工件装夹及所用附件

车削时必须把工件夹在车床夹具上，经过校正、夹紧，使它在整个切削加工过程中始终保持正确的相对位置，这是车削加工准备工作中重要的一个环节。

工件安装的速度和好坏，直接影响生产效率和加工质量的高低，车削加工中，应根据工件的形状、大小和加工数量选用合适的工件安装方法。其基本安装要求为：①工件位置要准确，保证工件的回转中心轴线与车床主轴轴线重合；②保证工件装夹稳固，不会因切削力的作用松动或脱落；③保证工件的加工质量和必要的生产效率。

在车床上常用三爪自定心卡盘、四爪卡盘、顶尖、中心架、跟刀架、花盘和弯板的附件来装夹工件。

一、三爪卡盘装夹工件

三爪卡盘是车床上应用最广的通用夹具，适于安装短棒料或盘类工件。它的构造如图 5-12 所示。三爪卡盘体内有三个小伞齿轮，转动(用外插手柄)其中任何一个小伞齿轮时，可以使与它相啮合的大伞齿轮旋转。大伞齿轮背面的平面螺纹与三个卡爪背面的平面螺纹相啮合。当大伞齿轮旋转时，三卡爪就在卡盘体上的径向槽内同时作向心或离心移动，以夹紧或松开工件。

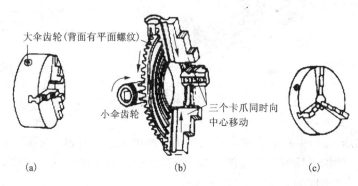

图 5-12　三爪卡盘的构造

三爪卡盘能自动定心，因此装夹很方便。但其定心精度受卡盘本身制造精度和使用后磨损的影响，定心精度不高，约为 0.05~0.15 mm。故工件上同轴度要求较高的表面，应尽可能在一次装夹中车出。此外三爪卡盘的夹紧力较小，一般仅适用于夹持表面光滑的圆柱形或六角形等工件。

用三爪卡盘装夹工件时，夹持长度一般不小于 10 mm。如果工件直径小于或等于 30 mm，其悬伸长度应不大于直径的 5 倍；如果工件直径大于 30 mm，其悬伸长度应不大于直径的 3 倍。

用三爪卡盘安装工件时可按下列步骤进行：

(1)首先把工件在卡爪间放正，然后轻轻夹紧。

(2)开动机床，使主轴低速旋转，检查工件有无偏摆，若有偏摆，应停车用小锤轻敲校正，然后紧固工件。注意必须及时取下扳手，以免开车时飞出，击伤人或损坏机床。

(3)移动车刀至车削行程的左端，用手旋转卡盘，检查刀架等是否与卡盘或工件碰撞。

二、四爪单动卡盘装夹工件

四爪单动卡盘的机构外形如图 5-13 所示。

四爪单动卡盘每个卡爪后面有半瓣内螺纹，当卡盘扳手转动螺杆时，卡爪就可沿导向槽移动。由于单个卡爪是用螺杆分别调整的，因此可以用来夹持矩形、椭圆或不规则形状的工

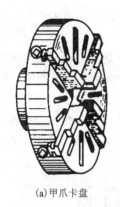
(a)甲爪卡盘

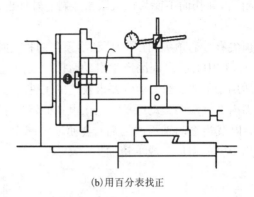
(b)用百分表找正

图 5 – 13　用四爪卡盘安装工件

件。四爪单动卡盘的夹紧力大，也用来夹持较大、较重的回转体类工件。

四爪卡盘的四个卡爪是单独移动的，在用四爪单动卡盘安装工件时，一般按预先在工件上划的线进行找正。当零件的安装精度要求很高，三爪自定心卡盘不能满足安装精度要求时，往往使用四爪卡盘安装，并使用百分表校正，安装精度可达到 0.001 mm。

如图 5 – 13 所示，四爪卡盘安装按划线找正工件的方法如下：

(1)使百分表或划针靠近工件划出加工界线。

(2)校正端面。慢慢转动卡盘，在离百分表的测头或划针针尖最近的工件端面上用小锤轻轻敲击，至各处与针尖距离相等。如果是精确校正，此时还需将百分表的测头轻轻触碰工件，然后慢慢转动卡盘，采用轻轻敲击的方法，使百分表的测值读数在允许的误差范围内。

(3)校正中心。步骤同上，转动卡盘，将离开百分表的测头或划针针尖最远处的一个卡爪松开，拧紧其对面的一个卡爪，反复调整几次，直至校正为止。

三、顶尖安装工件

对于较长的或必须经过多次装夹才能加工好的工件，如长轴、长丝杠等的车削；或工序较多，在车削后还要铣削或磨削的工件，为了保证每次装夹时的安装精度(如同轴度要求)，可用两顶尖来安装。两顶尖安装工件方便，不需校正，安装精度高。

用顶尖安装工件必须先在工件的端面，用中心钻在车床或专用机床上钻出中心孔，如图 5 – 14(a)所示。中心孔的轴线应与工件毛坯的轴线相重合。中心孔的圆锥孔部分应平直光滑，因为中心孔的锥面是和顶尖的锥面相配合的。中心孔的圆柱孔部分一方面用来容纳润滑油，另一方面是不使顶尖尖端接触工件，并保证在锥面处配合良好。

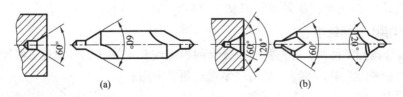
(a)　　　　　　　　　　(b)

图 5 – 14　中心钻及中心孔

带有120°保护锥面的中心孔为双锥面中心孔，如图5-14(b)所示，主要目的是为了防止60°的锥面被碰伤而不能与顶尖紧密接触；另外也便于工件装夹在顶尖上后进一步加工工件的端面。

常用顶尖有普通顶尖(死顶尖)和活顶尖两种，如图5-15所示。普通顶尖刚性好，定心准确，但与工件中心孔之间因产生滑动摩擦而发热过多，容易将中心孔或顶尖"烧坏"。因此死顶尖只适用于低速、加工精度要求较高的工件。活顶尖将顶尖与工件中心孔之间的滑动摩擦改成顶尖内部轴承的滚动摩擦，能在很高的转速下正常地工作。但活顶尖存在一定的装配积累误差，以及当滚动轴承磨损后，会使顶尖产生径向摆动，从而降低加工精度，所以活动顶尖一般用于轴的粗加工或半精加工。

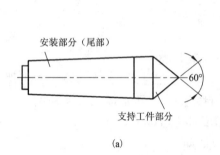

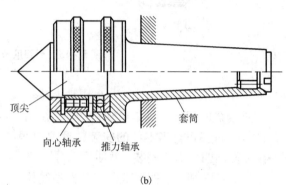

图5-15 顶尖及其结构

(a)普通顶尖；(b)活动顶尖

对同轴度要求比较高且需要调头加工的轴类工件，常用双顶尖装夹工件，如图5-16所示。其前顶尖为普通顶尖，装在主轴孔内，并随主轴一起转动；后顶尖为活顶尖，装在尾架套筒内。工件利用中心孔被顶在前后顶尖之间，并通过拨盘和卡箍随主轴一起转动。

用顶尖安装工件应注意：

(1)卡箍上的支承螺钉不能支承得太紧，以防工件变形。

(2)由于靠卡箍传递扭矩，所以车削工件的切削用量要小。

(3)钻两端中心孔时，要先用车刀把端面车平，再用中心钻钻中心孔。

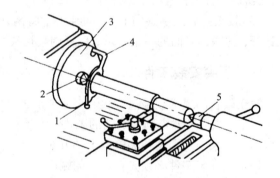

图5-16 用顶尖安装工件

1—卡箍螺钉；2—前顶尖；3—拨盘；
4—卡箍螺；5—后顶尖

(4)安装拨盘和工件时，首先要擦净拨盘的内螺纹和主轴端的外螺纹，把拨盘拧在主轴上，再把工件的一端装在卡箍上，最后安装在双顶尖中间。

(5)两顶尖工件中心孔的配合不宜太松或太紧。过松时，工件定心不准，容易引起振动，有时会发生工件飞出；过紧时，因锥面间摩擦增加会将顶尖和中心孔磨损，甚至烧坏。当切削用量较大时，工件因发热而伸长，在加工过程中还需将顶尖位置进行一次调整。

四、一夹一顶安装工件

用两顶尖安装工件虽然精度高，但刚性较差。对于较重的工件如果采用两顶尖安装会很不稳固，难以提高切削效率，因此，在加工中常采用一端用卡盘夹住，另一端用顶尖顶住的装夹方法。为防止工件由于切削力的作用而产生位移，一般会在卡盘内装一支撑，或利用工件的台阶做限位。这种装夹方法比较安全，能承受较大的轴向切削力。刚性好，轴向定位比较正确，因此，车轴类零件时常采用这种方法。但是装夹时要注意，卡爪夹紧处长度不宜太长，否则会产生过定位，憋弯工件。

五、心轴安装工件

盘套类零件其外圆、内孔往往有同轴度要求，与端面有垂直度要求，最好保证这些形位公差的加工方法就是在一次装夹中全部加工完，但这在实际生产中往往难以做到。此时，一般先加工出内孔，以内孔为定位基准，将零件安装在心轴上，再把心轴安装在前后顶尖之间来加工外圆和端面，一般也能保证外圆轴线和内孔轴线的同轴度要求。

根据工件的形状和尺寸精度的要求及加工数量的不同，应采用不同结构的心轴。圆柱孔定位，常用圆柱心轴和小锥度心轴；对于带有锥孔、螺纹孔、花键孔的工件定位，常用相应的锥体心轴、螺纹心轴和花键心轴。

圆柱心轴是以其外圆柱面定心、端面压紧来装夹工件的，如图5-17所示，心轴与工件孔一般用H7/h6、H7/g6的间隙配合，所以工件能很方便地套在心轴上。但由于配合间隙较大，一般只能保证同轴度在0.02 mm左右。为了消除间隙，提高心轴定位精度，心轴做成锥体，但锥度要很小，否则工件在心轴上会产生歪斜[如图5-18(a)所示]。心轴常用的锥度

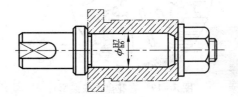

图5-17　零件在圆柱心轴上定位

为 $C = 1/5000 \sim 1/1000$，定位时工件楔紧在心轴上，楔紧后孔会产生弹性变形，如图5-18(b)所示，从而使工件不致倾斜。

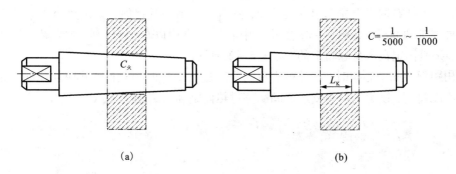

(a)　　　　　　　　　(b)

图5-18　圆锥心轴安装工件的接触情况

(a)锥度太大；(b)锥度合适

小锥度心轴的优点是靠楔紧产生的摩擦力带动工件，不需要其他夹紧装置；定心精度高，可达 0.005 ~ 0.01 mm。其缺点是工件的轴向无法定位。

六、用其他附件安装工件

(一)花盘、弯板

对于车削形状不规则，无法使用三爪或四爪卡盘装夹的零件，或者要求零件的一个面与安装面平行，或内孔、外圆面与安装面有垂直度要求时，可以用花盘装夹。

花盘是安装在车床主轴上的一个大圆盘，盘面上有许多长槽用以穿放螺栓，工件可以用螺栓和压板直接安装在花盘上，如图 5 - 19 所示。也可以把辅助支撑角铁(弯板)用螺栓牢固夹持在花盘上，工件则安装在弯板上，图 5 - 20 所示为加工一轴承座端面和内孔时在花盘上装夹的情况。用花盘和弯板安装工件时，找正比较费时。同时，要用平衡铁平衡工件和弯板等，以防止旋转时产生振动。

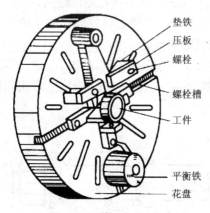

图 5 - 19 在花盘上安装零件

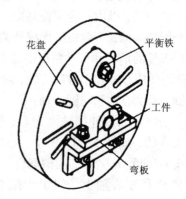

图 5 - 20 在花盘上用弯板安装零件

(二)跟刀架和中心架

在车削细长轴时，由于其刚性差，加工过程中容易产生振动、让刀等现象，工件出现两头细中间粗的腰鼓形，因此须采用跟刀架或中心架作为附加支承。

跟刀架主要用于车削细长的光轴，它装在车床刀架的大拖板上，与整个刀架一起移动。车削时，在工件右端头上先车出一段外圆，然后使支承与其接触，并调整至松紧适宜。工作时支承处要加油润滑，如图 5 - 21 所示。中心架主要用以车削有台阶或需调头车削的细长轴，中心架是固定在床身导轨上的，如图 5 - 22 所示。

使用跟刀架和中心架时，工件被支承部分应是加工过的圆表面，并应加注润滑油，工件的转速不能过高，以免工件与支承之间摩擦过热而烧坏或磨损支承爪。

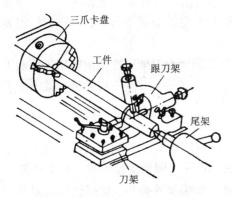

图 5-21 用跟刀架安装工件

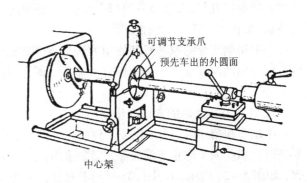

图 5-22 用中心架安装工件

第五节 车床操作要点及车削加工的基本操作

一、车床操作要点

(一)刻度盘及刻度盘的正确使用

在车削工件时要准确、迅速地控制背吃刀量，必须熟练地使用横刀架和小刀架的刻度盘。当横刀架手柄带着刻度盘转一周时，丝杠也转一周，这时螺母带着横刀架移动一个螺距。横刀架移动的距离可根据刻度盘转过的格数来计算。

例如 C6132A 车床横刀架丝杠螺距为 4 mm，横刀架的刻度盘等分为 200 格，故每转一格横刀架移动的距离为 4 mm/200 = 0.02 mm，车刀是在旋转的工件上切削，当横刀架刻度盘每进一格时，工件直径的变化量是背吃刀量的 2 倍，即 0.04 mm。回转表面的加工余量都是对直径而言，测量工件尺寸也是看其直径的变化，所以用横刀架刻度进刀切削时，通常将每格读作 0.04 mm。

加工外表面时，车刀向工件中心移动为进刀，远离中心移动为退刀。加工内表面时则相反。由于丝杠与螺母之间有间隙，进刀时必须慢慢地将刻度转到所需要的格数。如果刻度盘

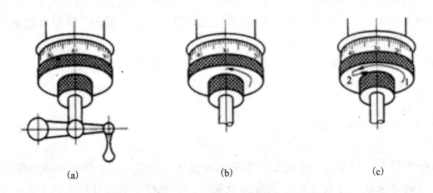

图 5-23 刻度盘的正确使用

(a)要求手柄转至30，但转过头成40；(b)错误：直接退至30；(c)正确：反转约一周后，再转至所需位置30

手柄转过了头[图5-23(a)所示]，或试切后发现尺寸不对而需要将车刀退回时，绝不能简单地直接退回几格[如图5-23(b)所示]，必须向相反方向退回全部空行程，再转到所需要的格数[如图5-23(c)所示]。

小刀架刻度盘的原理及其使用方法与横刀架刻度盘相同。小刀架刻度盘主要用于控制工件长度方向的尺寸。它与加工圆柱面不同，即小刀架移动了多少，工件的长度尺寸就改变了多少。

(二)对刀和试切的方法与步骤

半精车和精车时，为了保证工件的尺寸精度，完全靠刻度盘确定背吃刀量是不够的，还要进行试切。为了防止造成废品，需要采用试切的方法。以车外圆为例说明试切的方法与步骤，如图5-24所示。图中(a)～(e)是试切的一个循环。如果尺寸合格，就以该背吃刀量切削整个表面；如果未到尺寸，就要自图(f)起重新进刀、切削、测量；如果尺寸车小了，必须按照上述步骤加以纠正。注意，纠正进刀量时，必须按照图5-23所示正确使用刻度盘。

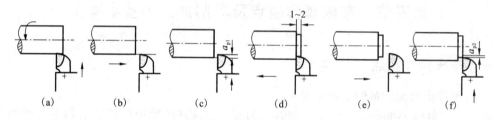

图5-24 试切的方法与步骤

(a)开车对刀；(b)向右退出车刀；(c)横向进刀 a_{p1}；(d)切削1～2 mm；(e)退刀测量；(f)未到尺寸，再进 a_{p2}

(三)粗车和精车

在车床上加工一个零件，往往需要经过许多车削步骤才能完成。为了提高生产效率，保证加工质量，生产中把车削加工分为粗车和精车。当零件精度高还需要磨削时，车削分粗车和半精车。

1.粗车

粗车的目的是尽快从工件上切去大部分加工余量，使工件接近最后的尺寸和形状。粗车要给精车留有合适的加工余量。实践证明，加大背吃刀量不仅可以提高生产率，而且对车刀的耐用度影响又不大，因此粗车时要优先选用较大的背吃刀量；其次，根据可能适当加大进给量，最后确定切削速度。

在C6132车床上使用硬质合金车刀进行粗车的切削用量推荐为：背吃刀量 $a_p = 2 \sim 4$ mm；进给量 $f = 0.15 \sim 0.4$ mm/r；切削速度 $v_c = 0.8 \sim 1.2$ m/s(加工钢件)或 $0.7 \sim 1$ m/s(加工铸铁件)。

粗车应留下 $0.5 \sim 1$ mm 作为精车余量。

2.精车

精车是把工件上经过粗车、半精车后留有的少量加工余量车去，使工件达到图纸要求。

精车的目的是保证零件尺寸精度和表面粗糙度。一般精车的尺寸精度为IT8～IT7，表面粗糙度值为 $Ra = 3.2 \sim 0.8$ μm，为保证加工精度和表面粗糙度的要求，应采取如下措施：

(1)合理选择车刀角度。适当选用较小的主偏角或副偏角，或刀尖磨有小圆弧，以减小残留面积,使表面粗糙度 Ra 值减小。

(2)适当加大前角 r,将刀刃磨得更为锋利,亦可使 Ra 值减小。

(3)合理选用切削用量。生产实践证明,较高的切削速度($v_c > 1.67\text{m/s}$)或较低的切削速度($v_c < 0.1\text{m/s}$),都可以获得较小的 Ra 值。但采取低速切削生产率低,一般只在精车较小的工件时使用。同时选用较小的切深 a_p 和进给量 f 可减小残留面积,使 Ra 值减少。

(4)合理使用切削液。

二、车削加工的基本操作

(一)车端面

端面往往是零件长度方向的测量基准,在车外圆、车圆锥面以及在工作端面上钻中心孔或钻孔之前,均应先车端面。车端面时应用端面车刀,如图5-25所示。45°弯头刀车端面[图5-25(c)]是利用主切削刃进行切削,工件表面粗糙度小,适用于车削较大的平面,还能车削外圆和倒角。右偏刀车端面[图5-25(b)]它是由中心向外进给,这时是用主切削刃切削,切削顺利,表面粗糙度小。90°外圆车刀车端面[图5-25(a)]是用原车刀的副切削刃变成主切削刃进行切削,切削起来不顺利,因此当切近中心时应放慢进给速度。

车端面时应注意以下几点:

(1)刀的刀尖应对准工件中心,以免车出的端面中心留有凸台或刀尖崩坏。

(2)偏刀车端面,当背吃刀量较大时容易扎刀。背吃刀量 a_p 的选择是:粗车时 $a_p = 0.2 \sim 1\ \text{mm}$;精车时 $a_p = 0.05 \sim 0.2\ \text{mm}$。

(3)端面的直径从外到中心逐渐减小,切削速度也在逐渐降低,会影响到端面的表面粗糙度,因此在计算切削速度时必须按端面的最大直径计算,且速度选择上比车外圆略高。

(4)车直径较大的端面,若出现凹心或凸肚时,应检查车刀和方刀架,以及大拖板是否锁紧。

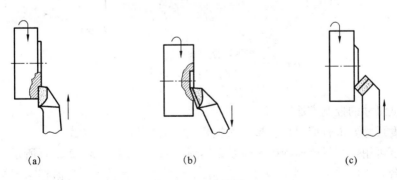

(a)　　　　　　　　　　　　(b)　　　　　　　　　　　　(c)

图5-25　车端面

(a)45°车刀车端面;(b)偏刀向中心走刀车端面;(c)偏刀向外圆车端面

(二)车外圆

车外圆是车削加工中最基本的操作之一。一般采用直头外圆车刀、弯头(外圆)车刀或偏刀。

直头外圆车刀适用于粗车外圆和没有台阶(或台阶不大)的外圆;弯头车刀适用于车外

圆、车端面和倒角；偏刀的主偏角为90°时，车外圆时的径向力很小，适用于车削有垂直台阶的外圆和细长轴，一般适用于精加工。由于直头外圆车刀和弯头车刀的切削部分强度较高，一般适用于粗加工及半精加工。

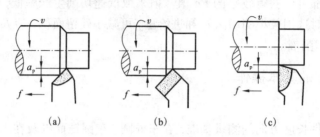

图 5-26　车外圆的几种情况

(a)尖刀车外圆；(b)45°弯头刀车外圆；(c)偏刀车外圆

(三)车台阶

车削台阶的方法与车削外圆基本相同，但在车削时应兼顾外圆直径和台阶长度两个方向的尺寸要求，还必须保证台阶平面与工件轴线的垂直度要求。

车高度在 5 mm 以下的台阶时，可用主偏角为 90°的偏刀在车外圆时同时车出；车高度在 5 mm 以上的台阶时，应分层进行切削。台阶的车削如图 5-27 所示。

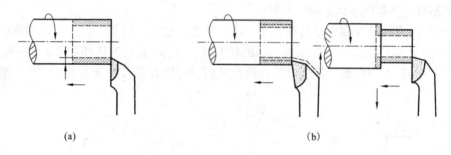

图 5-27　台阶的车削

(a)车低台阶；(b)车高台阶

台阶长度尺寸的控制方法：

台阶长度尺寸要求较低时可直接用大拖板刻度盘控制。

台阶长度可用钢直尺或样板确定位置，如图 5-28(a)、图 5-28(b)所示。车削时先用刀尖车出比台阶长度略短的刻痕作为加工界限，台阶的准确长度可用游标卡尺或深度游标卡尺测量。

台阶长度尺寸精度要求较高且长度较短时，可用小滑板刻度盘控制其长度。

(四)切槽

在工件表面上车沟槽的方法叫切槽，槽的形状有外槽、内槽和端面槽，如图 5-29 所示。

1.切槽刀的选择

常选用高速钢切槽刀切槽。切槽刀的几何形状和角度如图 5-30 所示。

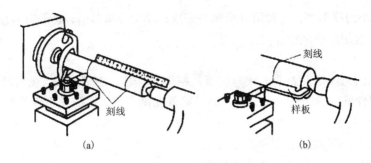

图 5 – 28　台阶位置的确定
(a)用钢直尺定位；(b)用样板定位

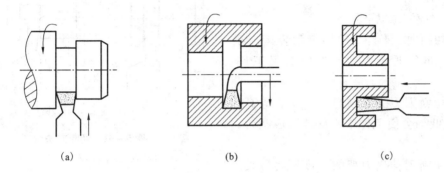

图 5 – 29　常用的切槽方法 (a)车外槽；(b)车内槽；(c)车端面槽

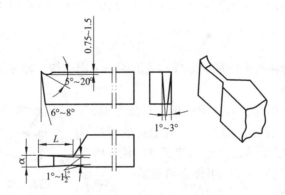

图 5 – 30　切槽刀的结构

2.切槽的方法

(1)车削尺寸精度要求不高和宽度较窄的矩形沟槽，可以用刀宽等于槽宽的切槽刀，采用直进法一次车出。

(2)精度要求较高的，一般分两次车成。车削较宽的沟槽，可用多次直进法切削，并在槽的两侧留一定的精车余量，然后根据槽深、槽宽精车至尺寸。

(3)车削较小的圆弧形槽，一般用成形车刀车削；较大的圆弧槽，可用双手联动车削，用样板检查修整。

(4) 车削较小的梯形槽，一般用成形车刀完成；较大的梯形槽，通常先车直槽，然后用梯形刀直进法或左右切削法完成。

(五) 切断

切断要用切断刀。切断刀的形状与切槽刀相似，但因刀头窄而长，在切断过程中，散热条件差，刀具刚性低，很容易折断，因此必须减低切削用量，以防止工件和机床的振动以及刀具的损伤。

常用的切断方法有直进法和左右借刀法两种，如图 5 – 31 所示。直进法常用于切断铸铁等脆性材料，左右借刀法常用于切断钢等塑性材料。

切断时应注意以下几点：

(1) 切断时，工件一般用卡盘装夹，切断处应尽量靠近卡盘处，以免引起工件振动。

(2) 切断刀刀尖必须与工件中心等高，较高或较低均会使工件中心部位形成凸台，损坏刀头。

(3) 切断刀伸出刀架的长度不要过长，进给要缓慢均匀。将切断时，必须放慢进给速度，以免刀头折断。

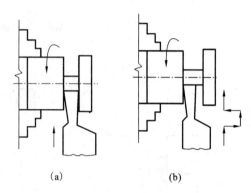

图 5 – 31　切断方法

(a) 直进法；(b) 左右借刀法

(4) 切断钢件时需要加切削液进行冷却润滑；切铸铁时一般不加切削液，必要时可用煤油进行冷却润滑。

(六) 车成形面

表面轴向剖面呈现曲线形特征的零件叫成形面。下面介绍三种加工成形面的方法。

1. 样板刀车成形面

图 5 – 32 为车圆弧的样板刀。用样板刀车成形面，其加工精度主要靠刀具保证。但要注意由于切削时接触面较大，切削抗力也大，易出现振动和工件移位。因此，转速要低些，切削力要小些，工件必须夹紧。

图 5 – 32　车圆弧的样板刀

2. 用靠模车成形面

图 5 – 33 所示用靠模加工手柄的成形面。此时刀架的横向滑板已经与丝杠脱开，其前端的拉杆 3 上装有滚柱 5。当大拖板纵向走刀时，滚柱 5 即在靠模 4 的曲线槽内移动，从而使车刀刀尖也随着作曲线移动，同时用小刀架控制切深，即可车出手柄的成形面。这种方法加工成形面，操作简单，生产率较高，因此多用于成批生产。当靠模 4 的槽为直槽时，将靠模 4 扳转一定角度，即可用于车削锥度。

3. 手控制法车成形面

单件加工成形面时，采用双手控制法车削成形面，即双手同时摇动小滑板手柄和中滑板手柄，并通过双手协调的动作，使刀尖走过的轨迹与所要求的成形面曲线相仿，如图 5 – 34 所示。

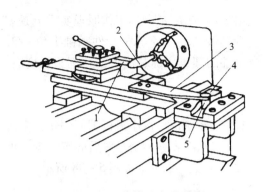

图 5 – 33 靠模法车成型面

图 5 – 34 手控制法车成型面

1—车刀；2—成形面；3—拉杆；4—靠模；5—滚柱

(七)滚花

各种工具和机器零件的手握部分，为了便于握持和增加美观，常常在表面上滚出各种不同的花纹。如百分尺的套管、铰杠扳手以及螺纹量规等，这些花纹一般是在车床上用滚花刀滚压而形成的(图 5 – 35)。花纹有直纹和网纹两种，滚花刀也分直纹滚花刀[图 5 – 35(a)]和网纹滚花刀[图 5 – 35(b)、(c)]。

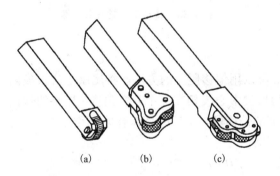

(a)   (b)   (c)

图 5 – 35 滚花刀的种类

(a)直接滚花刀；(b)两轮网纹滚花刀；
(c)三轮网纹滚花刀

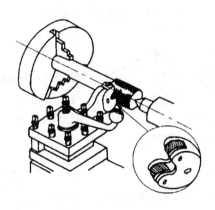

图 5 – 36 滚花

滚花是用滚花刀来挤压工件，使其表面产生塑性变形而形成花纹。滚花的径向挤压力很大，因此，加工时工件的转速要低些，还需要充分供给冷却润滑液，以免辗坏滚花刀和防止细屑滞塞在滚花刀内而产生乱纹。

(八)车圆锥面

锥体有配合紧密、传递扭矩大、定心准确、同轴度高、拆装方便等优点，应用较广。将工件车削成圆锥表面的方法称为车圆锥。常用车削锥面的方法有宽刀法、转动小刀架法、靠模法、尾座偏移法等几种。这里主要介绍宽刀法、转动小刀架法和尾座偏移法。

1. 宽刀法

车削较短的圆锥时，可以用宽刃刀直接车出，如图 5－37 所示。其工作原理实质上是属于成形法，所以要求切削刃必须平直，切削刃与主轴轴线的夹角应等于工件圆锥半角 $a/2$。同时要求车床有较好的刚性，否则易引起振动。当工件的圆锥斜面长度大于切削刃长度时，可以用多次接刀方法加工，但接刀处必须平整。

2. 转动小刀架法

当加工锥面不长的工件时，可用转动小刀架法车削。车削时，将小滑板下面的转盘上螺母松开，把转盘转至所需要的圆锥半角 $a/2$ 的刻线上，与基准零线对齐，然后固定转盘上的螺母，如果锥角不是整数，可在锥附近估计一个值，试车后逐步找正，如图 5－38 所示。

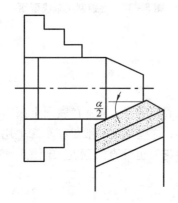

图 5－37　用宽刃刀车削圆锥

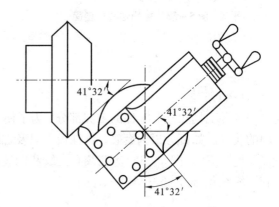

图 5－38　转动小刀架法车圆锥

3. 尾座偏移法

当车削锥度小、锥形部分较长的圆锥面时，可以用偏移尾座的方法。将尾座上滑板横向偏移一个距离 S，使偏位后两顶尖连线与原来两顶尖中心线相交一个 $a/2$ 角度，尾座的偏向取决于工件大小头在两顶尖间的加工位置。尾座的偏移量与工件的总长有关，尾座偏移量可用下列公式计算：

$$s \approx L\tan\frac{\alpha}{2} = L\,\frac{c}{2} = L\,\frac{D-d}{21}$$

式中：s——尾座偏移量；

　　　L——工件锥体部分长度；

　　　L——工件总长度；

　　　D、d——锥体大头直径和锥体小头直径。

(九) 孔加工

车床上可以用钻头、镗刀、扩孔钻头、铰刀进行钻孔、镗孔、扩孔和铰孔。

下面介绍钻孔和镗孔的方法。

1. 钻孔

在实体材料上用钻头进行孔加工的方法称为钻孔。钻孔时刀具为麻花钻，钻孔的公差等级为 IT10 以下，表面粗糙度为 $Ra12.5\ \mu m$，多用于粗加工孔。

钻孔的方法步骤如下：①车平端面，定出中心位置。②装夹钻头，锥柄钻头直接装在尾

104

座套筒锥孔内，直柄钻头用钻夹头夹持。③调整尾座位置使钻头能进给到所需长度，并使套筒伸出长度较短，固定尾座。④开车进行钻削。开始时进给要慢，使钻头准确地钻入。钻削时切削速度不应过大，以免钻头剧烈磨损。钻削过程中应经常退出钻头排屑。钻削碳素钢时，须加切削液，孔将钻通时，应减慢进给速度，以防折断钻头。孔钻通后，先退钻头，后停车，如图 5-39 所示。

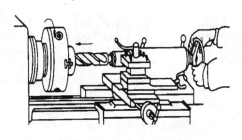

图 5-39 在车床上钻孔

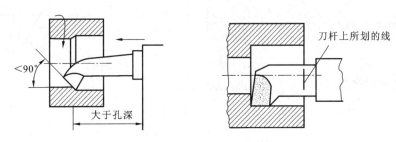

图 5-40 在车床上镗孔

2. 镗孔

镗孔由镗刀伸进孔内进行切削，如图 5-40 所示。镗刀的特点是刀杆细而长，刀头小。镗孔能较好地保证同轴度，常作为孔的粗加工，半精加工和精加工方法。

镗孔的方法步骤如下：①选择和安装镗刀，镗通孔应采用通孔镗刀，不通孔用不通孔镗刀。通孔镗刀的主偏角为45°~75°，不通孔车刀主偏角为大于90°。镗刀杆应尽可能粗些，伸出刀架的长度应尽量小，以保证刀杆刚度。刀尖与孔中心等高或略高。刀杆中心线应大致平行于纵向进给方向。②选择切削用量和调整车床镗孔时不易散热，且镗刀刚度较小，又难以加切削液，所以切削用量应比车外圆时小。③粗镗时，先试切，调整切深，以自动进给进行切削。必须注意镗刀横向进给方向与外圆车削时方向相反。④精镗时，切深和进给量应更小。当孔径接近最后尺寸时，应以很小的切深重复镗几次，消除孔的锥度。

（十）车螺纹

螺纹种类很多，按牙形分有三角形螺纹、梯形螺纹、方牙螺纹等。按标准分有公制螺纹、英制螺纹两种，前者三角螺纹的牙型角为60°，用螺距或导程来表示其主要规格；后者三角螺纹的牙型角为55°，用每英寸牙数作为主要规格。各种螺纹都有左、右、单线、多线之分，其中以公制三角螺纹应用最广，称普通螺纹。

1. 普通螺纹基本尺寸

国标规定了公称直径自 1～50 mm 普通螺纹的基本尺寸，如图 5-42 所示。其中大径、中径、螺距、牙型角是最基本要素，也是螺纹车削时必须控制的部分。

（1）大径 D、d。螺纹的最主要尺寸之一，外螺纹中为螺纹外径，用符号 d 表示；内螺纹中为螺纹的底径，用 D 表示。

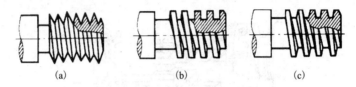

图 5-41 螺纹的种类

(a)三角螺纹；(b)方牙螺纹；(c)梯形螺纹

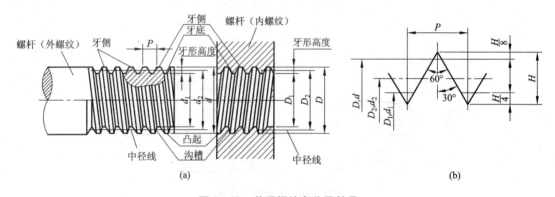

图 5-42 普通螺纹名称及符号

(a)螺纹的基本要素；(b)螺纹的基本尺寸

（2）中径 D_2、d_2。是螺纹中一假想的圆柱面直径，该处圆柱面上螺纹牙厚与螺纹槽宽相等，是主要的测量尺寸。只有螺纹的中径一致时，两者才能很好的配合。

（3）螺距 P。是相邻两牙在轴线方向上对应点的距离，由车床传动部分控制。

（4）牙型角 a。螺纹轴向剖面上相邻两牙侧之间的夹角。

车削螺纹时，必须使上述要素都符合要求，螺纹才是合格的。

2. 螺纹车削

各种螺纹车削的基本规律都是相同的，现以加工普通螺纹为例加以说明。

（1）螺纹车刀及其安装。

螺纹牙型角要靠螺纹车刀的正确形状来保证，三角螺纹车刀刀尖及刀刃的夹角为 60°，精车时车刀的前角为 0°，刀具用样板安装，应保证刀尖分角线与工件轴线垂直(图 5-43)。

（2）车床运动调整和工件的安装。

车刀安装好后，必须对车床进行调整，首先要根据螺距大小确定手柄位置，脱开光杠进给机构，改由丝杠进给，调整好转速。最好用低速，以便有退刀时间。车削过程中，工件必须装夹牢固，以防工件因未夹牢而导致牙型或螺距的不正确。

为了得到正确的螺距 P，应保证工件转一转时，刀具准确地纵向移动一个螺距，即 $n_1 p_1$

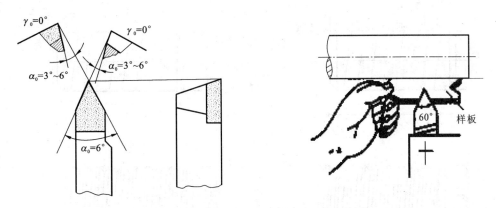

图 5 –43 螺纹车刀几何角度与样板对刀

（丝杆）$= n_2 p_2$（工件）。

其中，n_1 表示丝杆每分钟转数；n_2 表示工件每分钟转数；p_1 表示丝杠的螺距；p_2 表示工件的螺距。通常在具体操作时可按车床进给箱表牌上的数值按欲加工工件螺距值，调整相应的进给调速手柄即可满足公式的要求。

（3）操作方法。

车三角螺纹有两种方法：直进法和左、右车削法。

①确定车螺纹切削深度的起始位置。将中滑板刻度调到零位，开车，使刀尖轻微接触工件表面，然后迅速将中滑板刻度调至零位，以便于进刀记数。

②切第一条螺旋线并检查螺距。将床鞍摇至离工件端面 8 ~ 10 牙处，横向进刀 0.05 mm 左右。开车，合上开合螺母，在工件表面车出一条螺旋线，至螺纹终止线处退出车刀，开反车把车刀退到工件右端，停车，用钢尺检查螺距是否正确，如图 5 – 44（a）所示。

③刻度盘调整背吃刀量，开车切削，如图 5 – 44（b）。螺纹的总背吃刀量 a_p 按其与螺距关系以经验公式 $a_p \approx 0.65p$ 确定，每次的背吃刀量约 0.1 左右。

④车刀将至终点时，应做好退刀停车准备，先快速退出车刀，然后开反车退出刀架，如图 5 – 44（c）所示。再次横向进刀，继续切削至车出正确的牙型，如图 5 – 44（d）所示。

（4）螺纹车削注意事项。

①车削螺纹前要检查组装配换齿轮的间隙是否适当。把主轴变速手柄放在空挡位置，用手旋转主轴，判断是否有过重或空转量过大等现象。

②开合螺母必须正确合上，如感到未合好，应立即提起，重新进行。

③车削无退刀槽的螺纹时，特别注意螺纹的收尾在三分之一圈左右，每次退刀要均匀一致，否则会撞到刀尖。

④车削螺纹时，应始终保持刀刃锋利。如中途换刀或磨刀后，必须重新对刀以防乱扣，并重新调整中滑板的刻度。

⑤粗车螺纹时，要留适当的精车余量。

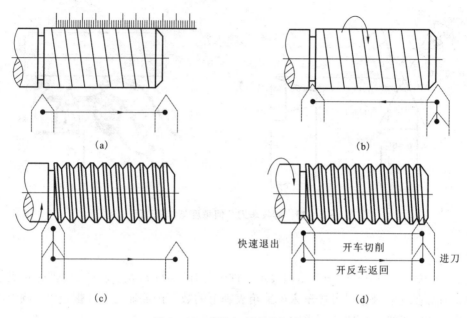

图 5 – 44 螺纹切削方法与步骤

(a)试切螺旋线并检查螺距；(b)用刻度盘调整背吃刀量、开车切削；
(c)快速退刀、然后开反车退出刀架；(d)继续切削到车出正确的牙型

第六节 典型零件的车削工艺

一个零件可以用几种不同的加工方法制造，但在一定条件下只有某一种方法是较合理的。下面以轴类和盘类零件为例来说明车削加工的过程。

一、轴类零件的车削工艺

在机械制造业中，轴为最普通的一种零件，几乎每台机器上都具有轴类零件。各种名称极不相同的零件，例如拉杆、芯轴、销钉、双头螺栓、轧辊、电动机转子等都属于轴类零件。

(一)轴类零件的结构特点

轴类零件是回转体零件，其长度大于直径。加工表面通常有内外圆柱面、内外圆锥面、螺纹、花键、键槽、横向孔和沟槽等。该类零件可分光轴、阶梯轴、空心轴和异形轴(包括曲轴、偏心轴、凸轮轴、花键轴等)。若根据轴的长度 L 与直径 d 之比，又可分为刚性轴($L/d <$ 12)和挠性轴($L/d > 12$)两类。

(二)轴类零件的技术要求

1. 尺寸精度

轴类零件的支承轴颈一般与轴承相配，尺寸精度要求较高，为 IT5 ~ IT7。装配传动件的轴颈尺寸精度要求较低，为 IT7 ~ IT9。轴向尺寸一般要求较低，阶梯轴的阶梯长度要求高时，其公差可达 0.005 ~ 0.01 mm。

2. 形状精度

轴类零件的形状精度主要是指支承轴颈和有特殊配合要求的轴颈及内外锥面的圆度、圆柱度等。一般应将其误差控制在尺寸公差范围内，形状精度要求高时，可在零件图上标注允许偏差。

3. 位置精度

轴类零件的位置精度主要指装配传动件的轴颈相对于支承轴颈的同轴度，通常用径向跳动来标注。普通精度轴的径向跳动为 $0.01 \sim 0.03$ mm，高精度轴为 $0.001 \sim 0.005$ mm。

4. 表面粗糙度

一般与传动件相配合的轴颈表面粗糙度 Ra 为 $3.2 \sim 0.4$ μm，与轴承相配合的轴颈表面粗糙度 Ra 为 $0.8 \sim 0.1$ μm。

(三)轴类零件的车削加工

轴类零件是回转体零件，通常都是采用车削进行粗加工、半精加工。精度要求不高的表面往往用车削作为最终加工。外圆车削一般可划分为荒车、粗车、半精车、精车和超精车(细车)。

1. 荒车

轴的毛坯为自由锻件或是大型铸件时，需要荒车加工，以减小毛坯外圆表面的形状误差和位置偏差，使后续工序的加工余量均匀。荒车后工件的尺寸精度可达 IT5 ~ IT8。

2. 粗车

对棒料、中小型的锻件和铸件，直接进行粗车，粗车后的精度可达到 IT10 ~ IT13，表面粗糙度 Ra 为 $30 \sim 20$ μm，可作为低精度表面的最终加工。

3. 半精车

一般作为中等精度表面的最终加工，也可以作为磨削和其他精加工工序的预加工。半精车后，尺寸精度可达 IT9 ~ IT10，表面粗糙度 Ra 为 $6.3 \sim 3.2$ μm。

4. 精车

作为最终加工工序或作为光整加工的预加工。精车后，尺寸精度可达 IT7 ~ IT8，表面粗糙度 Ra 为 $1.6 \sim 0.8$ μm。

5. 超精车

超精车是一种光整加工方法。采用很高的切削速度($v_c = 160 \sim 600$ m/min)、小的背吃刀量($a_p = 0.03 \sim 0.05$ mm)和小的进给量($f = 0.02 \sim 0.12$ mm/r)，并选用具有高的刚度和精度的车床及良好的耐磨性的刀具，这样可以减少切削过程中的发热量、积屑瘤、弹性变形和残留面积。因此，超精车尺寸精度可达 IT6 ~ IT7，表面粗糙度 Ra 为 $0.4 \sim 0.2$ μm，往往作为最终加工。在加工大型精密外圆表面时，超精车常用于代替磨削加工。

安排车削工序时，应该综合考虑工件的技术要求、生产批量、毛坯状况和设备条件。对于大批量生产，为达到加工的经济性，则选择粗车和半精车为主；如果毛坯精度较高，可以直接进行精车或半精车；一般粗车时，应选择刚性好而精度较低的车床，避免用精度高的车床进行荒车和粗车。

为了增加刀具的耐用度，轴的加工主偏角 K_r 应尽可能选择小一些，一般选取45°。加工刚度较差的工件($L/d > 15$)时，应尽量使径向切削分力小一些，为此，刀具的主偏角应尽量取大一些，这时 K_r 可取60°、75°甚至90°来代替最常用的 $K_r = 45°$ 的车刀。

由于主偏角 K_r 增大(大于45°),径向切削力减小,工件和刀具在半径方向的弹性变形减小,所以可提高加工精度,同时增加抗震能力。但是主偏角 K_r 增大后,切削厚度同时也增加,轴向切削力也相应增大,减少了刀具耐用度。因此,无特殊的必要不宜用主偏角很大的刀具。

然而对于精车,应采用主偏角为30°或更小角度的刀具,副偏角也要小一些,这样加工的表面粗糙度 Ra 值低,同时也提高了刀具的耐用度。

轴类零件加工时,工艺基准一般是选用轴的外表面和中心孔。然而中心孔在图纸上,只有当零件本身需要时才注出,一般情况下则不注明。轴类零件加工,特别是 $L/d > 5$ 以上的轴,必须借助中心孔定位。

(四)典型轴类零件的车削工艺分析

1. 零件图样分析

(1)图 5 - 45 中以尺寸 $\phi 26_0^{+0.033}$ 轴心线为基准,$\phi 20_0^{+0.033}$ 尺寸与基准的同轴度要求为 $\phi 0.05$。

(2)外径 $\phi 40$ 的圆柱右端面与 $\phi 26_0^{+0.033}$ 轴心线垂直度公差为 0.04。

(3)$\phi 40$ 的圆柱表面带滚花,左端面带 $R = 42.5$ 的圆弧,长度为 5 mm。

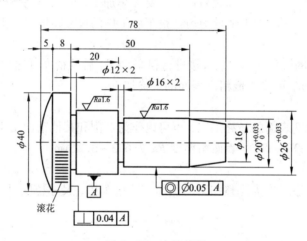

图 5 - 45　定位销轴

2. 工艺分析

(1)该轴结构简单,在单件小批量生产时,采用普通车床加工,若批量较大时,可采用专业较强的设备加工。

(2)由于该件长度较短,所以除单件下料外,可采用几件一组连下,在车床上加工时,车一端后,用切刀切下,加工完一批后,再加工另一端。

(3)由于该轴有同轴度和垂直度要求,且没有淬火,因此可将车削作为最终工序,因此,将加工工序分为粗车、精车。为保证 $\phi 26_0^{+0.033}$ 和 $\phi 20_0^{+0.033}$ 的同轴度公差,这两个尺寸在精车时一次装夹车出。

3. 工艺过程(见表 5 - 2)

表 5 - 2 定位销轴机械加工工艺过程卡

机械加工 工艺过程卡		零件名称	定位销轴		材　料	45 钢
		坯料种类	圆　钢		生产类型	单　件
工序号	工步号	工序内容			设备	刀具
10		下料 $\phi 42 \times 82$			锯床	
20		粗车			普通车床	
	1	夹坯料的外圆,伸出长度大于 40,车外圆 $\phi 40$,长度大于 30				45°弯头车刀
	2	调头夹 $\phi 40$ 的外圆,校正,平端面				90°外圆车刀
	3	钻中心孔				中心钻
	4	夹 $\phi 40$ 外圆,装夹长度小于 15 mm,用活动顶尖顶中心孔。粗车 $\phi 26_0^{+0.033}$ 外圆尺寸至尺寸 $\phi 21$,长度保证 64.5 mm				90°外圆车刀
	5	车 $\phi 20_0^{+0.033}$ 外圆至尺寸 $\phi 21$,长度保证 45 mm				90°外圆车刀
	6	车退刀槽 $\phi 22 \times 2$				切断车刀
	7	车退刀槽 $\phi 16 \times 2$,保证尺寸 20 mm				切断车刀
	8	车椎体,保证尺寸 50 mm				90°外圆车刀
	9	精车 $\phi 26_0^{+0.033}$ 外圆尺寸至要求				90°外圆车刀
	10	精车车 $\phi 20_0^{+0.033}$ 外圆尺寸至要求				90°外圆车刀
	11	调头,夹 $\phi 20_0^{+0.033}$ 外圆,注意在卡爪处垫铜片,保护已加工面。校正,平端面保证总长 78 mm				45°弯头车刀
	12	用手控制法车成型面至要求				圆弧车刀
	14	滚花				滚花刀
30		检验				

二、盘套类零件的车削工艺

在机器中套类零件通常起支撑和导向作用,这类零件由于用途不同,其结构和尺寸虽有较大的差异,但仍有其共同特点:零件结构简单,主要表面为同轴度要求较高的内外旋转表面;多为薄壁件,加工时最大的问题是容易变形;长径比大于 5 的深孔比较常见。

盘类零件一般起连接和压紧作用,常见盘类零件的直径比较大,长度比较短。

(一)盘套类零件的技术要求

1. 内孔的技术要求

内孔是套类零件起支撑和导向作用的主要表面,通常与运动着的轴、刀具或活塞相配合。其直径尺寸精度一般为 IT6 ~ IT7;形位公差一般应控制在孔径公差以内;内孔的表面粗

糙度 Ra 为 2.5 ~ 0.16 μm。

2. 外圆的技术要求

此类零件的外圆表面常以过盈或过渡配合,其直径尺寸精度一般为 IT6 ~ IT7;形位公差一般应控制在孔径公差以内;内孔的表面粗糙度 Ra 为 5 ~ 0.63 μm。

3. 各主要表面之间的位置精度

此类零件各主要表面之间的位置精度主要是内外圆之间的同轴度和孔轴线与端面之间的垂直度。

（二）盘套类零件的内孔加工

盘套类零件加工的主要工序多为内孔和外圆表面的粗精加工,尤其以孔的粗精加工最为重要。孔加工的常用加工方法有钻孔、扩孔、铰孔、镗孔、磨孔、拉孔及研磨等,其中钻孔、扩孔与镗孔一般作为孔的粗加工和半精加工,铰孔、磨孔、拉孔及研磨一般作为孔的精加工。在确定孔加工的工艺时,一般按以下原则进行:对孔径较小的孔,大多采用钻——扩——铰的加工工艺;对于孔径较大的孔,一般采用钻孔——镗孔,再进一步精加工的工艺;对于淬火钢或精度较高的套筒类零件,则一般以磨削为最终加工工序。

（三）盘套类零件的车削工艺分析

1. 零件图样分析

（1）图 5 - 46 中以尺寸 $\phi 30_0^{+0.033}$ 孔轴心线为基准,$\phi 45_{+0.070}^{+0.109}$ 尺寸与基准的同轴度要求为 $\phi 0.02$。

（2）两端面与基准的垂直度公差为 0.05。

（3）淬火处理,硬度达 45 ~ 50HRC。

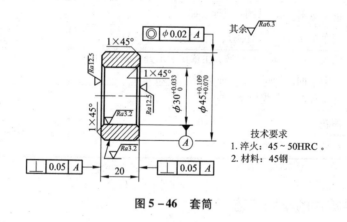

图 5 - 46   套筒

2. 工艺分析

（1）该套筒结构简单,长度较短,所以除单件下料外,可采用长料加工,然后切断。

（2）该零件在热处理之前为粗加工阶段,可一次安装直接加工出端面、外圆和孔,保证端面与基准之间的垂直度要求。热处理之后为精加工阶段,一外圆定位磨孔,再以内孔定位磨外圆,保证同轴度要求。

3. 工艺过程(见表 5 - 3)

表 5 - 3　套筒机械加工工艺过程卡

机械加工 工艺过程卡		零件名称	套 筒	材 料	45 钢
		坯料种类	圆 钢	生产类型	小批量
工序号	工步号	工序内容		设备	刀具
10		下料 $\phi48 \times 300$		锯床	
20		粗车		普通车床	
	1	夹坯料的外圆,伸出长度小于 50,车端面,见平即可			45°弯头车刀
	2	钻孔 $\phi25$			钻花
	3	镗孔 $\phi29.5$			镗刀
	4	车外圆至尺寸 $\phi45.5$			45°弯头车刀
	5	孔、外圆倒角 $1.3 \times 45°$			45°弯头车刀
	6	切断,保证长度 20.5			切断刀
	7	调头。夹外圆,车端面,保证长度 20			45°弯头车刀
	8	孔、外圆倒角 $1.3 \times 45°$			45°弯头车刀
30		淬火处理 45～50HRC			
40		磨削		万能外圆磨床	
	1	夹外圆,磨镗孔 $\phi30_0^{+0.033}$ 至要求,表面粗糙度 $Ra3.2$			
	2	用心轴安装,磨 $\phi45_{+0.070}^{+0.109}$ 外圆至要求,表面粗糙度 $Ra3.2$			
50		检验			

第六章
铣削加工

第一节　概　述

一、铣削的应用

在铣床上用铣刀对工件进行切削加工的方法称为铣削。铣床可以用来加工平面、台阶、斜面、沟槽、键槽、成形表面以及切断等，如图 6 - 1 所示。一般经粗铣、精铣后，尺寸精度可达 IT9 ~ IT7，表面粗糙度可达 $Ra12.5 ~ 0.63~\mu m$。

二、铣削运动与铣削用量

(一)铣削运动

铣削的主运动是铣刀的旋转运动，进给运动是工件的直线运动。图 6 - 2 为圆柱铣刀和面铣刀的切削运动。

(二)铣削用量四要素

如图 6 - 3 所示，铣削用量四要素如下：

1. 铣削速度

铣刀旋转时的切削速度为

$$v_c = \pi d_0 n / 1000$$

式中：v_c——铣削速度，m/min；

　　d_0——铣刀直径，mm；

　　n——铣刀转速，r/min。

2. 进给量

指工件相对铣刀移动的距离，分别用三种方法表示：f、f_z、v_f。

(1)每转进给量 f。指铣刀每转动一周，工件与铣刀的相对位移量，单位为 mm/r。

(2)每齿进给量 f_z。指铣刀每转过一个刀齿，工件与铣刀沿进给方向的相对位移量，单位为 mm/z。

(3)进给速度 v_f。指单位时间内工件与铣刀沿进给方向的相对位移量，单位为 mm/min。通常情况下，铣床加工时的进给量均指进给速度 v_f。

三者之间的关系为：

$$v_f = f \times n = f_z \times z \times n$$

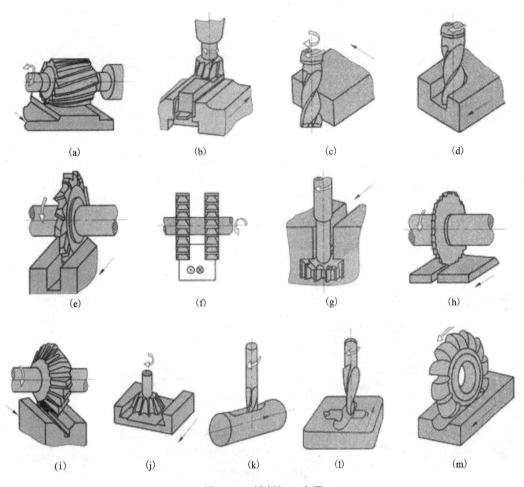

图 6-1 铣削加工应用

(a)圆柱铣刀铣平面；(b)端铣刀铣平面；(c)立铣刀铣垂直面；(d)立铣刀铣开口槽；(e)三面刃铣刀铣直槽；
(f)组合铣刀铣双垂直面；(g)T形槽铣刀铣 T 形槽；(h)锯弓铣刀切断；(i)角度铣刀铣 V 形槽；
(j)燕尾槽铣刀铣燕尾；(k)键槽铣刀铣键槽；(l)球头铣刀铣成形面；(m)半圆键铣刀铣半圆键

式中：z——铣刀齿数；

n——铣刀转数，r/min。

3.铣削深度 a_p

指平行于铣刀轴线方向测量的切削层尺寸。

4.铣削宽度 a_c

指垂直于铣刀轴线并垂直于进给方向度量的切削层尺寸。

三、铣削方式及其合理选用

(一)铣削方式的选用

铣削方式是指铣削时铣刀相对于工件的运动关系。

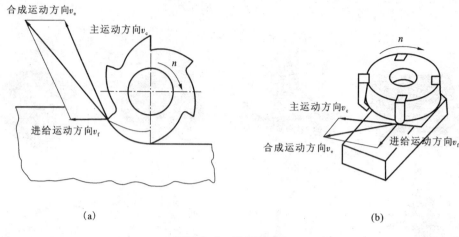

图 6-2　铣削运动

(a)圆柱铣刀；(b)面铣刀

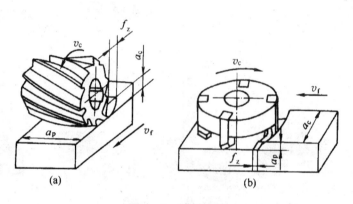

图 6-3　铣削用量

(a)周锐；(b)端锐

1.周铣法(圆周铣削方式)

周铣法铣削工件时有两种方式，即逆铣与顺铣。铣削时若铣刀旋转切入工件的切削速度方向与工件的进给方向相反，称为逆铣，反之则称为顺铣。

2.端铣削方式

端铣有对称铣削、不对称逆铣和不对称顺铣三种方式。

(1)对称铣削。如图 6-5(a)所示，铣刀轴线始终位于工件的对称面内，它切入、切出时切削厚度相同，有较大的平均切削厚度。一般端铣多用此种铣削方式，尤其适用于铣削淬硬钢。

(2)不对称逆铣。如图 6-5(b)所示，铣刀偏置于工件对称面的一侧，它切入时切削厚度最小，切出时切削厚度最大。这种加工方法，切入冲击较小，切削力变化小，切削过程平稳，适用于铣削普通碳钢和高强度低合金钢，并且加工表面粗糙度值小，刀具耐用度较高。

(3)不对称顺铣。如图 6-5(c)所示，铣刀偏置于工件对称面的一侧，它切出时切削厚度最小，这种铣削方法适用于加工不锈钢等中等强度和高塑性的材料。

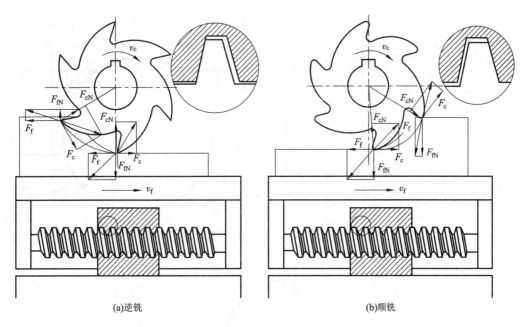

图6-4 顺铣与逆铣

(二)铣削用量的选择

在工艺系统刚性所允许的条件下,首先应尽可能选择较大的铣削深度 a_p 和铣削宽度 a_c;其次选择较大的每齿进给量 f_z;最后根据所选定的耐用度计算铣削速度 v_c。

1.铣削深度 a_p 和铣削宽度 a_c 的选择

对于端铣刀,选择吃刀量的原则是当加工余量≤8 mm,且工艺系统刚度大,机床功率足够时,留出半精铣余量0.5~2 mm以后,应尽可能一次去除多余余量;当余量>8 mm时,可分两次或多次走刀。铣削宽度和端铣刀直径应保持以下关系 $d_0 = (1.1 \sim 1.6) a_c (\text{mm})$。

对于圆柱铣刀,铣削深度 a_p 应小于铣刀长度,铣削宽度 a_c 的选择原则与端铣刀铣削深度的选择原则相同。

2.进给量的选择

每齿进给量 f_z 是衡量铣削加工效率水平的重要指标。粗铣时 f_z 主要受切削力的限制,半精铣和精铣时, f_z 主要受表面粗糙度限制。

3.铣削速度 v_c 的确定

可查铣削用量手册,如《机械加工工艺手册》第1卷等。

四、铣削加工的工艺特点

与其他切削加工方法相比,铣削加工具有以下特点:

(1)生产效率高。由于铣刀是典型的多齿刀具,铣削时可以多个齿刃同时切削,利用镶装硬质合金的刀具,可采用较大的切削有量,且切削运动连接,因此,生产效率高。

(2)齿刃散热条件好。铣削时,铣刀的每个齿刃轮流参与切削,齿刃散热条件好,但切

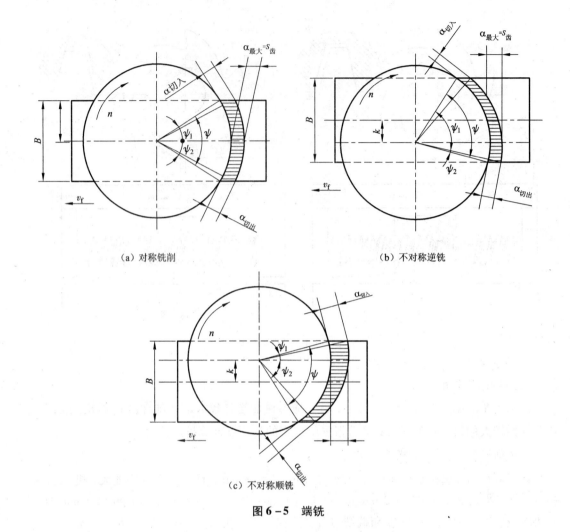

(a) 对称铣削

(b) 不对称逆铣

(c) 不对称顺铣

图 6-5　端铣

入、切出时切削热的变化及切削力的冲出，将加速刀具的磨损。

（3）容易产生振动。由于铣刀齿刃的不断切入、切出，铣削力不断变化，容易使工艺系统产生振动，限制了铣削加工的生产效率和加工质量的提高。

（4）应用范围广。铣床和铣刀的种类很多，铣削加工的应用范围很广。

第二节　铣　床

铣床的种类很多，如卧式升降台铣床、立式升降台铣床、龙门铣床、平面铣床、仿形铣床和工具铣床。其中，常用的是卧式升降台铣床、立式升降台铣床和龙门铣床。铣床在机械加工设备中仅次于车床，约占机床总数的 25%。

一、卧式万能升降台铣床

卧式万能升降台铣床简称万能铣床，它是铣床中应用最多的一种。图 6-6 所示为

X6132 型卧式万能铣床。其主要组成部分如下：

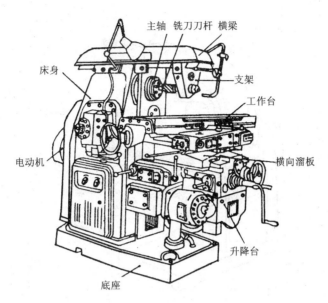

图 6 - 6 X6132 万能升降台铣床图

（1）床身。床身用来固定和支承铣床各部件。顶面上有供横梁移动用的水平导轨。前壁有燕尾形的垂直导轨，供升降台上下移动。内部装有主电动机、主轴变速机构、主轴、电器设备及润滑油泵等部件。

（2）横梁。横梁一端装有吊架，用以支承刀杆，以减少刀杆的弯曲与振动。横梁可沿床身的水平导轨移动，其伸出长度由刀杆长度来进行调整。

（3）主轴。主轴是用来安装刀杆并带动铣刀旋转的。主轴是一空心轴，前端有精密锥孔，其作用是安装铣刀刀杆锥柄。

（4）纵向工作台。纵向工作台由纵向丝杠带动在转台的导轨上作纵向移动，以带动台面上的工件作纵向进给。台面上的 T 形槽用以安装夹具或工件。

（5）横向工作台。横向工作台位于升降台上面的水平导轨上，可带动纵向工作台一起作横向进给。

（6）转台。转台可将纵向工作台在水平面内扳转一定的角度（正、反均为 0 ~ 45°），以便铣削螺旋槽等。具有转台的卧式铣床称为卧式万能铣床。

（7）升降台。升降台可以带动整个工作台沿床身的垂直导轨上下移动，以调整工件与铣刀的距离和垂直进给。

（8）底座。底座用以支承床身和升降台，内盛切削液。

二、立式升降台铣床

立式升降台铣床简称立式铣床，立式铣床与卧式铣床的主要区别是主轴与工作台台面相垂直。有时根据加工的需要，可以将立铣头（包括主轴）左右扳转一定的角度，以便加工斜面等。此外，在卧式万能铣床上，如将横梁移至床身后面，装上立铣头附件，即可作为立式铣床使用。立式铣床可用来镗孔。

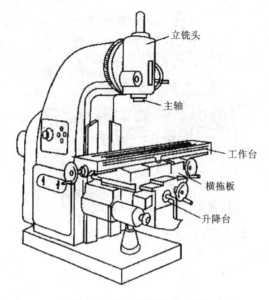

图 6 – 7   立式升降台外观图

三、龙门铣床

龙门铣床装有一个或多个铣头,横梁可垂直移动,工作台沿床身导轨纵向移动。龙门铣床属于大型机床,用于加工卧式、立式铣床无法加工的大型工件。可同时用多个铣头对工件的多个表面进行加工,生产效率高,适用于成批大量生产类型。

龙门铣床主要由床身、立柱、横梁、铣头、工作台和进给箱等部分组成。

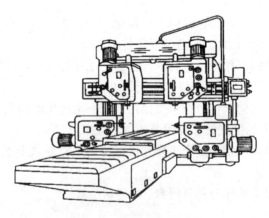

图 6 – 8   龙门铣床外观图

第三节　铣刀及其安装

一、铣刀的种类

铣刀的种类很多,按铣刀结构和安装方法的不同可分为带柄铣刀和带孔铣刀。其中,带孔铣刀多用于卧式铣床上,带柄铣刀多用于立式铣床上。

(一)带柄铣刀

带柄铣刀有直柄和锥柄之分。一般直径小于 20 mm 的较小铣刀做成直柄。直径较大的铣刀多做成锥柄。常用的带柄铣刀有立铣刀、键槽铣刀、T 形铣刀、燕尾槽铣刀和端铣刀等。

1. 端铣刀

由于其刀齿分布在铣刀的端面和圆柱面上,故多用于立式升降台铣床上加工平面,也可用于卧式升降台铣床上加工平面。

2. 立铣刀

适于铣削端面、斜面、沟槽和台阶面等。

3. 键槽铣刀和 T 形槽铣刀

专门加工键槽和 T 形槽。

4. 燕尾槽铣刀

专门用于铣燕尾槽。

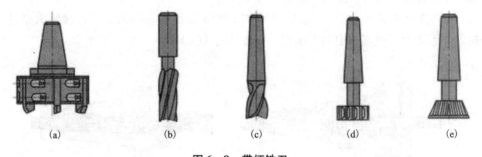

图 6 - 9　带柄铣刀

(a)硬质合金镶齿端铣刀;(b)立铣刀;(c)键槽铣刀;(d)T 形槽铣刀;(e)燕尾槽铣刀

(二)带孔铣刀

带孔铣刀能加工各种表面,应用范围较广。

1. 圆柱铣刀

由于它仅在圆柱表面上有切削刃,因用于卧式升降台铣床上加工平面。

2. 三面刃铣刀和锯片铣刀

三面刃铣刀一般用于卧式升降台铣床上加工直角槽,也可以加工台阶面和较窄的侧面等。锯片铣刀主要用于切断工件或铣削窄槽。

3. 模数铣刀

用来加工齿轮等。

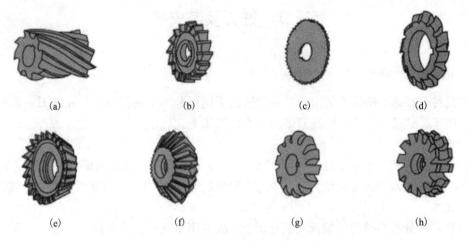

图 6 – 10　带孔铣刀

(a)圆柱铣刀；(b)三面刃铣刀；(c)锯片铣刀；(d)模数铣刀；
(e)单角铣刀；(f)双角铣刀；(g)凸圆弧铣刀；(h)凹圆弧铣刀

二、铣刀的安装

(一)带柄铣刀的安装

(1)直柄铣刀的安装。直柄铣刀常用弹簧夹头来安装，如图 6 – 11(a)所示。安装时，收紧螺母，使弹簧套作径向收缩而将铣刀的柱柄夹紧。

(2)锥柄铣刀的安装。当铣刀锥柄尺寸与主轴端部锥孔相同时，可直接装入锥孔，并用拉杆拉紧。否则要用过渡锥套进行安装，如图 6 – 11(b)所示。

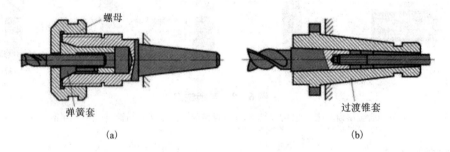

图 6 – 11　带柄铣刀的安装

(a)直柄铣刀的安装；(b)锥柄铣刀的安装

(二)带孔铣刀的安装

带孔铣刀要采用铣刀杆安装，先将铣刀杆锥体一端插入主轴锥孔，用拉杆拉紧。通过套筒调整铣刀的合适位置，刀杆另一端用吊架支承(如图 6 – 12 所示)。常用的刀杆有 $\phi16$、$\phi22$、$\phi27$ 和 $\phi32$ 等几种规格，以对应铣刀刀孔的不同尺寸。

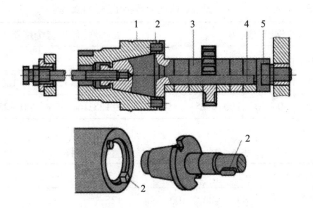

图 6 – 12 带孔铣刀的安装

1—主轴；2—键；3—套筒；4—刀轴；5—螺母

用刀杆装夹带孔铣刀时，应注意以下事项：

(1)在不影响加工的条件下，应尽量使铣刀靠近铣床主轴或吊架，以保证铣刀有足够的刚度。

(2)套筒的端面与铣刀的端面必须擦拭干净，以保证铣刀端面与刀杆轴线垂直。

(3)拧紧刀杆的压紧螺母时，必须先装上吊架，以免刀杆受力弯曲。

(4)斜齿圆柱铣刀所产生的轴向切削力应指向主轴轴承。

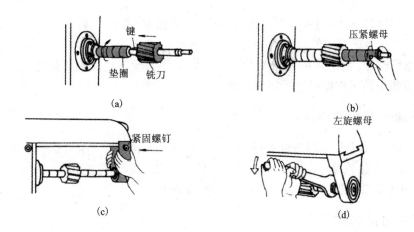

图 6 – 13 安装圆柱铣刀的步骤

(a)刀杆上先套上几个垫圈，装上键，再套上铣刀；(b)铣刀外边的刀杆上再
套上几个垫圈后，拧上；(c)装上支架，拧紧支架紧固螺钉，轴承孔内加油润滑；
(d)初步拧紧螺母，开车观察铣刀是否装正，装正后用力拧紧螺母

三、铣刀的选择

铣刀直径通常根据铣削用量进行选择，一些常用铣刀的选择方法见表 6 – 1、表 6 – 2。

表 6 – 1　圆柱、端铣刀直径的选择(参考)　　　　　　　　　单位：mm

名　　称	高速钢圆柱铣刀			硬质合金端铣刀					
铣削深度 a_p	≤5	~8	~10	≤4	~5	~6	~7	~8	~10
铣削宽度 a_c	≤70	~90	~100	≤60	~90	~120	~180	~260	~350
铣刀直径 d_0	≤80	80~100	100~125	≤80	100~125	160~200	200~250	320~400	400~500

表 6 – 2　盘形、锯片铣刀直径的选择　　　　　　　　　　　单位：mm

切削深度 a_p	≤8	~15	~20	~30	~45	~60	~80
铣刀直径 d_0	63	80	100	125	160	200	250

注：如 a_p、a_c 不能同时与表中数值统一，而 a_p(圆柱铣刀)或 a_c(端铣刀)选择铣刀又较大时，主要应根据 a_p(圆柱铣刀)或 a_c(端铣刀)选择铣刀直径。

第四节　分度头结构及分度方法

分度头是铣床的重要附件之一，常用来安装工件铣斜面，进行分度工作，以及加工螺旋槽等。

一、分度头的作用

(1)用各种分度方法(简单分度、复式分度、差动分度)进行分度工作。
(2)把工件安装成需要的角度，以便进行切削加工(如铣斜面等)。
(3)铣螺旋槽时，将分度头挂轮轴与铣床纵向工作台丝杠用交换齿轮连接后，当工作台移动时，分度头上的工件即可进行螺旋运动。

二、万能分度头的结构

如图 6 – 14 所示为常用的分度头结构，主要由底座、转动体、分度盘、主轴等组成。主轴可随转动体在垂直平面内转动。通常在主轴前端安装三爪卡盘或顶尖，用它来安装工件。转动手柄可使主轴带动工件转过一定角度，这称为分度。

三、简单分度方法

根据图 6 – 15 所示的分度头传动图可知，传动路线是：手柄→齿轮副(传动比为 1∶1)→蜗杆与蜗轮(传动比为 1∶40)→主轴。可算得手柄与主轴的传动比是 1∶1/40，即手柄转一圈，主轴则转过 1/40 圈。

如要使工件按 z 等分度，每次工件(主轴)要转过 $1/z$ 转，则分度头手柄所转圈数为 n 转，它们应满足如下比例关系：

$$1 : \frac{1}{40} = n : \frac{1}{z}$$

即

$$n = \frac{40}{z}$$

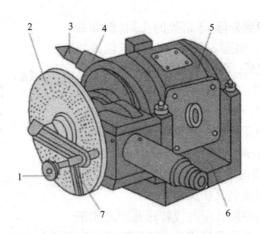

图 6 – 14　万能分度头结构图

1—分度手柄；2—分度盘；3—顶尖；4—主轴；5—转动体；6—底座；7—扇形夹

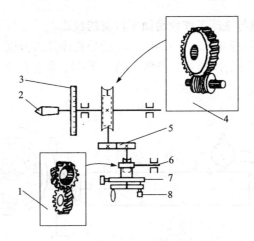

图 6 – 15　万能分度头的传动示意图

1—1:1 螺旋齿轮传动；2—主轴；3—刻度盘；4—1:40 蜗轮传动；

5—1:1 齿轮传动；6—挂轮轴；7—分度盘；8—定位销

可见，只要把分度手柄转过 $40/z$ 转，就可以使主轴转过 $1/z$ 转。例如，现要铣齿数 $z = 17$ 的齿轮，每次分度时，分度手柄转数为：

$$n = \frac{40}{z} = \frac{40}{17} = 2\frac{6}{17}$$

这就是说，每分一齿，手柄需转过 2 整圈再多转 6/17 圈。此处 6/17 圈是通过分度盘(如图 6 – 16 所示)来控制的。国产分度头一般备有两块分度盘。分度盘正反两面上有许多数目不同的等距孔圈。

第一块分度盘正面各孔圈数依次为 24、25、28、30、34、37；反面各孔圈数依次为 38、39、41、42、43。

第二块分度盘正面各孔圈数依次为 46、47、49、51、53、54；反面各孔圈数依次为 57、

58、59、62、66。

分度前，先在上面找到分母 17 倍数的孔圈（例如有 34、51），从中任选一个，如选 34。把手柄的定位销拔出，使手柄转过 2 整圈之后，再沿孔圈数为 34 的孔圈转过 12 个孔距。这样主轴就转过了 1/17 转，达到分度目的。

为了避免每次分度时重复数孔之烦和确保手柄转过孔距准确，把分度盘上的两个扇形夹 1、2 之间的夹角（如图 6－16 所示）调整到正好为手柄转过非整数圈的孔间距。这样每次分度就可做到又快又准。

上述是运用分度盘的整圈孔距与应转过孔距之比来处理分度手柄要转过的一个分数形式的非整数圈的转动问题。这种属简单分度法。生产上还有角度分度法、直接分度法和差动分度等方法。

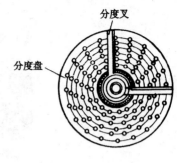

图 6－16　分度盘

四、分度头的安装与调整

（一）分度头主轴轴线与铣床工作台台面平行度的校正

如图 6－17 所示，用直径 40 mm、长 400 mm 的校正棒插入分度头主轴孔内，以工作台台面为基准，用百分表测量校正棒两端，当两端值一致时，则分度头主轴轴线与工作台台面平行。

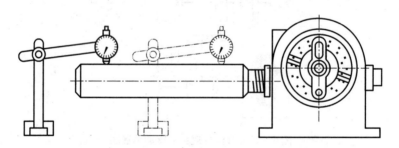

图 6－17　分度头主轴轴线与铣床工作台台面平行度的校正图

（二）分度头主轴与刀杆轴线垂直度的校正

如图 6－18 所示，将校正棒插入主轴孔内，使百分表的触头与校正棒的内侧面（或外侧面）接触，然后移动纵向工作台，当百分表指针稳定，则表明分度头主轴与刀杆轴线垂直。

（三）分度头与后顶尖同轴度的校正

先校正好分度头，然后将校正棒装夹在分度头与后顶尖之间，以校正后顶尖与分度头主轴等高，最后校正其同轴度，即两顶尖间的轴线平行于工作台台面且垂直于铣刀刀杆，如图 6－19 所示。

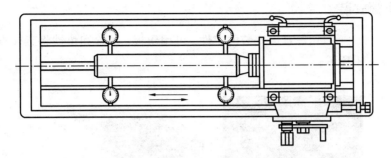

图 6 – 18　分度头主轴与刀杆轴线垂直度的校正图

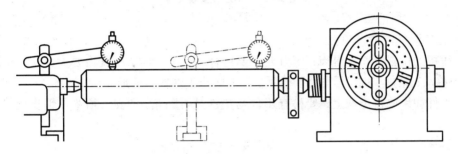

图 6 – 19　分度头与后顶尖同轴度的校正图

第五节　工件的装夹

铣削加工前，工件应正确装夹。卧式升降台铣床上工件装夹的方法主要有以下几种。

一、用平口钳安装

小型和形状规则的工件多用此法安装，如图 6 – 20 所示。它具有布局简单，夹紧牢靠等特点，所以使用广泛。平口钳尺寸规格，是以其钳口宽度来区分的。平口钳分为固定式和回转式两种。回转式平口钳可以绕底座旋转 360°，是目前平口钳应用的首要类型。

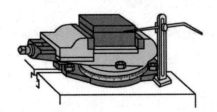

图 6 – 20　用平口钳安装工件

二、用压板安装

对于大型工件或平口钳等难以安装的工件，可用压板、螺栓和垫铁将工件直接固定在工作台上，如图 6 – 21 所示。

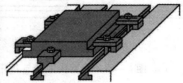

图 6 – 21　用压板安装工件

用压板安装的注意事项：

(1)压板的位置要安排得当，压力大小要适合。粗加工时，压紧力要大，以防止加工过程中工件移动；精加工时，压紧力要合适，注意防止工件发生变形。

(2)工件如果放在垫铁上，要检查工件与垫铁是否贴紧，否则，须垫上铜皮或纸，直到贴紧。

(3)压板必须压在垫铁处，以免工件因受压紧力而变形。

(4)安装薄壁工件，在其空心位置处，可用活动支撑(千斤顶等)增加刚度。

(5)工件压紧后，要复查加工线是否与工作台平行，避免工件在压紧过程中变形或走动。

三、用夹具安装

当生产批量较大时，可采用各种简易和专用夹具安装工件，如图 6 – 22 所示，这样既可提高生产效率，又能保证产品质量。

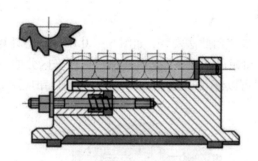

图 6 – 22　用夹具安装工件

四、用分度头安装

铣削加工各种需要分度工作的工件，均可使用分度头安装，如图 6 – 23 所示。根据被夹工件的外形特征，可用分度头卡盘(或顶尖)与尾架顶尖一起使用安装轴类零件；也可只使用分度头卡盘安装工件。由于分度头的主轴可以在垂直平面内转动，因此还可以利用分度头在垂直及倾斜位置安装工件。

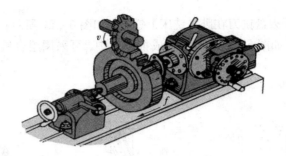

图 6 – 23 用分度头安装工件

第六节 铣削加工的基本操作

铣削加工的应用范围很广，选择不同的铣刀和工件装夹方法，可以实现平面、斜面、沟槽、成形面和曲面以及齿形表面等的加工。

一、铣平面

铣平面可用卧式铣床或立式铣床进行铣削。

在卧式铣床上铣平面应使用圆柱铣刀。圆柱铣刀分为直齿和螺旋齿两种，由于直齿切削每次只有一个齿进行切削，不如螺旋齿切削平稳，因而多用螺旋齿圆柱铣刀铣削平面，如图 6 – 24 所示。

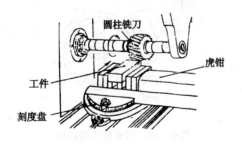

图 6 – 24 在卧式铣床上铣平面

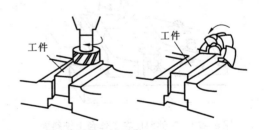

图 6 – 25 用端铣刀铣平面

在立式铣床上铣平面应使用端铣刀。用端铣刀铣平面与用圆柱铣刀铣平面相比，其切削厚度变化较小，同时参与切削的刀齿较多，切削较平稳；端铣刀的主切削刃担负着主要的切削，而副切削刃具有修光的作用，表面加工质量较好；另外端铣刀易于镶装硬质合金刀齿，刀杆比圆柱铣刀的刀杆短，刚性较好，能减少加工中的振动，提高加工质量。

二、铣台阶面

台阶面可以用三面刃盘铣刀在卧式铣床上铣削，如图 6-26 所示；也可用大直径的立铣刀在立式铣床上铣削，如图 6-27 所示；在成批生产中，可采用组合铣刀同时铣削多个台阶面，如图 6-28 所示。

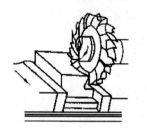

图 6-26　用三面刃盘铣刀

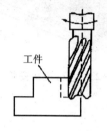

图 6-27　用立铣刀

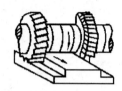

图 6-28　用组合铣刀

三、铣斜面

铣削斜面的方法主要有三种：

（1）用倾斜的垫铁将工件垫成所需的角度铣平面，如图 6-29 所示。

（2）对于圆形或特殊形状的工件可利用分度头将工件转成所需角度来加工斜面，如图 6-30所示。

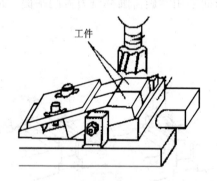

图 6-29　工件斜压在工作台上铣斜面

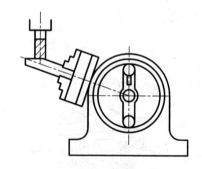

图 6-30　用分度头铣斜面

（3）在主轴能绕水平轴旋转的立式铣床上，以及带有万能铣头的卧式铣床上，可用改变主轴和铣刀角度的方法来铣斜面，如图 6-31 所示。

四、铣沟槽

各种沟槽在铣床上都可以进行加工，常见的有轴上的键槽，工件上的直槽、T 形槽、燕尾槽、螺旋槽等。

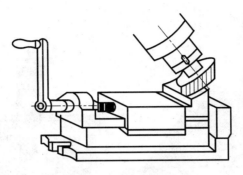

图 6-31　用万能铣头铣斜面

(一)铣键槽

1.铣敞开式键槽

这种键槽多在卧式铣床上用三面刃铣刀进行加工，如图 6-32 所示。注意：在铣削键槽前，要做好对刀工作，以保证键槽的对称度，如图 6-33 所示。

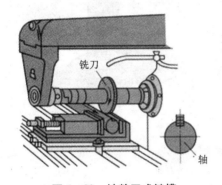

图 6-32　铣敞开式键槽

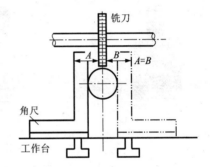

图 6-33　铣封闭式对刀方法

2.铣封闭式键槽

在轴上铣封闭式键槽，一般用立式铣刀加工。切削时要注意逐层切下，因键槽铣刀一次轴向进给不能太大，如图 6-34 所示。

(二)铣 T 形槽及燕尾槽

铣 T 形槽应分两步进行，先用立铣刀或三面刃铣刀铣出直槽，然后在立式铣床上用 T 形槽或燕尾槽铣刀最终加工成形，如图 6-35 所示。

(三)铣螺旋槽

铣削麻花钻和螺旋铣刀上的螺旋沟一般在卧式万能铣床上进行，铣刀是专门设计的，工件用分度头安装，如图 6-36 和图 6-37(b)所示。注意，铣沟槽时，由于排屑和散热困难，进给量要小，最好采用手动进给，并充分使用切削液。为获得正确的槽形，圆盘成形铣刀旋转平面必须与工件螺旋槽切线方向一致，所以须将工作台转过一个工件的螺旋角。按下式计算：

$$\tan\beta = \frac{\pi d}{L}$$

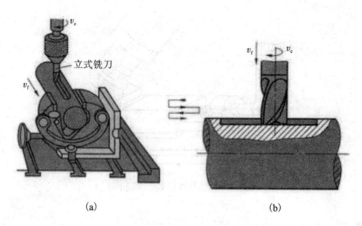

(a)   (b)

图 6－34　在立式铣床上铣封闭键槽

（a）铣封闭式键；（b）逐层切削

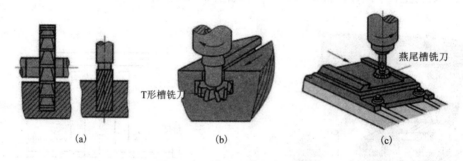

(a)   (b)   (c)

图 6－35　铣 T 形槽及燕尾槽

（a）先铣出直槽；（b）铣 T 形槽；（c）铣燕尾槽

式中：d——工件外径，mm；

　　　L——工件螺旋槽导程，mm。

　　铣削加工时，要保证工件沿轴线移动一个螺旋导程的同时，绕轴自转一周的运动关系。这种运动关系是通过纵向进给丝杠经交换齿轮 Z_1、Z_2、Z_3、Z_4 将运动传至分度头后面的挂轮轴，再传到主轴和工件。从图 8－28(a)传动系统图看，交换齿轮的选择应满足如下关系：

$$\frac{L}{P} \times \frac{Z_1 \times Z_3}{Z_2 \times Z_4} \times \frac{b}{a} \times \frac{d}{c} \times \frac{1}{40} = 1$$

　　因式中 $a = b = c = d = 1$，所以上式经整理得：

$$\frac{Z_1 \times Z_3}{Z_2 \times Z_4} = \frac{40P}{L}$$

式中：Z_1、Z_3——主动齿轮的齿数；

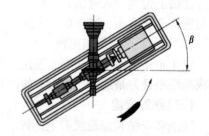

图 6－36　铣螺旋槽工作台旋转 β 角

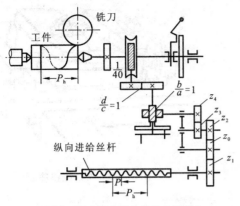

(a)工作台和分度头的传动系统

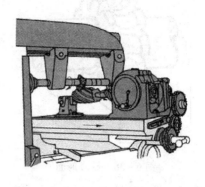

(b)在万能铣床上铣削螺旋槽

图 6-37 铣螺旋槽

Z_2、Z_4——从动齿轮的齿数;

P——铣床工作台丝杆螺距;

L——工件螺旋槽导程。

国产分度头均备有 12 个一套交换齿轮,齿数分别是 25、25、30、35、40、50、55、60、70、80、90、100。

计算举例:现要加工一右旋螺旋槽,工件直径 $d=70$ mm,导程 $L=600$ mm。铣床纵向工作台进给丝杆螺距为 $p=6$ mm。求工作台转动角度 β 及交换齿轮齿数。

解:(1)计算螺旋角。因为

$$\tan\beta = \frac{\pi d}{L} = \frac{3.14 \times 70}{600} = 0.3665$$

所以 $\beta = 20°10'$。由于螺旋槽是右旋,工作台应逆时针转动。

(2)计算交换齿轮。

$$\frac{Z_1 \times Z_3}{Z_2 \times Z_4} = \frac{40P}{L} = \frac{40 \times 6}{600} = \frac{2}{5} = \frac{1}{2} \times \frac{4}{5} = \frac{30}{60} \times \frac{40}{50}$$

故选择挂轮为:$Z_1 = 30$,$Z_2 = 60$,$Z_3 = 40$,$Z_4 = 50$。

五、铣成形面和曲面

(一)铣成形面

成形面一般在卧式铣床上用成形铣刀进行加工。成形铣刀的形状要与成形面的形状相吻合,利用成形铣刀在工件材料上的铣削,形成与成形铣刀形状相吻合的成形面,如图 6-38 所示。

(二)铣曲面

铣曲面一般在立式铣床用立铣刀铣削。方法有三种:

(1)先在工件上进行划线,然后移动工作台沿工件上的线迹铣削。但此法只能用于要求不高的曲面加工,如图 6-39 所示。

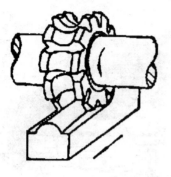

图 6-38 铣成形面

图 6-39 按划线铣曲面

(2)利用圆形工作台的工作原理铣曲面，此方法主要用于加工圆弧曲面。工件应安装在转盘的中心，按划线用逆铣法进行铣削，如图 6-40 所示。

(3)对于大批量生产，可用靠模法铣曲面。靠模安装在工件的上方，铣削时，立铣刀上端的圆柱部分始终与靠模接触，从而铣削出与靠模形状相同的曲面。

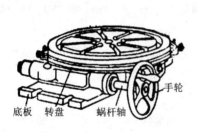

图 6-40 圆形工作台

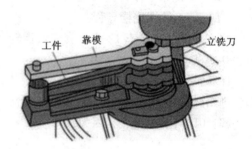

图 6-41 用靠模铣曲面

第七节 典型零件的铣削过程

单件铣削如图 6-42 所示 V 形铁零件，毛坯是长 100、宽 70、高 60 的长方形 45 钢锻件。

根据零件具有 V 形槽和单件生产等特点，这种零件适宜在卧式铣床上铣削加工。采用平口钳进行安装。铣削按两大步骤进行，先把六面体铣出，后铣沟槽。具体铣削步骤见表 6-3。

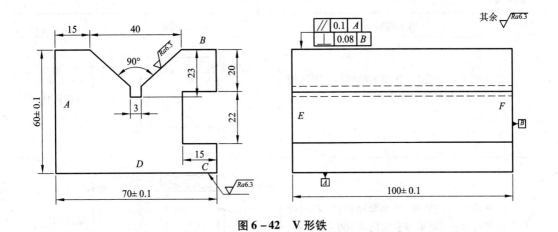

图 6-42 V形铁

表 6-3 V形铁的铣削步骤

序号	加工内容	加工简图	刀 具
1	以 A 面为定位（粗）基准，铣平面 B 至 62 mm		螺旋圆柱铣刀
2	以加工的 B 面为定位（精）基准，紧贴钳口，铣平面 C 至 72 mm		螺旋圆柱铣刀
3	以 B 和 C 面为基准，B 面紧贴钳口，C 面置于平行垫铁内，铣平面 A 至尺寸 70 ± 0.1 mm		螺旋圆柱铣刀
4	以 C 和 B 面为基准，C 面紧贴钳口，B 置于平行垫铁内，铣平面 A 至尺寸 60 ± 0.1 mm		螺旋圆柱铣刀

序号	加工内容	加工简图	刀　具
5	以 B 面为定位基准，B 面紧贴钳口，同时使 C 或 A 面垂直于工作台面，铣平面至尺寸 102 mm		螺旋圆柱铣刀
6	以 B 和面 E 为基准，B 面紧贴钳口，E 面紧贴平行垫铁，铣平面 F 至尺寸 100±0.1 mm		螺旋圆柱铣刀
7	以 C 和 B 面为基准，铣 C 面上的直通槽宽 22 mm，深 15 mm		螺旋圆柱铣刀
8	以 A 和 D 面为基准，铣空刀槽，宽 3 mm，深 23 mm		螺旋圆柱铣刀
9	以 A 和 D 面为基准，铣 V 形槽，保证开口处尺寸为 40 mm		螺旋圆柱铣刀

136

第七章
刨削加工

第一节 概 述

刨削加工是在刨床上利用刨刀(或工件)的直线往复运动进行切削加工的一种方法。刨刀或工件所作的直线往复运动是主运动,进给运动是工件或刀具沿垂直于主运动方向所作的间歇运动,如图7-1所示。刨削加工的精度为IT9~IT7,最高精度可达IT6;表面粗糙度可达 $Ra6.3 \sim 3.2~\mu m$,最佳可达 $Ra1.6~\mu m$。

通常在刨削加工中,分为两种情况:一是刨刀作往复运动,每次回程后工件作间歇的进给运动,其主要应用于加工较小的工件;二是工件作往复运动,每次回程后刨刀作间歇的进给运动,其主要应用于加工较长较大的工件。

刨削可以加工平面、平行面、垂直面、台阶、沟槽、斜面和曲面等,如图7-2所示。其加工特点主要有以下几个方面:

(1)生产率较低

刨床加工工件时,刨刀进行直线性往复运动,工作行程进行切削,返回行程不进行切削,增加了辅助时间,因此工作效率较低。

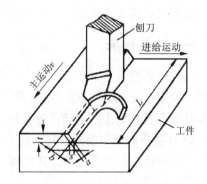

图 7-1 刨削加工示意图

(2)通用性好

刨床结构简单,便于操作,刨刀制造、刃磨、安装方便,通用性好。刨削常常用于单件小批生产及维修工作,尤其适于窄长表面的加工。

(3)切削不平稳

刨削加工时,在开始切入、切出时都有冲击和振动,且为断续切削,切削过程不平稳。

(4)刨削的进给运动是间歇运动,工件或刀具进行主运动时无进给运动,故刀具的角度不因切削运动变化而发生变化。

(5)刨削加工的切削过程是断续切削,故刀具在空行程中能得到自然冷却,且刨削加工的主运动是往复运动,因而限制了切削速度的提高。

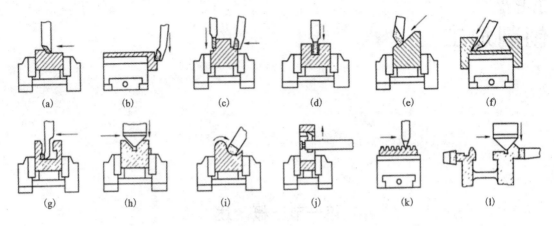

图 7-2 刨削加工内容

(a)刨平面；(b)刨垂直面；(c)刨台阶面；(d)刨直角沟槽；(e)刨斜面；(f)刨燕尾槽；
(g)刨 T 形槽；(h)刨 V 形槽；(i)刨曲面；(j)刨孔内键槽；(k)刨齿条；(l)刨复合表面

第二节 刨 床

刨削类机床主要应用的有牛头刨床和龙门刨床两种类型。

一、牛头刨床

滑枕带着刨刀，作直线往复运动的刨床，因滑枕前端的刀架形似牛头而得名。因其结构简单，调整方便，操作灵活，刨刀简单，刃磨和安装方便，因此刨削的通用性良好，牛头刨床在单件生产及修配工件中被广泛使用。

（一）牛头刨床的组成及其功能

牛头刨床主要由滑枕、摇臂机构、工作台和进给机构、变速机构、刀架、床身、底座等部分组成，如图 7-3 所示。

1. 滑枕和摇臂机构

摇臂机构是牛头刨床的主运动机构，可以把电动机的旋转运动转换为滑枕的直线往复运动，以带动刨刀进行刨削。齿轮带动摇臂齿轮转动，固定在摇臂齿轮上的滑块可在摇臂的槽内滑动并使摇臂绕下支点前后摆动，于是带动滑枕作直线往复运动。

2. 工作台及进给机构

工作台安装在横梁的水平导轨上由进给机构（棘轮机构）传动，使其在水平方向自动间歇进给。进给机构中，齿轮与摇臂齿轮同轴旋转，带动齿轮转动，使一端固定于偏心槽内的连杆摆动拨爪，同时拨动棘轮，使同轴丝杆转动，实现工作台的横向进给。

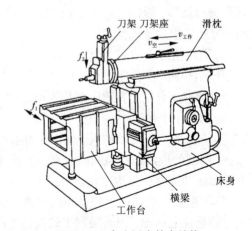

图 7-3 牛头刨床基本结构

138

3. 刀架

如图 7 – 4 所示，刀架用来夹持刨刀，并可作垂直或斜向进给。扳转刀架手柄 9 时，滑板 7 即可沿转盘 6 上的导轨带动刨刀作垂直进给。滑板需斜向进给时，松开转盘 6 上的螺母，将转盘扳转至所需角度即可。滑板 7 上装有可偏转的刀座 1，刀座中的抬刀板 2 可绕轴 5 向上转动，刨刀安装在刀夹 3 上。在返回行程时，刨刀绕轴 5 自由上抬，可减少刀具后刀面与工件的摩擦。

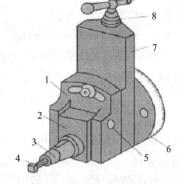

图 7 – 4 牛头刨床刀架

1—刀座；2—抬刀板；3—刀夹；
4—紧固螺钉；5—轴；6—刻度转盘；
7—滑板；8—刻度环；9—手柄

（二）牛头刨床的调整

1. 主运动的调整

刨削时的主运动应根据工件的尺寸大小和加工要求进行调整。

（1）滑枕行程长度的调整。

调整要求：滑枕行程长度应略大于工件加工表面的刨削长度。

调整方法：松开行程长度调节手柄的滚花螺母，用曲柄摇手转动手柄，通过锥齿轮，转动小丝杆，使偏心滑块移动，曲柄销带动滑块改变其在摇臂齿轮端面上的偏心位置，从而改变滑枕的行程长度。

（2）滑枕起始位置调整。

调整要求：滑枕起始位置应和工作台上工件的装夹位置相适应。

调整方法：松开锁紧手柄，再用曲柄摇手转动调节滑枕位置手柄，通过锥齿轮转动丝杆，改变螺母在丝杆上的位置，从而改变滑枕的起始位置。

（3）滑枕行程速度的调整。

调整要求：滑枕行程速度应按刨削加工要求调整。

调整方法：转换变速手柄的标示位置，即可改变变速机构中两组滑动齿轮的啮合关系，从而改变轴的转速，使滑枕行程速度相应变换，满足不同刨削要求。

2. 进给运动的调整

刨削时，应根据工件的加工要求调整工作台横向进给量和进给方向。

（1）横向进给量的调整。

进给量是指滑枕往复一次时，工作台的水平移动量。进给量的大小取决于滑枕往复一次时棘轮爪能拨动的棘轮齿数。调整棘轮护盖的位置，可改变横向进给量的大小。

（2）横向进给方向变换。

进给方向即工作台水平移动方向，扳动进给运动换向手柄使棘轮爪转动 180°，棘爪的斜面反向，棘爪拨动棘轮的方向相反，故工作台移动换向。

牛头刨床主要应用于单件小批生产中，用于刨削工件的平面、成形面和沟槽等，且适用于刨削长度不超过 1000 mm 的中小型零件。牛头刨床的特点是调整方便，但由于是单刃切削，而且切削速度低，回程时不工作，所以生产效率低，故只适用于单件小批量生产。

在牛头刨床上加工时，刨刀工作行程和返回行程的平均速度称为切削速度，计算公式为：

$$v = 2Ln/1000$$

式中：v——切削速度，m/min；

　　　L——行程长度，mm；

　　　n——滑枕每分钟的往复次数，次/min。

工件在刨刀每次往复后所移动的距离，称为进给量，用符号 f 表示，单位为 mm/次。工件上已加工表面和待加工表面之间的垂直距离称为背吃刀量，用符号 a_p 表示，单位为 mm。

二、龙门刨床

龙门刨床具有门式框架和卧式长床身的刨床，因形似龙门而得名。龙门刨床的主参数是最大刨削宽度，如图 7－5 所示。龙门刨床主要加工大型工件或同时加工多个工件上的各种平面、沟槽和各种导轨面，一般可刨削的工件宽度尺寸达 1 m，长度尺寸在 3 m 以上。横梁上一般装有两个垂直刀架，刀架滑座可在垂直面内回转一个角度，并可沿横梁作横向进给运动；刨刀可在刀架上作垂直或斜向进给运动；横梁可在两立柱上作上下调整。一般在两个立柱上还安装可沿立柱上下移动的侧刀架，以扩大加工范围，工作台回程时能机动抬刀，以免划伤工件表面。

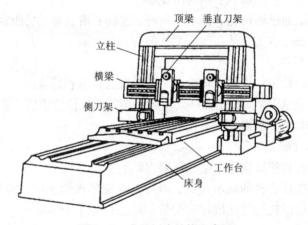

图 7－5　龙门刨床结构示意图

与牛头刨床相比，从结构上看，龙门刨床形体大，结构复杂，刚性好；从机床运动上看，龙门刨床的主运动是工作台的直线往复运动，而进给运动则是刨刀的横向或垂直间歇运动，这刚好与牛头刨床的运动相反。

第三节　刨刀与工件的安装

一、刨刀的安装

用于刨削加工、具有一个切削部分的刀具即称为刨刀，其结构基本上与车刀类似，但刨刀工作时为断续切削，受冲击载荷较大，因此，在同样的切削截面下，刀杆断面尺寸较车刀大 1.25～1.5 倍，并采用较大的负刃倾角（－10°～－20°），以提高切削刃抗冲击载荷的性能。

刨刀的种类很多，由于刨削加工的形式和内容不同，采用的刨刀类型也不同，常用刨刀有平面刨刀、偏刀、切刀、弯头刀等，如图 7 - 6 所示。

(1)平面刨刀。用来刨平面。

(2)偏刀。用来刨削垂直面、台阶面和外斜面等。

(3)角度偏刀。用来刨削角度形工作件，如燕尾槽和内斜槽。

(4)切刀。用来刨削直角槽、沉割槽和切断作用。

(5)弯头刀。用来刨削 T 形槽和侧面割槽。

(6)样板刀。用来刨削 V 形槽和特殊形状的表面。

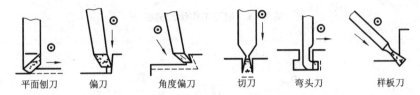

平面刨刀　　偏刀　　角度偏刀　　切刀　　弯头刀　　样板刀

图 7 - 6　常见刨刀的形状及应用

常用刨刀的刀杆形式有直杆刨刀和弯杆刨刀两种，如图 7 - 7 所示。

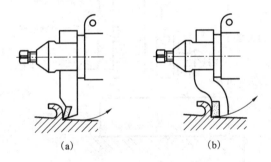

(a)　　　　　　(b)

图 7 - 7　直杆刨刀和弯杆刨刀

(a)直杆刨刀；(b)弯杆刨刀

刨刀在受到较大切削力时，刀杆会绕 O 点向后弯曲变形，如图 7 - 8 所示。弯杆刨刀变形时，刀尖不会啃入工件，而直杆刨刀的刀尖会啃入工件，造成刀具及加工表面的损坏，所以弯杆刨刀在刨削加工中应用较多。

将普通平面刨刀安装在刀夹上(如图 7 - 9 所示)，刀头不能伸出太长，以免刨削时产生较大振动，刀头伸出长度一般为刀杆厚度的 1.5 ~ 2 倍。由于刀夹是可以抬起的，所以无论是装刀还是卸刀，在用扳手拧刀夹螺丝时，施力方向都应向下。

二、工件的装夹

在实际刨削加工中，总结工件装夹的经验为：刨削平面时，工件的安装一定要按基准面校正、垫牢、夹紧；刨削垂直面时，待加工面应基本与工作台垂直，与切削方向平行；刨削斜面时，工件的安装方法应类似刨削垂直面。

在工件安装时，常用的有平口钳安装和压板夹紧安装，安装过程中必须对工件进行找

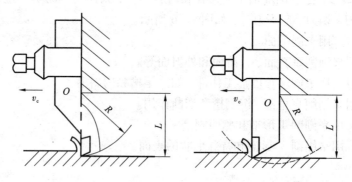

图 7 - 8　刨刀工作运动分析

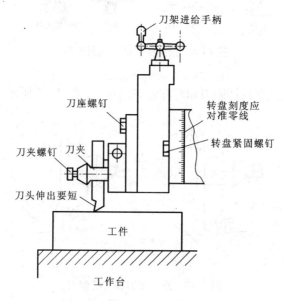

图 7 - 9　平面刨削刨刀装夹示意图

正。找正方法主要有两种：第一种方法是按加工线找正，即先在工件上划出加工线，然后再装到夹具上，夹紧前按已划线进行垫平找正；第二种方法是在工件上已有较准的大平面，使其作为基准面校平，最后夹紧。

　　在实际加工中，应根据工件的形状和大小来选择安装方法，对于小型工件通常使用平口钳进行装夹，如图 7 - 10 所示。对于大型或平口钳难以夹持的工件，可使用 T 形螺栓和压板将工件直接固定在工作台上，如图 7 - 11 所示。但要注意以下相关事项：① 各个压紧螺母应分几次交错拧紧，且工件前端应加挡铁，以免刨削时工件被推动；② 压板不应歪斜或悬伸太长，如图 7 - 12 所示。为保证加工精度，在装夹工件时，应根据加工要求，使用划针、百分表等工具对工件进行找正。

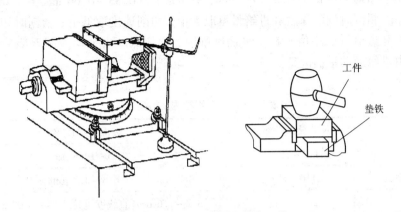

图 7 – 10 在机用虎钳上装夹工件

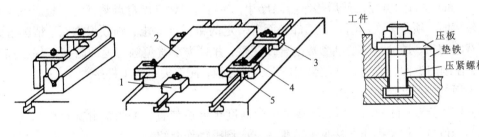

图 7 – 11 用螺栓和压板装夹工件

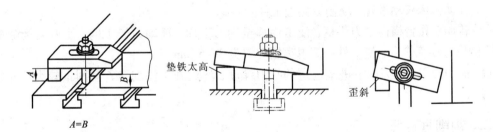

图 7 – 12 压板的正确使用

第四节 刨削加工

一、刨削平面

　　水平面既可以是零件所需要的加工表面，又可以用作精加工基准面，在水平面加工中，我们经常采取刨削方法进行加工，根据加工质量要求进行相应的刨削加工，以保证所要求的加工精度，如表7－1所示。水平面粗刨时应采用平面粗刨刀，精刨时应采用圆头精刨刀。刨削用量一般为：刨削深度 a_p 为 $0.2 \sim 0.5$ mm，进给量 f 为 $0.33 \sim 0.66$ mm/str，切削速度 v 为 $15 \sim 50$ m/min。粗刨时刨削深度和进给量可取大值，切削速度取低值；精刨时切削速度取高值，切削深度和进给量取小值。在水平面刨削时，切削深度由手动控制刀架的垂直运动决定，进给量由进给运动手柄调整。

表 7-1　刨削所能达到的精度

刨削种类	尺寸公差等级	表面粗糙度 Ra
粗刨	IT12 ~ IT11	$25 \sim 12.5$ μm
半精刨	IT10 ~ IT9	$6.3 \sim 3.2$ μm
精刨	IT8 ~ IT7	$3.2 \sim 1.6$ μm（直线度可达 $0.04 \sim 0.08$ mm/m）

根据上节工件装夹相关知识要求定位装夹好工件，在刨削平面时，先用手动进给，试切出 $0.5 \sim 1$ mm 左右的宽度。然后停车检测尺寸，并利用刀架刻度盘调整背吃刀量。若工件加工余量较大时，须分多次刨削。若工件表面有一定的粗糙度要求，则须根据粗、精刨分开原则进行背吃刀量、进给量等切削参数的合理调整，并且为了避免刨刀返回时把工件已加工表面拉毛，在刨刀返回行程时，可掀起刀座上的抬刀板，使刀尖不与工件接触。

水平面的刨削步骤如下：

（1）正确安装工件和刨刀后，调整工作台高度至合适位置，再调整滑枕行程长度、行程速度和起始位置，相关操作方法见上节牛头刨床调整操作介绍。

（2）选择合适的切削用量，一般背吃刀量 $a_p = 0.2 \sim 2$ mm，进给量 $f = 0.33 \sim 0.66$ mm/双行程，切削速度 $v = 17 \sim 50$ m/min。粗刨时，a_p 和 f 取大值；精刨时，a_p 和 f 取小值，v 取大值。

（3）开动机床移动滑枕，使刨刀接近工件后停车。

（4）转动工作台横向走刀手柄，使工件移至刨刀下面，摇动刀架手柄，使刀尖接触工件表面，然后移动工作台，使工件一侧退离刨刀刀尖 $3 \sim 5$ mm。

（5）摇动刀架，刨刀向下进至选定的吃刀深度，然后开机刨削。若刨削量较大，可分几次走刀完成。

二、刨削垂直面

工件上如有不能或不便用水平面刨削方法加工的平面，可将该平面与水平面成垂直，然后用刨削垂直面的方法进行加工，如加工台阶面和长工件的端面等。垂直面的刨削主要由刀架作垂直进给运动来实现。

刨垂直面时，其工作步骤与刨削平面相似，在加工中常采用偏刀，用手摇刀架进给，切削深度由工作台横向移动来调整。刨削前，先将刀架转盘刻度线对准零线，以保证加工面与工件低平面垂直，转动刀架手柄，从上往下加工工件。为了避免刨刀回程时划伤工件已加工表面，必须将刀座转偏一个角度（$10° \sim 15°$）。刨垂直面时，刀架转盘应对准零线安装工件，通过找正使待加工表面与工作台台面垂直，并与刨刀切削行程方向平行。垂直面刨削加工操作如图 7-13 所示。

在刨削垂直面过程中，要注意刀座推偏时，偏刨刀的主刀刃应指向所加工的垂直面，不

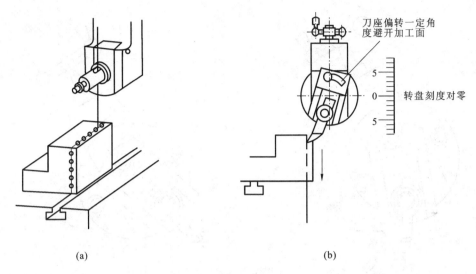

(a)

(b)

图 7 – 13　垂直面刨削加工操作法示意图

(a)根据划线找正；(b)调整刀架垂直

能将刨刀所偏方向及推偏方向选错。另外安装偏刨刀时，刨刀伸出长度应大于整个刨削面的高度。

三、刨削斜面

　　工件上的斜面有内斜面和外斜面两种形式，如 V 形槽、燕尾槽由内斜面组成；V 形楔、燕尾榫由外斜面组成。刨斜面的方法很多，内斜面和外斜面均可由倾斜刀架法进行刨削加工，刨削斜面的方法与刨削垂直面的操作方法基本相同。

　　刨削工件斜面前，先将转盘与刀座一起转动一定的角度，再将刀座转动至上端偏离所需加工的斜面12°左右，然后从上往下转动刀架手柄刨削斜面。注意应针对是内斜面还是外斜面来选择左角度偏刨刀或右角度偏刨刀。一般内斜面左斜用左角度偏刨刀，外斜面左斜用右角度偏刨刀；内斜面右斜或外斜面右斜时则恰恰相反，且角度偏刨刀伸出长度也应大于整个刨削斜面的宽度，斜面刨削加工操作如图 7 – 14 所示。

　　在进行斜面刨削时，切削深度与进给量的控制及调整同刨削垂直面一样，但要注意刨斜面时，切削深度不可选得过大。

　　另外，还可以转动钳口垂直走刀刨削平面，斜装工件水平走刀刨削斜面：

　　(1)按划线找斜面加工线为水平位置进行刨削；

　　(2)用斜垫工件加工斜面；

　　(3)批量刨斜面时，还可以转动工作台来进行；

　　(4)用夹具刨斜面；

　　(5)用样板刀来刨斜面。

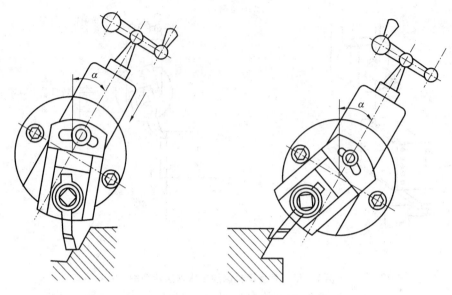

图 7 – 14   斜面刨削加工操作示意图

四、刨削正六面体零件

正六面体零件加工要求对面平行，还要求相邻面互成直角。这类零件既可以铣削加工，也可以刨削加工，刨削正六面体一般采用图 7 – 15 所示的加工步骤：

（1）一般是先刨出大平面 1，作为精基面，如图 7 – 15（a）所示。

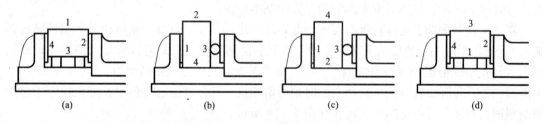

图 7 – 15   保证 4 个面垂直度的加工步骤

（2）将已加工的大平面 1 作为基准面贴紧固定钳口。在活动钳口与工件之间的中部垫一个圆棒后夹紧，然后加工相邻的平面 2，如图 7 – 15（b）所示。面 2 对面 1 的垂直度取决于固定钳口与水平走刀的垂直度。在活动钳口与工件之间垫一个圆棒，是为了使夹紧力集中在钳口中部，以利于面 1 与固定钳口可靠地贴紧。

（3）把已加工的平面 2 朝下，同样按上述方法，使基面 1 紧贴固定钳口。夹紧时，用手锤轻轻敲打工件，使平面 2 贴紧平口钳，就可以加工平面 4，如图 7 – 15（c）所示。

（4）加工平面 3，如图 7 – 15（d）所示，把平面 1 放在平行垫铁上，工件直接夹在两个钳口之间。夹紧时要求用手锤轻轻敲打，使平面 1 与垫铁贴实。

五、刨削 T 形槽

在刨削沟槽类工件时，一般先在工件端面划出加工线，然后装夹找正，为保证加工精度，应在一次装夹中完成加工。刨削直槽时，选用切槽刀，刨削过程与刨削垂直面方法相似。刨削 T 形槽时，如图 7－16 所示，选择刨刀进行依次加工：先用切槽刀刨出直槽，然后用左、右弯刀刨出凹槽，最后用 45°刨刀刨出倒角。

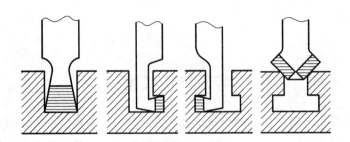

图 7－16　T 形槽的刨削加工方法

六、刨削燕尾槽

燕尾槽是一种常用机械结构，其作用通常是作机械相对运动，运动精度高且稳定。燕尾槽常和梯形导轨配合使用，起导向和支撑作用，在机床的拖板上经常使用。燕尾槽的加工除了用成形铣刀铣削加工外，常采用的加工方法就是在刨床上进行刨削加工，其加工过程为：

（1）刨削好燕尾槽毛坯的各个外表面，一般是先刨削出一个六方体，然后在端面与上平面划出燕尾的轮廓线和校正工件所用的平行线或中心线，如图 7－17 所示。

（2）换用切槽刀刨出直角槽。

（3）用左角度刨刀，扳转刀架与刀座，用刨内斜面的方法刨左斜面，并把槽底左边的部分刨到图纸尺寸的规定；燕尾槽右斜面采用类似方法加工，如图 7－18 所示。

（4）在燕尾槽的内角与外角处分别割槽与倒角。

图 7－17　燕尾槽的划线

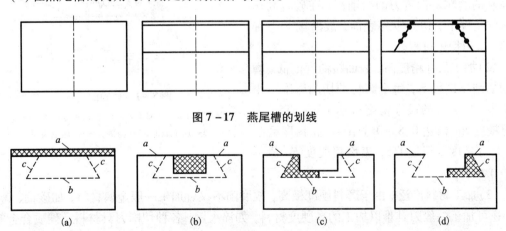

图 7－18　燕尾槽的刨削步骤

（a）刨平面；（b）刨直槽；（c）刨左燕尾槽；（d）刨右燕尾槽

第八章
磨削加工

第一节　概述

　　利用高速旋转的砂轮等磨具切削工件表面的加工，称为磨削加工。磨削用于加工各种工件的内外圆柱面、圆锥面和平面，以及螺纹、齿轮和花键等特殊、复杂的成形表面。由于磨粒的硬度很高，磨具具有自锐性，磨削可以用于加工各种材料，包括淬硬钢、高强度合金钢、硬质合金、玻璃、陶瓷和大理石等高硬度金属和非金属材料。

　　磨削加工是机械制造中最常用的加工方法之一，它的应用范围很广，可以磨削难以切削的各种高硬超硬材料；可以磨削各种表面；可以用于荒加工（磨削钢坯、割浇冒口等）、粗加工、精加工和超精加工。磨削后工件磨削精度可达 IT7 - IT4，表面粗糙度可以达到 $Ra0.025$ ~ $0.8~\mu m$。磨削比较容易实现生产过程自动化，在工业发达国家，磨床已占机床总数的 25% 左右，个别行业可达到 40% ~ 50%。

　　磨削加工有以下特点：

　　（1）磨削属多刃、微刃切削。磨削用的砂轮是由许多细小坚硬的磨粒用结合剂黏结在一起经焙烧而成的疏松多孔体，如图 8 - 1 所示。这些锋利的磨粒就像铣刀的切削刃，在砂轮高速旋转的条件下，切入零件表面，故磨削是一种多刃、微刃切削过程。

　　（2）加工尺寸精度高，表面粗糙度值低。磨削的切削厚度极薄，每个磨粒的切削厚度可小到微米，故磨削的尺寸精度可达 IT6 ~ IT5，表面粗糙度 Ra 值达 0.8 ~ 0.1 μm。高精度磨削时，尺寸精度可超过 IT5，表面粗糙度 Ra 值不大于 0.012 μm。

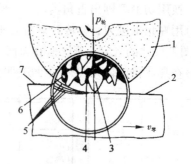

图 8 - 1　砂轮的组成
1—砂轮；2—已加工表面；3—磨粒；4—结合剂；
5—加工表面；6—空隙；7—待加工表面

　　（3）加工材料广泛。由于磨料硬度极高，故磨削不仅可加工一般金属材料，如碳钢、铸铁等，还可加工一般刀具难以加工的高硬度材料，如淬火钢、各种切削刀具材料及硬质合金等。

　　（4）砂轮有自锐性。当作用在磨粒上的切削力超过磨粒的极限强度时，磨粒就会破碎，形成新的锋利棱角进行磨削；当此切削力超过结合剂的黏结强度时，钝化的磨粒就会自行脱落，使砂轮表面露出一层新鲜锋利的磨粒，从而使磨削加工能够继续进行。砂轮的这种自行推陈出新、保持锋利的性能称为自锐性。砂轮有自锐性可使砂轮连续进行加工，这是其他刀具没有的特性。

（5）磨削温度高。磨削过程中，由于切削速度很高，产生大量切削热，温度超过1000℃；同时，高温的磨屑在空气中发生氧化作用，产生火花。在如此高温下，将会使零件材料性能改变而影响质量。因此，为减少摩擦和迅速散热，降低磨削温度，及时冲走屑末，以保证零件表面质量，磨削时需使用大量切削液。

第二节　砂　轮

一、砂轮的特性及选用

砂轮：一种用结合剂把磨粒黏结起来，经压坯、干燥、焙烧及修整而成的，具有很多气孔、用磨粒进行切削的固结磨具。磨粒以其露在表面部分的尖角作为切削刃。砂轮的特性主要由磨料、粒度、结合剂、硬度、组织及形状尺寸等因素所决定。

1. 磨料

磨料是制造磨具的主要原料，直接担负着切削工作。目前常用的磨料有棕刚玉（A）、白刚玉（WA）、黑碳化硅（C）和绿碳化硅（GC）等。

表 8-1　常用磨料的特点及应用

类别	磨料名称	代号	颜色	硬度	韧性	应用范围
刚玉类	棕刚玉	GZ(A)	棕褐色	低	大	磨削碳钢、合金钢、可锻铸铁等
	白刚玉	GB(WA)	白色			磨削淬火钢、高速钢、高碳钢等
	单晶刚玉	GD(SA)	浅黄或乳白			磨削不锈钢、高钒高速钢及其他难加工材料
	铬刚玉	GG(PA)	紫红色			磨削淬硬高速钢、高强度钢、特别适用于成形磨削
碳化硅类	黑色碳化硅	TH(C)	黑色			磨削铸铁、黄铜、耐火材料及非金属材料
	绿色碳化硅	TL(GC)	绿色			磨削硬质合金、宝石、陶瓷、玻璃等
高硬磨料	立方氮化硼	CBN	黑色	高	小	磨削各种高温合金，高钼、高钒、高钴钢、不锈钢等
	人造金刚石	MBD RVD	乳白色			磨削硬质合金、光学玻璃、宝石、陶瓷等硬度材料

2. 粒度

粒度是指磨料颗粒尺寸的大小。砂轮的粒度对磨削表面的粗糙度和磨削效率有很大影响。粒度号小则磨削深度大，故磨削效率高，但表面粗糙度大。所以粗磨时，一般选粗粒度，精磨时选细粒度。磨软金属时，多选用粗的磨粒，磨脆和硬的金属时，则选用较细的磨粒。

表 8 - 2　粒度及尺寸和适用范围

粒度号	公称尺寸/mm	适用范围	粒度号	公称尺寸/mm	适用范围
8# ~ 36#	3150 ~ 7500 500 ~ 400	荒磨、打毛刺 切断钢坯	280 ~ W40	50 ~ 40 40 ~ 28	精磨、螺纹磨、珩磨 超精加工
46# ~ 80#	400 ~ 315 200 ~ 160	粗磨 半精磨	W28 ~ W7	28 ~ 20 7 ~ 5	精密磨削 超精密加工、制造研磨剂
100# ~ 240#	3150 ~ 7500 500 ~ 400 63 ~ 50	精磨 成形磨 珩磨	W5 ~ W0.5	5 ~ 3.5 < 0.5	超精密加工、研磨 镜面磨削

3. 结合剂

结合剂的作用是将磨料黏合成具有一定强度和形状的砂轮。砂轮的强度、抗冲击性、耐热性及抗腐蚀能力,主要取决于结合剂的性能。

常用的结合剂有陶瓷结合剂(V)、树脂结合剂(B)、橡胶结合剂(R)和金属结合剂(M)等。

陶瓷结合剂:应用最广,适用于外圆、内圆、平面、无心磨削和成形磨削的砂轮等;

树脂结合剂:适用于切断和开槽的薄片砂轮及高速磨削砂轮;

橡胶结合剂:适用于无心磨削导轮、抛光砂轮;

金属结合剂:适用于金刚石砂轮等。

4. 硬度

砂轮的硬度是指砂轮工作时,磨料自砂轮上脱落的难易程度。砂轮硬即表示磨粒难脱落,砂轮软表示磨粒易脱落。一般情况下,加工硬度大的金属,应选用软砂轮;加工软金属时,应选用硬砂轮。粗磨时,选用软砂轮;精磨时,选用硬砂轮。砂轮的硬度等级见表 8 - 3。

表 8 - 3　砂轮硬度等级

等级		超软	软			中软		中		中硬			硬		超硬
代号	GB 2484—1984	CR	R1	R2	R3	ZR1	ZR2	Z1	Z2	ZY1	ZY2	ZY2	Y1	Y2	CY
	GB 2484—1994	D	E	F	G	H	J	K	L	M	N	P	Q	R	S	T	Y

5. 组织

磨具的组织指磨具中磨粒、结合剂、气孔三者体积的比例关系,以磨粒率(磨粒占磨具体积的百分率)表示磨具的组织号。磨料所占的体积比例越大,砂轮的组织越紧密;反之,组织越疏松。

国标中规定了 15 个组织号:0,1,2,…,13,14。0 号组织最紧密,磨粒率最高;14 号组织最疏松,磨粒率最低。普通磨削常用 4 ~ 7 号组织的砂轮。

6. 形状与尺寸

根据机床类型和加工需要,将磨具制成各种标准的形状和尺寸,见国标(GB/T 2484—1994)。砂轮形状、代号和用途示例如表 8 - 4 所示。

表8-4　砂轮形状、代号和用途示例

名　　称	代号	断　面　图	基　本　用　途
平形砂轮	1		用于外圆、内圆、平面、无心、刃磨、螺纹磨削
单斜边砂轮	3		小角度单斜边砂轮多用于刃磨铣刀、铰刀、插齿刀等
双斜边砂轮	4		用于磨齿轮齿面和磨单线螺纹

7. 磨具标记

磨具标记的书写顺序是：形状代号、尺寸、磨料、粒度号、硬度、组织号、结合剂和允许的最高线速度。例如：砂轮的标记为

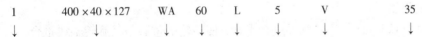

1	400×40×127	WA	60	L	5	V	35
↓	↓	↓	↓	↓	↓	↓	↓
平形砂轮	外径×厚度×孔径	磨料	粒度	硬度	组织号	结合剂	最高工作线速度(m/s)

砂轮选择的主要依据是被磨材料的性质、要求达到的工件表面粗糙度和金属磨除率，选择的原则是：

(1)磨削钢时，选用刚玉类砂轮，磨削硬铸铁、硬质合金和非铁金属时，选用碳化硅砂轮。

(2)磨削软材料时，选用硬砂轮，磨削硬材料时，选用软砂轮。

(3)磨削软而韧的材料时，选用粗磨料(如12～36#)；磨削硬而脆的材料时，选用细磨料(如46～100#)。

(4)磨削表面的粗糙度值要求较低时，选用细磨粒，金属磨除率要求高时，选用粗磨粒。

(5)要求加工表面质量好时，选用树脂或橡胶结合剂的砂轮，要求最大金属磨除率时，选用陶瓷结合剂砂轮。

二、砂轮的检查、安装、平衡和修整

(一)砂轮的检查

砂轮在安装使用前必须经过严格的检查，有裂纹等缺陷的砂轮绝对不准安装使用。

(1)砂轮标记检查。砂轮没有标记或标记不清，无法核对、确认砂轮特性的砂轮，不管是否有缺陷，都不可使用。

（2）砂轮缺陷检查。其检查方法是目测和音响检查：

①目测检查是直接用肉眼或借助其他器具察看砂轮表面是否有裂纹或破损等缺陷。

②音响检查也称敲击试验，主要针对砂轮的内部缺陷，检查方法是用小木锤敲击砂轮。正常的砂轮声音清脆；声音沉闷、嘶哑，说明有问题。

（3）砂轮的回转强度检验。对同种型号一批砂轮应进行回转强度抽检，未经强度检验的砂轮批次严禁安装使用

（二）砂轮的安装

在磨床上安装砂轮应特别注意，因为砂轮在高速旋转条件下工作，使用前应仔细检查，不允许有裂纹。安装必须牢靠，并应经过静平衡调整，以免造成人身和质量事故。

（1）核对砂轮的特性是否符合使用要求，砂轮与主轴尺寸是否相匹配。

（2）将砂轮自由地装配到砂轮主轴上，不可用力挤压。砂轮内径与主轴和卡盘的配合间隙适当，避免过大或过小。配合面清洁，没有杂物。

（3）砂轮的卡盘应左右对称，压紧面径向宽度应相等。压紧面平直，与砂轮侧面接触充分，装夹稳固，防止砂轮两侧面因受不平衡力作用而变形甚至碎裂。

（4）卡盘与砂轮端面之间应夹垫一定厚度的柔性材料衬垫（如石棉橡胶板、弹性厚纸板或皮革等），使卡盘夹紧力均匀分布。

（5）紧固砂轮的松紧程度应以压紧到足以带动砂轮不产生滑动为宜，不宜过紧。当用多个螺栓紧固大卡盘时，应按对角线成对顺序逐步均匀旋紧，禁止沿圆周方向顺序紧固螺栓，或一次把某一螺栓拧紧。紧固砂轮卡盘只能用标准扳手，禁止用接长扳手或用敲打办法加大拧紧力。

（三）砂轮的平衡

一般直径大于 125 mm 的砂轮都要进行平衡，使砂轮的重心与其旋转轴线重合。

不平衡的砂轮在高速旋转时会产生振动，影响加工质量和机床精度，严重时还会造成机床损坏和砂轮碎裂。引起不平衡的原因主要是砂轮各部分密度不均匀，几何形状不对称以及安装偏心等。因此在安装砂轮之前都要进行平衡，砂轮的平衡有静平衡和动平衡两种。一般情况下，只需作静平衡，但在高速磨削（速度大于 50 m/s）和高精度磨削时，必须进行动平衡。

1. 砂轮的静态平衡

砂轮的静平衡由人工利用静平衡工具进行，为一般工厂所常用。

静平衡的指标是使砂轮在水平导轨上的任何位置都能保持静止状态。

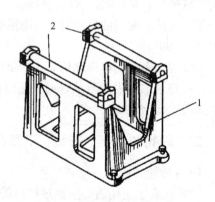

圆柱式平衡架，用于大直径砂轮的平衡；有刀口式的，其灵敏度高，用于小直径砂轮的平衡。图 8-2 所示的平衡架为圆轴式，由支架 1 和两根直径相同并且互相平行的轴 2 组成。两轴是静平衡的导轨，要求表面粗糙度 $Ra \leqslant 0.2$ μm，硬度 HRC ≥ 50，使用时必须使其处于水平位置，并在同一水平上。

图 8-2　圆轴式平衡架

1—支架；2—光滑轴

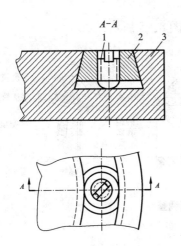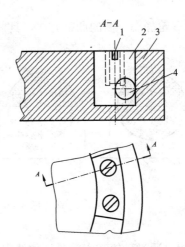

图 8 – 3 平衡块

1—螺钉；2—平衡块；3—法兰盘；4—钢珠

图 8 – 3 所示为平衡块，装在砂轮法兰盘环形槽内，结构各不相同。扇形平衡块用于尺寸较大砂轮的平衡，螺钉 1 被拧紧后，其锥端部迫使钢珠 4 向外胀开，平衡块 2 被固定在法兰盘 3 的环形槽内。圆锥形平衡块用于小尺寸砂轮，螺钉 1 可把平衡块 2 固定在法兰盘 3 的燕尾形槽内。

图 8 – 4 所示为平衡心轴，是静平衡常用的工具。使用时，将砂轮装在砂轮法兰盘上，再将法兰盘套在心轴上，与心轴锥度紧密配合后旋紧螺母 2。平衡心轴两端的轴颈 1 与轴颈 5 的实际尺寸差值应不大于 0.01 mm。其表面粗糙度 $Ra \leqslant 0.4$ μm，硬度 HRC $\geqslant$ 50，并预先经过平衡。

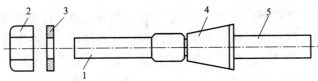

图 8 – 4 平衡心轴

1,5—轴颈(实际尺寸一致)；2—螺母；3—垫圈；4—锥体

(1)砂轮静平衡前的准备工作：

① 清洁砂轮及平衡用工具。

② 检查平衡工具的精度，调整平衡架的水平。

③ 紧固砂轮于法兰盘上，配合间隙应符合表 8 – 5 的要求。

表 8 – 5 砂轮孔与法兰盘配合间隙

砂轮孔径 /mm	配合间隙/mm	
	普通砂轮	高速砂轮
≤100	0.1 ~ 0.8	0.1 ~ 0.5
100 ~ 200	0.2 ~ 1.0	0.2 ~ 0.6
>250	0.2 ~ 1.2	0.2 ~ 0.8

（2）砂轮静态平衡的调整方法。具体的调整步骤如图8-5所示：

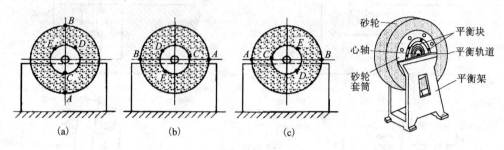

图8-5　砂轮的静态平衡调整

① 找出通过砂轮重心的最下位置点 A。

② 与 A 点在同一直径上的对应点记作 B。

③ 加入平衡块 C，使 A 和 B 两点位置不变。

④ 再加入平衡块 D、E，仍使 A 和 B 两点位置不变。如有变动，可上下调整 D、E，使 A、B 两点恢复原位。此时砂轮左、右已经平衡［见图8-5(a)］。

⑤ 砂轮转动90°，使 B 点处于水平位置，如不平衡，可移动 D，如果 B 点较轻，平衡块 D 向 B 移动；如 B 点较重，平衡块 D 离开 B 点移动［见图8-5(b)］。

⑥ 再将砂轮转180°，使 B 点处于图8-5(c)所示位置，若不平衡，再移动平衡块 E，直至砂轮在任何位置都能静止，说明砂轮已平衡好。一般要求达到使砂轮圆周8个对应点平衡。

2.砂轮的动态平衡

随着精密磨削和高速磨削的发展，在磨床上已采用自动或半自动的动态平衡装置。动态平衡装置可使磨床在运转中随时快速平衡砂轮，使砂轮在使用中始终保持良好的平衡状态。

按其结构的不同，动态平衡装置主要有机械式、电气机械式、液体式等。

按其控制方式的不同主要有手动、半自动和全自动控制方式等。

（四）砂轮的修整

砂轮在使用一段时间后，会发生钝化而丧失磨削能力或失去正确的几何形状。砂轮磨钝一般有磨粒磨钝、磨粒与磨屑黏结、砂轮堵塞、砂轮外形失真等形式。用砂轮修整工具将砂轮工作面已磨钝的表面修整以恢复切削性能和正确的几何形状。

1.修整砂轮的基本原则

应根据砂轮的性质、工件材料、工件表面精度要求及加工形式等决定砂轮表面修整的粗细及采用的修整方法。

（1）工件表面精度要求高，砂轮修整要平细。

（2）工件材料硬，接触面积大，砂轮修整要粗糙。

（3）横向、纵向进给量小时，砂轮表面要平细。

（4）粗磨比精磨的砂轮修整要粗糙。

（5）横向、纵向进给量大时，砂轮表面要粗糙。

（6）高精度、低粗糙度磨削时，砂轮应适当增加光修次数。

154

2.砂轮修整的基本方法

修整砂轮的基本方法可分为三大类：车削法、滚压法和磨削法。

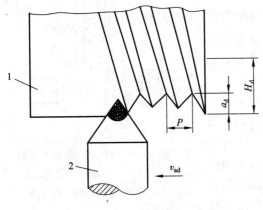

图 8 - 6　车削法修整砂轮示意图

1—砂轮；2—金刚石工具

图 8 - 7　金刚石笔

（1）车削修整法。

用金刚石车削砂轮表面（图 8 - 7），修整后的砂轮磨粒锋利，切削性能好，砂轮寿命高，能获得很高的加工精度和很小的表面粗糙度值。

车削修整法应用最广，用于各种磨削，如外圆磨、内圆磨、平面磨、工具磨、无心磨及各类专用磨削用砂轮的修整。

修整工具有单颗粒金刚石、金刚石片状修整器、金刚石笔。

单颗粒金刚石笔其顶角一般取为 70°~80°，其形状如图 8 - 8 所示。每次装夹要转动一个方位，以利用金刚石的锋锐面。用钝后要翻修重磨。金刚石颗粒大小的选择应根据砂轮直径、厚度、磨料种类、砂轮硬度和粒度等来选用。砂轮尺寸越大，粒度越粗，硬度越高，金刚石颗粒就应选得越大。

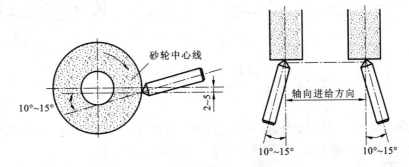

图 8 - 8　单颗粒金刚石的安装位置

车削法修整砂轮上具的安装。单颗粒金刚石的安装如图 8 - 8 所示，由于金刚石刀杆对砂轮半径安装成 10°~15°角，使金刚石在低于砂轮轴线 2~5 mm 处与砂轮相切，同时沿轴向进给方向倾斜 10°~15°的偏角，使修整的砂轮更为锋利。

（2）滚压修整法

滚压法修整多用于成形磨削。滚压时，砂轮以较低的速度带动成形的金属滚压轮旋转，由于滚轮与砂轮之间的挤压力，使磨粒产生碎裂，或者破坏结合剂的结合键使磨粒脱落。此种修整方法的结果是砂轮表面粗糙，切削性能较好但工件光洁度较差；此外，还需配备一套砂轮降速装置。

（3）磨削修整法。

磨削法的修整工具可用碳化硅磨轮。修整时，磨轮在旋转同时作纵向移动（如图 8 – 9 所示）。此时磨轮上的切削棱边将砂轮表面上的磨粒打碎。但是随后磨轮圆周表面上的磨粒也参加修整，而将砂轮工作表面上的磨粒顶端磨平，因此修整后的砂轮表面不锋利，切削性能较差，只有在没有金刚石的情况下作为一种代用的修整方法。但是在高光洁度磨削时这种修整方法也是有一定效果的。

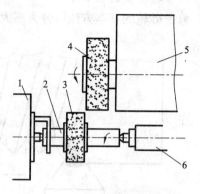

图 8 – 9　碳化硅磨轮修整砂轮

1—头架；2—心轴；3—碳化硅轮；
4—砂轮；5—砂轮架；7—尾架

第三节　磨削运动及磨削过程

一、磨削运动

在磨削过程中，砂轮和工件作相对运动，如图 8 – 10 所示。

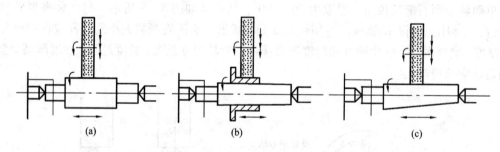

图 8 – 10　外圆磨削

（a）磨轴零件外圆；（b）磨盘套零件外圆；（c）磨轴零件锥面

磨削的方式很多，常见的如外圆、内圆、平面、成形磨削、螺纹磨削和齿轮磨削等。根据不同磨削方式的各种运动来看，可归纳为主运动和进给运动两种。

（一）主运动

砂轮的回转运动为主运动，砂轮最大直径处的切线速度即磨削速度 v_s。

$$v_s = \frac{\rho D_s n_s}{1000 \times 60} \quad （m/s）$$

式中：D_s——砂轮直径，mm；

n_s——砂轮转速，r/min。

外圆和平面磨削的磨削速度一般为 35 m/s 左右，内圆磨削速度一般为 18～30 m/s。从上式可看出，当砂轮直径因磨耗而减小时，磨削速度会降低，影响磨削质量和生产效率。因此，当砂轮直径减小到一定值时，应更换砂轮或提高砂轮转速，以保证合理的磨削速度。

(二)进给运动

1. 工件回转运动

工件回转速度计算公式

$$v_w = \frac{\pi D_w n_w}{1000} \quad (\text{m/min})$$

式中：D_w——工件直径，mm；

n_w——工件转速，r/min。

工件圆周速度一般为 10～30 m/s。按加工要求来选择，加工精度高可取较低的速度，反之取较高的速度。实际生产时，往往先选定工件速度，再计算出工件转速，以此调整机床转数。

2. 轴向进给运动

轴向进给运动指工作台在平行砂轮轴线方向上的运动。轴向进给量(纵向进给量)指工件每转(或每行程)工作台相对砂轮轴向的移动量，以 f_a(mm/r)表示。

轴向进给量受砂轮宽度的限制，在选择时可按下式计算：

$$f_a = (0.1 \sim 0.8)B \quad (\text{mm/min})$$

式中：B——砂轮宽度，mm。

3. 径向进给运动

径向进给量是指工件每转(或每行程)由工作台径向进给的位移量，以 f_r 表示。径向进给运动一般是不连续的，只是在工件每次行程终了时，砂轮才径向进给。所以进给量 f_r 以 mm/单行程或 mm/双行程表示。

二、磨削用量

磨削用量包括磨削速度 v_s、工件回转速度 v_w、轴向进给量 f_a、径向进给量 f_r，磨削用量常用数值如表 8-6 所示。

表 8-6　磨削用量常用数值

磨削方式	v_s /(m·s⁻¹)	f_r (mm/单行程或 mm/双行程)		f_a /(mm·r⁻¹)		v_w /(m·min⁻¹)	
		粗磨	精磨	粗磨	精磨	粗磨	精磨
外圆磨削	25～35	0.015～0.05	0.005～0.01	(0.3～0.7)B	(0.3～0.4)B	20～30	20～60
内圆磨削	18～30	0.005～0.02	0.0025～0.01	(0.4～0.7)B	(0.2～0.4)B	20～40	20～40
平面磨削	25～35	0.015～0.05	0.005～0.015	(0.4～0.7)B	(0.2～0.3)B	6～30	15～20

三、磨削特点

磨削加工是利用磨粒、磨具进行加工的总称，与车、铣削加工比较，具有以下特点：

（1）砂轮表面有大量磨粒，其形状、大小和分布为不规则的随机状态，参加切削的刃数随具体条件而定。磨粒刃端面圆弧半径较大，切削时呈负前角，一般为 $-85° \sim -65°$，如图 8-11 所示。

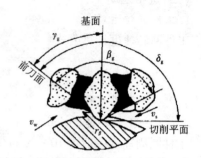

图 8-11　砂轮的磨粒切削刃参数

（2）每颗磨粒切去切屑厚度很薄，一般只有几微米，因此加工表面可获得高的精度和低的表面粗糙度。一般精度可达 IT7 ~ IT6 级，表面粗糙度可达 $Ra0.08 \sim 0.05 \ \mu m$，精密磨削可达到更高，故磨削常用在精加工工序。

（3）磨削效率高，一般磨削速度为 35 m/s 左右，约为普通刀具的 20 倍以上，可获得较高的金属切除率。同时，磨粒和工件产生强烈的摩擦、急剧的塑性变形，因而产生大量的磨削热。

（4）砂轮磨粒硬度高，热稳定性好，不但可磨钢材、铸铁等材料，还可磨各种硬度高的材料，如淬硬钢、硬质合金、玻璃、陶瓷、石材等。这些材料用一般的车、铣等很难加工。

（5）磨粒具有一定的脆性，在磨削力的作用下会破裂，从而更新其切削刃，称为砂轮的"自锐作用"。

（6）可获得较高的加工效率。不但可精加工，而且可进行粗磨、荒磨、重负荷磨削。

四、加工范围

磨削的应用范围很广，可以磨削难以切削的各种高硬度、超硬度材料；可以磨削各种表面；可用于荒加工（磨削钢坯、割浇冒口等）、粗加工、精加工和超精加工。磨削容易实现自动化。在工业发达国家中磨床在机床总数中已占25%以上。目前，磨削主要用于精加工和超精加工。磨削后尺寸公差等可达 IT6 ~ IT4 级，表面粗糙度 Ra 值可达 $0.8 \sim 0.025 \ \mu m$。

第四节　常用磨床及其组成

磨床的主要类型有外圆磨床、内圆磨床、坐标磨床、平面及端面磨床、工具磨床、刀具刃磨机床和各种专门化磨床（如曲轴磨床、凸轮轴磨床、花键轴磨床等）。

一、外圆磨床

外圆磨床是加工圆柱面、圆锥面或其他回转体的外表面和轴肩端面的磨床。

外圆磨床主要由床身、工作台、砂轮架、头架、尾架组成。

（1）床身。用于支承和连接磨床各个部件。为提高机床刚度，磨床床身一般为箱型结构，内部装有液压传动装置，上部有纵向和横向两组导轨以安装工作台和砂轮架。

（2）工作台。由上下两层组成，上工作台可相对于下工作台偏转一定角度，以便磨削锥面；下工作台下装有活塞，可通过液压机构使工作台作往复运动。液压传动系统由活塞油

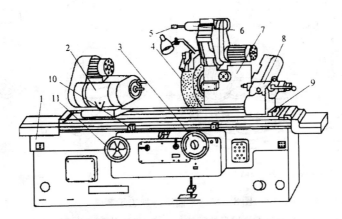

图 8－12　M1432B 型万能外圆磨床

1—床身；2—头架；3—横向进给手轮；4—砂轮；5—内圆磨头；
6—内圆磨具；7—砂轮架；8—尾座；9—工作台；10—挡块；11—纵向进给手轮

缸、换向阀、节流阀、油箱、油泵、止通阀等元件所组成。当止通阀处于"通"状态时，压力油通过止通阀流向换向阀再流至油缸的左端或右端，从而推动活塞带动工作台向右或向左运动；油缸另一端的无压力油则通过换向阀、节流阀回到油箱。工作台的往复换向是通过行程档块改变换向阀的位置来实现的，而工作台运动速度的改变是通过调节节流阀改变压力油的流量大小来实现的。

（3）砂轮架。其上安装砂轮，由单独电动机带动作高速旋转。砂轮架安装在床身的横向导轨上，可通过手动或液压传动实现横向运动。

（4）头架。用于安装工件，其主轴由电动机经变速机构带动作旋转运动，以实现轴向进给；主轴前端可安装卡盘或顶尖。

（5）尾架。安装在工作台右端，尾架套筒内装有顶尖，可与主轴顶尖一起支承工件。它在工作台上的位置可根据工件长度任意调整。

外圆磨床可磨削外圆及外台肩端面，并可转动上工作台磨削外圆锥面。某些外圆磨床还具备有磨削内圆的内圆磨头附件，用于磨削内圆柱面和内圆锥面。凡带有内圆磨头的外圆磨床习惯上称为万能外圆磨床。

二、平面磨床

平面磨床用于磨削各种零件的平面。它们由床身、工作台、立柱、拖板、磨头、进给机构等部件组成。与其他磨床不同的是工作台上装有电磁吸盘，用于直接吸住工件。

根据砂轮的工作面不同，平面磨床可分为用砂轮轮缘（即圆周）进行磨削和砂轮端面进行磨削两类。用砂轮轮缘磨削的平面磨床，砂轮主轴常处于水平位置（卧式）；而用砂轮端面磨削的平面磨床，砂轮主轴通常为立式的。

根据工作台的形状不同，平面磨床又可分为矩形工作台和圆形工作台两类。因此，根据砂轮工作面和工作台形状的不同，普通平面磨床可分为四类：卧轴矩台式平面磨床[图 8－13（a）]；卧轴圆台式平面磨床[图 8－13（b）]；立轴矩台式平面磨床[图 8－13（c）]；立轴圆台式平面磨床[图 8－13（d）]。

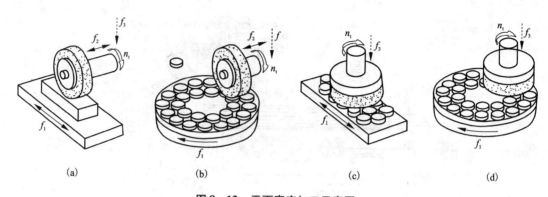

图 8 – 13　平面磨床加工示意图

(a)卧轴矩台式；(b)卧轴圆台式；(c)立轴矩台式；(d)立轴圆台式

在机械制造行业中，用得较多的是卧轴矩台式平面磨床和立轴圆台式平面磨床。

M7120A 型平面磨床介绍：

M7120A 型平面磨床是卧轴矩台平面磨床，利用砂轮的圆周面磨削各种零件的平面，也可用砂轮的端面磨削零件的垂直面。被加工零件能获得较高的精度，在 500 mm 长度上两平面的平行度不超过 0.01 mm，表面粗糙度 $Ra0.2\ \mu m$。由于该机床使用方便、操作简单而得到广泛应用。图 8 – 14 为 M7120A 型平面磨床，由床身 10、立柱 6、工作台 8、磨头 2、手轮 1、4、9 和砂轮修整器 5 等组成。

根据工件尺寸大小及结构形状，可用螺钉和压板将工件直接固定在工作台上，或放在电磁吸盘上吸住进行磨削。

长方形的工作台装在床身的水平纵向导轨上，由液压传动实现工作台的往复运动。调整撞块 7 控制换向，便可磨削不同行程的工件。

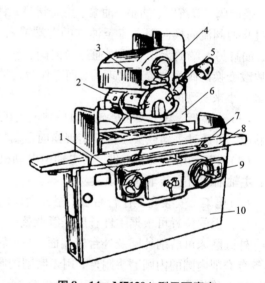

图 8 – 14　M7120A 型平面磨床

1—手轮(上作台移动)；2—磨头；3—拖板；

4—手轮(磨头横向移动)；5—砂轮修整器；6—立柱；

7—撞块；8—工作台；9—手轮(磨头垂直进给)；10—床身

本磨床装有砂轮主轴磨头 2，可沿拖板 3 的水平导轨做轴向进给，磨削时可获得自动的间歇进给。修整砂轮时靠手轮 4 可获得横向进给，拖板 3 可沿立柱的垂直导轨移动，实现磨头的垂直进给运动。摇动手轮 9 可控制磨削的垂直进给量。

第五节 磨削方法

一、磨平面

机械零件上有一些相互平行、垂直或成一定角度的平面。这些平面所要求达到的技术要求主要是平面的平面度，平面间的平行度、垂直度、倾斜度以及平面与其他要素之间的位置度，还有平面表面粗糙度。当这些要求较高时，特别是加工淬硬平面，就需要进行磨削。平面磨削通常是在平面磨床上进行，小型零件的平面也可在工具磨床上磨削，大尺寸圆盘的端面可在万能外圆磨床上用转动头架的方法磨削。

平面磨削后的表面，精度一般可达 IT6 级，表面粗糙度 Ra 达 $0.4 \sim 0.1$ μm，平行度在 100 mm 长度内为 0.01 mm。

（一）平面磨削的方法

根据磨削时砂轮工作表面的不同，平面磨削的方法可以划分成圆周面磨削和端面磨削两种方式。

1. 圆周面磨削

圆周面磨削是用砂轮的圆周面（图 8 - 12）磨削平面，砂轮与工件接触面小，磨削时发热量小，热变形小，磨削力小，排屑和冷却条件好，有利于提高磨削精度。另一方面，由于需要用间断的横向进给来完成整个工作表面的磨削，所以生产效率较低。

2. 端面磨削

端面磨削时，砂轮的工作表面是端面（图 8 - 12），砂轮端面与工件表面接触，接触面大，磨削过程中发热量大，切削液不易直接浇到磨削区，排屑困难，工件的热变形大，易烧伤，因此磨削质量较圆周磨差一些。但是另一方面，端面磨削时，砂轮主轴主要承受轴向力，主轴的弯曲变形小，刚性好，磨削用量可适当选大些。

（二）电磁吸盘的使用

电磁吸盘是平面磨削中最常使用的夹具之一，凡是由钢、铸铁等磁性材料制成的具有两个平行面的零件，都可用电磁吸盘装夹。

电磁吸盘使用十分方便，但应注意：

（1）使用中，当切断电磁吸盘的电源后，工件和电磁吸盘上仍会保留一部分磁性，即剩磁，因此，工件不易取下。这时只要将开关转到退磁位置，多次反复改变线圈中的电流方向，把剩磁去掉，工件就容易取下。

（2）对于底面积较大的工件，光滑表面间黏附力较大，再加上剩磁存在，更不容易取下工件。这时可根据工件的形状，先用木棒、铜棒或扳手（扳手钳与工件表面间应垫好铜皮），将工件扳松后再取下。要防止将工件从台面上硬拉下来而拉毛工件表面和吸盘台面。

（3）电磁吸盘台面如果拉毛，可用油石或细砂纸修光，再用金相砂纸将台面抛光。如果台面上划纹和细麻点较多，或台面已经不平时，可以对电磁吸盘台面进行一次修磨。

（三）平行平面、垂直平面和倾斜面的磨削

1. 平行平面的磨削

磨削工件上相互平行的两个平面或平行于某一基准面的平面，是平面磨削的主要工作内

161

容。磨削平行面需要达到的技术要求是：平面本身的平面度和表面粗糙度、两平面间的平行度及尺寸精度。一般磨削步骤是：

(1)应首先清除工件定位底面的毛刺和热处理后的氧化层。工具一般选择锉刀、砂皮、油石或废旧砂轮块等。同时检查工件的磨削余量。工件批量大时，可根据余量多少分组分批磨削。

(2)将工件排列在电磁吸盘上并通电将工件吸住。

(3)启动机床液压油泵，砂轮作连续横向进给移动至工件上方；摇动垂直进刀手轮，调整磨头高度；调整纵向进给挡铁。

(4)磨削方法。

① 横向磨削法。横向磨削法是最常用的一种方法。每当工作台纵向行程终了时，砂轮主轴做一次横向进给，待工件上磨去一层余量后，砂轮再做垂直进给，直至切除全部余量[图8-15(a)]。为获得较高的平行度，可将工件翻身，反复多磨几次。

② 切入磨削法。当砂轮宽度 B 大于工件磨削面宽度 b 时，可采用切入磨削法[图8-15(b)]。磨削时，砂轮不做横向进给，节省了机动时间。在磨削将结束时，砂轮做适当横向移动，可减低工件表面的粗糙度。

③ 深磨削法。深磨削法是一种高效磨削方法。粗磨时，采用阶梯砂轮可提高垂直进给量。精磨时阶梯砂轮可改善砂轮的受力情况，对减低工件表面粗糙度和减小平行度误差是有利的。根据工件的磨削余量，将砂轮修整成阶梯形[图8-15(c)]，并采用较小的横向进给量。运用这种方法，机床必须有较高的刚度。

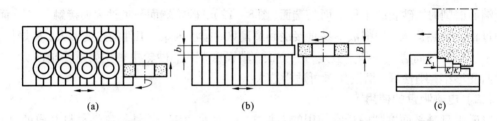

(a)　　　　　　　(b)　　　　　　　(c)

图8-15　横向磨削法

(a)横向磨削法；(b)切入磨削法；(c)深磨削法

2.垂直平面磨削

垂直平面是指被磨平面与基准平面成90°角的平面。工件装夹的方法很多，如用精密平口钳装夹工件、用精密角铁装夹工件、用导磁直角铁装夹工件、用精密V形铁装夹工件、用垫纸法磨削垂直面等，但不论哪种方法都要保证平面间的垂直度要求和表面粗糙度。

(1)用精密平口钳装夹工件。

磨削垂直面时，先把平口钳的底平面吸紧在电磁吸盘上，再把工件夹在钳口内，先磨削第一面，然后把平口钳连同工件一起翻转90°，将平口钳侧面吸紧在电磁吸盘上，再磨削垂直面。

(2)用精密角铁装夹工件

精密角铁是用铸铁制成的，具有两个相互垂直的工作平面(图8-16)，垂直度公差为0.005 mm，因此可以达到较高的加工精度。磨削时先将角铁吸紧在电磁吸盘上，把工件精加工过的面紧贴在角铁的垂直面上，再用百分表找正被加工平面成水平位置，最后用压板将工件压紧。这种方法可以获得较高的垂直精度，适用于工装夹具的制造。

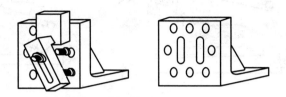

图 8 – 16   用精密角铁装夹工件

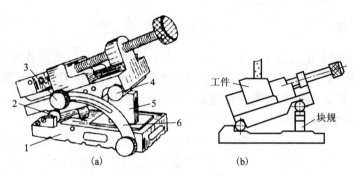

(a)   (b)

图 8 – 17   用正弦精密平口钳装夹工件

1—底座；2—正弦圆柱；3—螺钉；
4—正弦圆柱；5—块规；6—撑条

3. 倾斜面磨削

倾斜面与基准平面的倾斜程度可以用斜角或斜度来表示。斜角 β 即二面间夹角，斜度 S 是表示棱体斜面大、小端高度之差与棱体长度的比。

斜度 S 与角度 β 之间的关系为：

$$S = \tan\beta$$

工件装夹的方法有用正弦精密平口钳装夹、用正弦电磁吸盘装夹、用导磁 V 形铁装夹、用正弦规和精密角铁装夹等。

（1）用正弦精密平口钳装夹。

正弦精密平口钳主要由带精密平口钳的正弦规与底座组成［图 8 – 17(a)］。将工件装夹在平口钳中，在正弦圆柱 4 和底座 1 的定位面之间垫入块规 5，使正弦规与工件一起倾斜成需要的角度，即待磨平面处于水平位置［图 8 – 17(b)］，将正弦圆柱 2 用锁紧装置紧固在底座的定位面上，同时拧紧螺钉 3，通过撑条 6 把正弦规紧固，这样便可进行磨削了。这种装置最大的倾斜角为 45°。

（2）用正弦电磁吸盘装夹。

把正弦精密平口钳的平口钳换成电磁吸盘，便成了正弦电磁吸盘［图 8 – 18(a)］了。工件安装时在纵向行程方向应找正。这种装置最大的倾斜角同样为 45°，适用于磨削扁平工件［图 8 – 18(b)］。

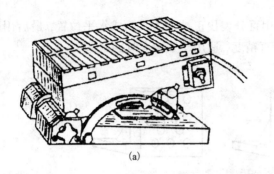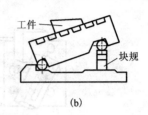

(a)　　　　　　　　　　　　　(b)

图 8 – 18　用正弦电磁吸盘装夹工件

(a)正弦电磁吸盘；(b)在正弦电磁吸盘上加上斜面

二、磨外圆面

外圆磨削是磨削加工最基本的形式之一。外圆磨削的对象主要是各种圆柱体、圆锥体、带肩台阶轴、环形工件以及旋转曲面。外圆磨削的尺寸精度可达 IT7 ~ IT6 级，表面粗糙度一般能达到 $Ra0.8 ~ 0.2\ \mu m$，采用低粗糙度磨削工艺可达 $Ra0.16 ~ 0.01\ \mu m$。

(一)外圆磨削方法

外圆磨削的方法很多，常用的有轴向磨削法、径向磨削法、分段磨削法和深度磨削法等四种。磨削时一般根据工件的形状、尺寸、磨削余量、磨削要求以及工件的刚性来选择合适的磨削方法。

1. 轴向磨削法

磨削时，工件做低速转动(圆周进给)并和工作台一起做直线往复运动(轴向进给)，当每一轴向行程或往复行程终了时，砂轮按要求的磨削深度做一次径向进给 f_r(图 8 – 19)，每次 f_r 很小，磨削余量要在多次往复行程中磨去。这种轴向往复的磨削方法称为轴向磨削法。

砂轮在工件做往返运动时，超越工件两端的长度一般取 $1/3 ~ 1/2B$(B 为砂轮的宽度)。

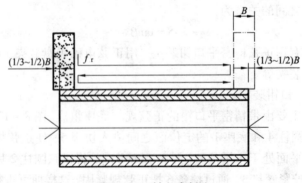

图 8 – 19　轴向磨削法

2. 径向磨削法

径向磨削法又称切入磨削法，即砂轮以很慢的速度连续(或断续)向工件作径向进给运动，工作台无轴向往复运动，如图 8 – 20 所示，当砂轮的宽度 B 大于工件磨削长度 l 时，砂轮

164

可径向切入磨削，磨去全部加工余量。

3. 阶段磨削法

阶段磨削法又称综合磨削法或混合磨削法，是轴向磨削和径向磨削的综合。也就是说，先将工件分成若干小段，用径向磨削法逐段进行粗磨[图8-21(a)]，留精磨余量0.03～0.04 mm，然后再用轴向磨削法精磨工件至要求尺寸[图8-21(b)]。这种方法既有径向磨削法生产效率高的优点，又兼有轴向磨削法加工精度高的优点。分段磨削时，相邻两段间应有5～15 mm的重叠，以保证各段外圆能够衔接好。

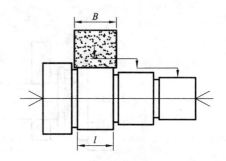

图8-20　径向磨削法

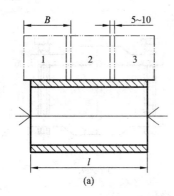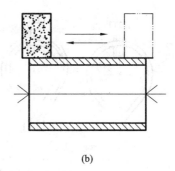

图8-21　阶段磨削法

（二）工件的装夹

在磨床上磨削工件，工件的装夹十分重要。工件的装夹包括定位和夹紧两个部分。工件定位要正确，夹紧要可靠有效，否则会影响加工精度以及操作的安全。生产中工件一般用两顶尖装夹，但有时根据工件的形状和磨削要求也用卡盘装夹。

1. 用两顶尖装夹工件

用两顶尖装夹工件是一种常用的装夹方法（图8-22），工件两端中心孔的锥面分别支承在两顶尖（5和8）的锥面上，形成工件外圆的轴线定位，夹紧来自尾座顶尖8的顶紧力，头架1上的拨盘2和拨杆3带动夹头4和工件7旋转。磨床采用的顶尖都是固定在头架和尾座的锥孔内的，是不旋转的。因此只要工件中心孔和顶尖的形状和位置正确，装夹合理，可以使工件的旋转轴线始终固定不变，就能获得很高的圆度和同轴度。

两顶尖装夹工件的特点是：定位精度高，装卸工件方便、迅速。

（1）夹头。图8-22中的夹头4起带动工件旋转的作用，常用的几种夹头如图8-23所示。

（2）顶尖。顶尖的作用：顶尖用来装夹工件，确定工件的回转轴线，承受工件的重力和磨削时的磨削力。

顶尖的结构和种类：顶尖由头部、颈部、柄部组成。顶尖的头部为60°圆锥体，与工件中

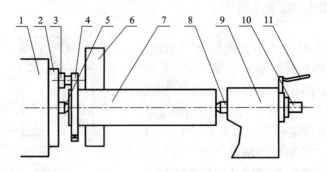

图8-22 两顶尖装夹工件

1—头架；2—拨盘；3—拨杆；4—夹头；5—头架顶尖；6—砂轮；7—工件；
8—尾座顶尖；9—尾座；10—工件顶紧压力调节扳手；11—扳动手柄

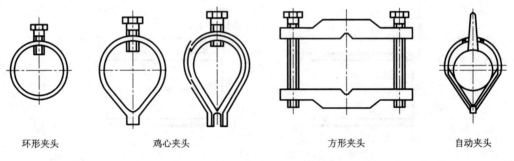

环形夹头　　　　　　鸡心夹头　　　　　　方形夹头　　　　　　自动夹头

图8-23 夹头

心孔相配合，用来定位和支承工件，颈部为过渡圆柱。柄部为莫氏圆锥，与头架主轴孔或尾座套筒锥孔相配合，固定在头架或尾座上。图8-24所示为各种顶尖，以适合不同工件的装夹。

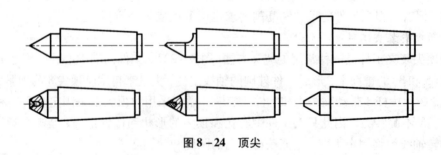

图8-24 顶尖

（3）用两顶尖装夹工件的步骤（图8-22）。

① 顶尖。根据工件中心孔的形状和尺寸选择合适的顶尖（5和8），并把顶尖安装在头架1和尾座9的圆锥孔内，检查两顶尖是否对正。

② 调整。根据工件的长度调整头架1与尾座9的距离并加以紧固，同时要检查尾座的顶紧力，转动工件顶紧压力调节把手10，使工件的顶紧力松紧适度。

③夹头。用夹头4夹紧工件的一端，夹持精密的表面，可垫上铜皮以不留夹持痕迹。夹头的重量要分布均匀，否则转动时的离心力会影响磨削质量。

④润滑。用干净的棉纱擦干净工件中心孔，并注入润滑油或润滑脂。

⑤左端。左手托住工件，将工件有夹头的一端中心孔支承在头架顶尖5上。

⑥右端。用手扳动手柄11，使尾座顶尖8收缩，将工件右端靠近顶尖，放松扳动手柄，使尾座顶尖逐渐伸出，将尾座顶尖慢慢引入中心孔内，顶紧工件。

⑦旋转。调整拨杆3的位置，使其能带动夹头旋转。

⑧检查。点动主轴，检查工件旋转情况，运转正常后方可进行磨削。

2. 用三爪或四爪卡盘装夹工件

如一些零件端面不能留中心孔，可以用三爪定心卡盘来装夹圆柱形工件，用四爪卡盘来装夹外形不规则的工件。

用卡盘装夹工件时需注意：

（1）检查卡盘与头架主轴的同轴度，有误差必须找正。

（2）找正时，装夹力适当小些，目测工件摆动情况，用铜棒轻敲工件到大致符合要求，再用百分表准确找正，跳动控制在0.05 mm左右。

（3）夹持精加工表面时，必须垫铜皮。

3. 用卡盘和顶尖装夹工件

工件比较长而且只有一端有中心孔时，可以采用这种装夹方法。

三、磨内圆

内圆磨削可以磨削圆柱孔、圆锥孔、圆柱孔或圆锥孔端面以及成形内表面。内圆磨削的尺寸精度可以达到IT7～IT6级，表面粗糙度$Ra0.8～0.2\ \mu m$。采用高精度内圆磨削工艺，尺寸精度可以控制在0.005 mm以内，表面粗糙度$Ra0.1～0.025\ \mu m$。

为了保证磨孔的质量和提高生产率，必须根据磨孔的特点，合理地使用砂轮和接长轴，正确选择磨削用量。内圆磨削方法如下。

1. 纵向磨削法

内圆的纵向磨削法与外圆的纵向磨削法相同，也是应用得很广泛的磨削方法之一。

（1）光滑通孔磨削。

① 工艺确定。

根据工件的磨削余量、加工精度和表面粗糙度确定粗、精磨削。粗磨时可采用较大的切削用量，磨去大部分余量，精磨时可以使砂轮接长轴在最小的弹性变形状态下工作，以提高磨削精度。

② 砂轮直径、接长轴长度选择。

根据孔径和孔长，选择合适的砂轮直径和接长轴长度，接长轴的刚度要好，长度略大于孔的长度（图8-25）。接长轴太长，磨削时易产生振动，影响磨削效率和加工质量。

③ 调整工作台行程。

行程长度T应根据工件长度L和砂轮在孔端的越程计算。

（2）光滑不通孔的磨削。

光滑不通孔的磨削与通孔磨削相似，但需注意以下几点：

①　左挡铁必须调整正确，防止砂轮端面与孔底相撞。可先按孔深在外壁上做记号，在砂轮和工件均不转动时，移动工作台纵向行程，到位置后紧好挡铁。

②　为防止产生顺锥，可以在孔底附近做几次短距离的往复行程，砂轮在孔口的越程要小些。

③　及时清除孔内的磨屑。

2. 径向磨削法

径向磨削法与外圆径向磨削法相同，适用于工件长度不大的内孔磨削，生产效率高，如图 8 – 26 所示。

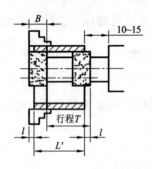

图 8 – 25　砂轮超越孔口长度

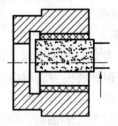

图 8 – 26　径向磨削内孔

第九章
钳　工

第一节　概　述

钳工基本操作包括划线、錾削、锯割、锉削、钻孔、扩孔、锪孔、铰孔、攻螺纹、套螺纹、装配、刮削、研磨、矫正和弯曲、铆接、黏接、测量以及作标记等。

钳工的工作范围主要有：

(1)用钳工工具进行修配及小批量零件的加工。

(2)精度较高的样板及模具的制作。

(3)整机产品的装配和调试。

(4)机器设备(或产品)使用中的调试和维修。

随着机械工业的日益发展，钳工的工作范围愈来愈广泛，技术内容也愈加复杂，于是产生了专业性的分工，有装配钳工、工具钳工和机修钳工等，以适应不同工作的需要。其中，装配钳工主要从事机器或部件的装配和调整工作以及一些零件的钳加工工作；工具钳工主要从事模具、工具、量具及样板的制作；机修钳工主要从事各种机器设备的维修工作。

一、钳工的加工特点

钳工是一个技术工艺比较复杂、加工程序细致、工艺要求高的工种，以手工操作为主，具有使用工具简单、加工多样灵活、操纵方便和适应面广，可以完成用机械加工不方便或难于完成的工作等特点。因此，尽管钳工大部分是手工操作，劳动强度大，对工人技术水平要求也高，但在机械制造和修配工作中，钳工仍是必不可少的重要工种。

二、钳工常用的设备和工具

(一)钳工工作台和虎钳

1. 钳工工作台

钳工工作台也称为钳桌、钳台，用于安装台虎钳，进行钳工操作。有单人使用和多人使用的两种，用硬质木材或钢材做成，台面上铺上钢板。钳台的高度一般以 800 ~ 900 mm 为宜，其长度和宽度可随工作需要而定。台面上安装台虎钳时，安装的合适高度恰好齐人手肘，如图 9 - 1 所示。

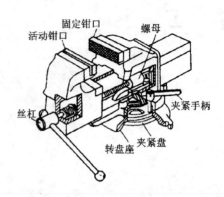

图 9 - 1　钳台及安装

1—钳台；2—台虎钳；3—防护网

图 9 - 2　回转式台虎钳

2. 台虎钳

台虎钳是钳工最常用的一种夹持工具。凿切、锯割、锉削以及许多其他钳工操作都是在台虎钳上进行的。其规格是用钳口的宽度表示，常用的有 100 mm(4 英寸)、125 mm(5 英寸)和 150 mm(6 英寸)等。钳工常用的台虎钳有固定式和回转式两种。如图 9 - 2 所示，为回转式台虎钳的结构图。两者的主要结构和工作原理基本相同，由于回转式台虎钳的整个钳身可以回转，能满足各种不同方位的加工需要，使用方便，应用广泛。

台虎钳的正确使用和维护：

(1)台虎钳在钳台上安装时，一定要使固定钳身的钳口工作面处于钳台边缘之外，以便在夹持长的工件时，不使工件的下端受到钳台边缘的阻碍。

(2)台虎钳必须牢固地固定在钳台上。工作时两个夹紧螺钉必须扳紧，保证钳身没有松动现象，以免台虎钳损坏和影响加工质量。

(3)夹紧工件时只允许依靠手的力量扳紧手柄，不能用手锤敲击手柄或套上长管子扳手柄，以免丝杠、螺母或钳身因受力过大而损坏。

(4)强力作业时，应尽量使力量朝向固定钳身，否则丝杠和螺母会受到较大的力，导致螺纹损坏。

(5)不要在活动钳身的光滑平面上进行敲击作业，以免降低它与固定钳身的配合性能。

(6)丝杠、螺母和其他活动表面，都应经常加油润滑和防锈，并保持清洁，延长使用寿命。

(二)钻床和手电钻

1. 钻床

是用于孔加工的一种机械设备，它的规格用可加工孔的最大直径表示，其品种、规格颇多。其中最常用是台式钻床(台钻)，如图 9 - 3(a)所示。这类钻床小型轻便，安装在台面上使用，操作方便且转速高，适于加工中、小型零件上直径在 16 mm 以下的小孔。

2. 手电钻

图 9 - 3(b)所示为两种手电钻的外形图，主要用于钻直径 12 mm 以下的孔，常用于不便

使用钻床钻孔的场合。手电钻的电源有单相(220 V、36 V)和三相(380 V)两种。根据用电安全条例，手电钻额定电压只允许36 V。手电钻携带方便，操作简单，使用灵活，应用较广泛。

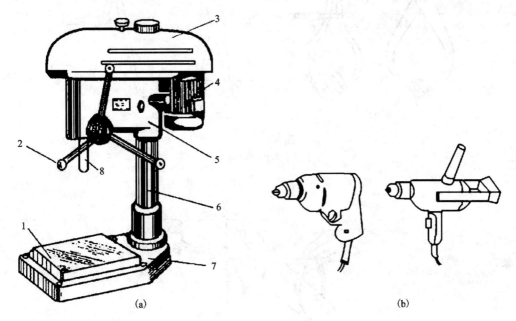

图9-3　孔加工设备

(a)台式钻床；(b)手电钻

1—工作台；2—进给手柄；3—主轴；4—带罩；5—电动机；6—主轴架；7—立柱；8—机座

(三)钢直尺和直角尺

1.钢直尺

钢直尺是最简单的长度量具，用不锈钢片制成，可直接用来测工件尺寸，如图9-4所示。它的测量长度规格有150、200、300、500 mm几种。测量工件的外径和内径尺寸时，常与卡钳配合使用。测量精度一般只能达到0.2～0.5 mm。

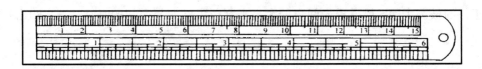

图9-4　钢直尺

2.卡钳

卡钳是一种间接度量工具，常与钢直尺配合使用，用来测量工件的外径和内径。卡钳分内卡钳和外卡钳两种，如图9-5所示，其使用方法如图9-6所示。

3.直角尺

直角尺又叫弯尺或靠尺，是用来测量工件上的直角、或在装配中检查零件间相互垂直情况的工具，也可以用来划线。

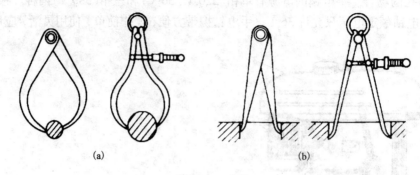

图 9-5 卡钳

(a)外卡钳；(b)内卡钳

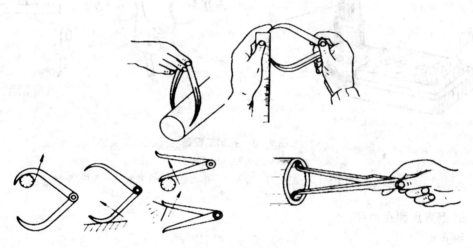

图 9-6 卡钳的使用

直角尺的种类很多，最常用的如图 9-7 所示。它由长边和短边构成，长边的前后面和短边的上下面是工作面。测量时，将直角尺的一个测量面靠在工件的基准面上，另一个测量面靠向工件的被测表面，根据透光间隙的大小来判断工件两邻面间的垂直情况（如图 9-8 所示）。

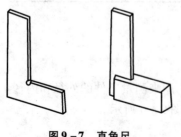

图 9-7 直角尺

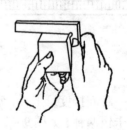

图 9-8 直角尺的使用

172

(四)游标卡尺

游标卡尺是一种中等精度的量具,可直接测量工件的外径、内径、长度、宽度和深度等尺寸。按用途不同,游标卡尺可分为普通游标卡尺、游标深度尺、游标高度尺等几种。游标卡尺按测量范围可分为 0 ~ 100 mm、0 ~ 125 mm、0 ~ 150 mm、0 ~ 200 mm、0 ~ 300 mm、0 ~ 400 mm、0 ~ 500 mm、0 ~ 600 mm、0 ~ 800 mm、0 ~ 1000 mm、0 ~ 1200 mm 共 11 种规格,其测量精度有 0.10(1/10) mm、0.05(1/20) mm、0.02(1/50) mm、0.01(1/100) mm 四种。常用的为 0.02 mm 精度的游标卡尺。

1. 游标卡尺的结构

图 9 – 9 是两种常用游标卡尺的结构形式。

2. 游标卡尺的读数方法

(1)查出游标零线前主尺上的整数;

(2)在游标上查出与主尺刻线对齐的那一条刻线;

(3)将主尺上的整数和游标上的小数相加:

工件尺寸 = 主尺整数 + 游标格数 × 卡尺精度(如图 9 – 10 所示)

3. 游标卡尺的使用方法

使用方法如图 9 – 11 所示。

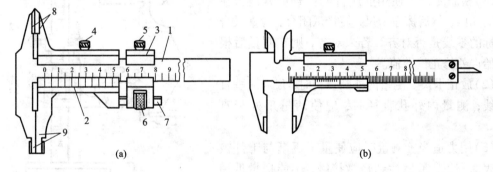

图 9 – 9　游标卡尺

(a)可微动调节的游标卡尺;(b)带侧深杆的游标卡尺

1—主尺;2—副尺(游标);3—辅助游标;4、5—螺钉;6—微动螺母;7—小螺杆;8、9—量爪

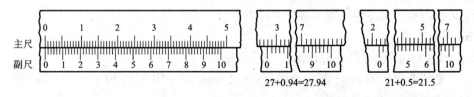

$$27+0.94=27.94$$

$$21+0.5=21.5$$

图 9 – 10　1/50 mm 游标卡尺的读数方法

4. 高度游标卡尺

高度游标卡尺俗称高度尺,常用来测量工件的高度尺寸或精密划线。

高度游标卡尺主要由主尺、游标、底座、划线爪、测量爪和固定螺钉等组成,它们都装在

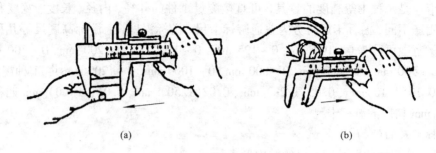

(a)   (b)

图 9-11　游标卡尺的使用

(a)测外表面尺寸;(b)测内表面尺寸

底座上(底座下面为工作平面),如图 9-12 所示。
测量爪有两个测量面:下测量面为平面,用来测量
高度;上测量面为弧形,用来测量曲面高度。当用
高度游标卡尺划线时,必须装上专用的划线装置。

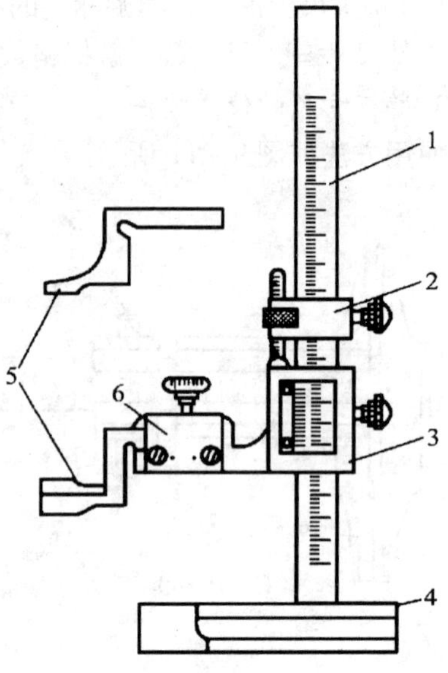

使用游标卡尺时应注意的事项:

(1)检查零线。使用前应首先检查量具是否在
检定周期内,然后擦净卡尺,使量爪闭合,检查尺身
与游标的零线是否对齐。若未对齐,则在测量后根
据原始误差修正读数值。

(2)放正卡尺。测量内外圆直径时,尺身应垂直
于轴线;测量内外孔直径时,应使两量爪处于直
径处。

(3)用力适当。测量时应使量爪逐渐与工件被
测量表面靠近,最后达到轻微接触,不能把量爪用
力抵紧工件,以免变形和磨损,影响测量精度。读
数时为防止游标移动,可锁紧游标;视线应垂直于
尺身。

(4)勿测毛坯面。游标卡尺仅用于测量已加工
的表面,表面粗糙的毛坯件不能用游标卡尺测量。

图 9-12　高度游标卡尺

1—主尺;2—微调部分;3—副尺;

4—底座;5—划线爪与测量爪;6—固定架

(五)千分尺 ·

千分尺(又称分厘卡)是一种比游标卡尺更精密
的量具,测量精度为 0.01 mm,测量范围有 0~25 mm、25~50 mm、50~75 mm 等规格。常用
的千分尺分为外径千分尺和内径千分尺。

外径千分尺的构造如图 9-13 所示。

千分尺的测微螺杆 3 和微分筒 7 连在一起,当转动微分筒时,测微螺杆和微分筒一起沿
轴向移动。内部的测力装置是使测微螺杆与被测工件接触时保持恒定的测量力,以便测出正
确尺寸。当转动测力装置时,千分尺两测量面接触工件。超过一定的压力时。棘轮 10 沿着

174

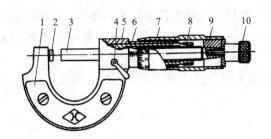

图 9 – 13　外径千分尺

1—尺架；2—砧座；3—测微螺杆；4—锁紧装置；5—螺纹轴套
6—固定套管；7—微分筒；8—螺母；9—接头；10—棘轮

内部棘爪的斜面滑动，发出嗒嗒的响声，这就可读出工件尺寸。测量时为防止尺寸变动，可转动锁紧装置 4 通过偏心锁测微螺杆 3。

　　千分尺的读数机构由固定套管和微分筒组成（图 9 – 14），固定套管在轴线方向上有一条中线，中线上、下方都有刻线，相互错开 0.5 mm；在微分筒左侧锥形圆周上有 50 等份的刻度线。因测微螺杆的螺距为 0.5 mm，即螺杆转一周，同时轴向移动 0.5 mm，故微分筒上每一小格的读数为 0.5/50 = 0.01 mm，所以千分尺的测量精度为 0.01 mm。测量时，读数方法分三步。

　　(1)先读出固定套管上露出刻线的整毫米数和半毫米数(0.5 mm)，注意看清露出的是上方刻线还是下方刻线，以免错读 0.5 mm。

　　(2)看准微分筒上哪一格与固定套管纵向刻线对准，将刻线的序号乘以 0.01 mm，即为小数部分的数值。

　　(3)上述两部分读数相加，即为被测工件的尺寸。

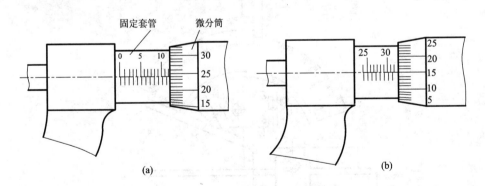

图 9 – 14　千分尺的刻线原理与读数方法

(a)读数 = (12 + 0.24)mm = 12.24 mm；(b)读数 = (32.5 + 0.15)mm = 32.65 mm

使用千分尺应注意以下事项：

　　(1)校对零点。将砧座与螺杆接触，看圆周刻度零线是否与纵向中线对齐，且微分筒左侧棱边与尺身的零线重合，如有误差，修正读数。

　　(2)合理操作。手握尺架，先转动微分筒，当测微螺杆快要接触工件时，必须使用端部棘轮，严禁再拧微分筒。当棘轮发出嗒嗒声时应停止转动。

（3）擦净工件测量面。测量前应将工件测量表面擦净，以免影响测量精度。

（4）不偏不斜。测量时应使千分尺的砧座与测微螺杆两侧面准确放在被测工件的直径处，不能偏斜。

图9-15所示是用来测量内孔直径及槽宽等尺寸的内径千分尺。其内部结构与外径千分尺相同。

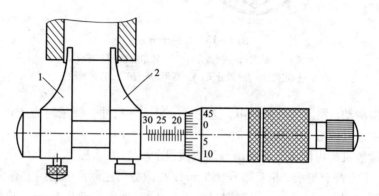

图9-15　内径千分尺

（六）角度尺

万能游标量角器可以测量零件和样板等的内外角度，测量范围为0°~320°，标准分度值有2′和5′两种。

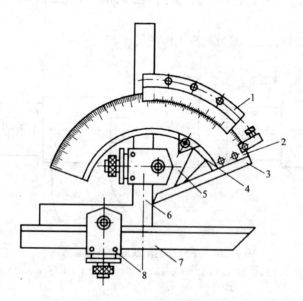

图9-16　万能游标量角器

1—游标；2—扇形板；3—基尺；4—制动器；5—底板；6—角尺；7—直尺；8—夹紧块

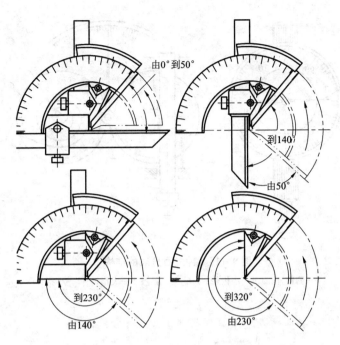

由0°到50°

到140°

由50°

到230°

由140°

到320°

由230°

图9-17 万能游标量角器的应用

1. 万能游标量角器的结构(图9-16)

在扇形板2上刻有间隙为1°的刻度线,共120格。游标1固定在底板5上,它可以沿扇形板转动,上面刻有30格刻度线,对应扇形板上的刻度数为29度,则游标上每格度数 = 29/30 = 58′,扇形板与游标每格相差1° - 58′ = 2′。夹紧块8将角尺6和直尺7固定在底板5上。

2. 万能量角器的读数方法

万能游标量角器的读数方法和游标卡尺相似,先从主尺上读出副尺零线前的整度数,再从副尺上读出角度"分"的数值,两者相加就是被测体的角度数值。

3. 万能游标量角器的使用方法

由于角尺和直尺可以移动和拆换,就使万能游标量角器可以测量0°~320°的任何角度。由图9-17可以看出,角尺和直尺全装上时,可测量0°~50°的角度;仅装上直尺时,可测量50°~140°的角度;仅装上角尺时,可测量140°~230°的角度;把角尺和直尺全拆下时,可测量230°~320°的角度。

(七)百分表

百分表是一种指示量具,主要用于校正工件的装夹位置、检查工件的形状和位置误差及测量工件内径等。百分表的刻度值为0.01 mm、刻度值为0.001 mm的叫千分表。

钟式百分表的结构原理如图9-18所示。当测量杆1向上或向下移动1 mm时,通过齿轮传动系统带动大指针5转一圈,小指针7转一格。刻度盘在圆周上有100个等分格,每格的读数值为0.01 mm,小指针每格读数为1 mm。测量时指针读数的变动量即为尺寸变化量。小指针处的刻度范围为百分表的测量范围。钟式百分表装在专用的表架上使用(图9-19)。

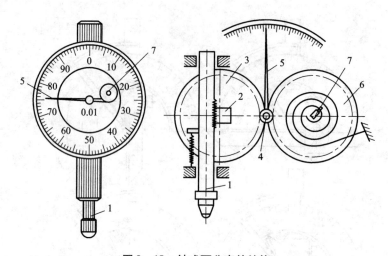

图 9 – 18　钟式百分表的结构

1—测量杆；2,4—小齿轮；3,6—大齿轮；5—大指针；7—小指针

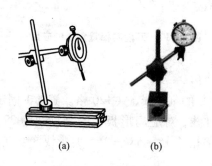

(a)　　　　　　(b)

图 9 – 19　百分表架

（a）普通表架；（b）磁性表架

三、量具维护与保养

量具是用来测量工件尺寸的工具，在使用过程中应加以精心的维护与保养，才能保证零件测量精度，延长量具的使用寿命。因此，必须做到以下几点：

（1）在使用前应擦干净，用完后必须拭洗干净、涂油并放入专用量具盒内。

（2）不能随便乱放、乱扔，应放在规定的地方。

（3）不能用精密量具去测量毛坯尺寸、运动着的工件或温度过高的工件，测量时用力适当，不能过猛、过大。

（4）量具如有问题，不能私自拆卸修理，应交实习指导教师处理。精密量具必须定期送计量部门鉴定。

第二节 划线、锯削和锉削

划线、锯削及锉削是钳工中主要的工序，是机器维修装配时不可缺少的钳工基本操作。

一、划线

根据图样要求在毛坯或半成品上划出加工图形、加工界限或加工时找正用的辅助线称为划线。

划线分平面划线和立体划线两种，如图 9 - 20 所示。平面划线是在零件的一个平面或几个互相平行的平面上划线。立体划线是在工作的几个互相垂直或倾斜平面上划线。

划线多数用于单件、小批生产，新产品试制和工、夹、模具制造。划线的精度较低；用划针划线的精度为 0.25 ~ 0.5 mm，用高度尺划线的精度为 0.1 mm 左右。

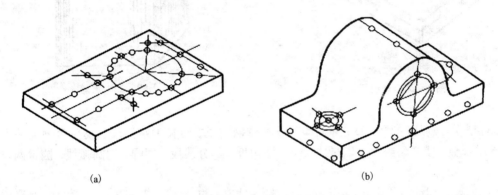

(a)   (b)

图 9 - 20 划线的种类

(a)平面划线；(b)立体划线

划线的目的：

(1)划出清晰的尺寸界线以及尺寸与基准间的相互关系，既便于零件在机床上找正、定位，又使机械加工有明确的标志。

(2)检查毛坯的形状与尺寸，及时发现和剔除不合格的毛坯。

(3)通过对加工余量的合理调整分配(即划线"借料"的方法)，使零件加工符合要求。

(一)划线工具

划线工具按用途分类：

(1)基准工具。划线平板、方箱、V 形铁、三角铁、弯板(直角板)以及各种分度头等。

(2)量具。钢板尺、量高尺、游标卡尺、万能角度尺、直角尺以及测量长尺寸的钢卷尺等。

(3)绘划工具。划针、划线盘、高度游标尺、划规、划卡、平尺、曲线板、手锤、样冲等。

(4)辅助工具。垫铁、千斤顶、C 形夹头和夹钳以及找中心划圆时打入工件孔中的木条、铅条等。

(1)划线平板。一般由铸铁制成。工作表面经过精刨或刮削，也可采用精磨加工而成。较大的划线平板由多块组成，适用于大型工件划线。它的工作表面应保持水平并具有较好的平面度，是划线或检测的基准，如图9-21所示。

（2）方箱。方箱（图9-22）一般由铸铁制成，各表面均经刨削及精刮加工，六面成直角，工件夹到方箱的V形槽中，能迅速地划出三个方向的垂线。

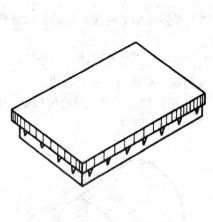

图9-21　划线平板

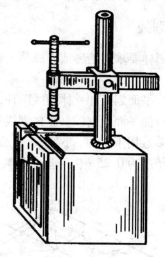

图9-22　方箱

（3）划规。划规（图9-23）由工具钢或不锈钢制成，两脚尖端淬硬，或在两脚尖端焊上一段硬质合金，使之耐磨。可以量取尺寸、定角度、等分线段、划圆、划圆弧线、测量两点间距离等。

（4）划针。划针一般由$\phi 4 \sim 6$ mm弹簧钢丝或高速钢制成，尖端淬硬，或在尖端焊接上硬质合金。划针是用来在被划线的工件表面沿着钢板尺、直尺、角尺或样板进行划线的工具，有直划针和弯头划针之分，如图9-24所示。

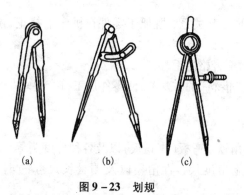

图9-23　划规

（a）普通划规；（b）扇形划规；（c）弹簧划规

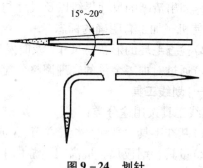

图9-24　划针

（5）样冲。样冲用于在已划好的线上冲眼，以保证划线标记、尺寸界限及确定中心。样冲一般由工具钢制成，尖梢部位淬硬，也可以由较小直径的报废铰刀、多刃铣刀改制而成，如图9-25所示。

180

（6）普通划线盘。普通划线盘是在工件上划线和校正工件位置常用的工具。普通划线盘的划针一端（尖端）一般都焊上硬质合金作划线用，另一端制成弯头，是校正工件用的。普通划线盘刚性好、不易产生抖动，应用很广，如图9－26所示。

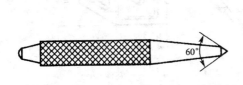

图9－25　样冲

图9－26　普通划线盘

（7）微调划线盘。微调划线盘使用方法与普通划线盘相同，不同的是其具有微调装置，拧动调整螺钉，可使划针尖端有微量的上下移动，使用时调整尺寸方便，但刚性较差，如图9－27所示。

（8）千斤顶。千斤顶通常三个一组使用，螺杆的顶端淬硬，一般用来支承形状不规则、带有伸出部分的工件和毛坯件，以进行划线和找正工作，如图9－28所示。

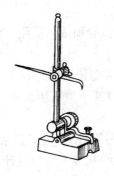

图9－27　微调划线盘

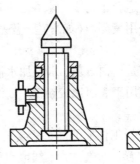

图9－28　千斤顶

（9）V形铁。V形铁一般由铸铁或碳钢精制而成，相邻各面互相垂直，主要用来支承轴、套筒、圆盘等圆形工件，便于找中心和划中心线，保证划线的准确性，如图9－29所示。

（二）划线方法与步骤

划线前的准备：

1.工具准备

划线前必须根据工件划线的图形及各项技术要求，合理选择所需要的各种工具，并且要对每件工具进行检查和校验。如有缺陷，应进行修正和调整，否则将影响划线的质量。

2.工件准备

（1）工件清理：毛坯上的污垢、氧化铁皮、飞边、泥土，铸件上残留的型砂、浇注口，半成品上的毛刺、铁屑和油污等都必须清除干净。尤其是划线的部位，更应仔细清理，以保证划线质量。

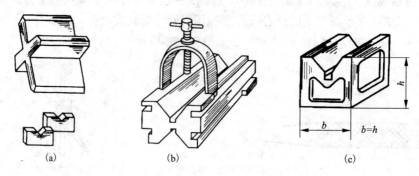

图 9－29　V 形铁

(a)普通 V 形铁；(b)带有夹持架的 V 形铁；(c)精密 V 形铁

(2)工作检查：划线工件经过清理后，要进行详细的检查。检查的目的是预先发现零件上的气泡、缩孔、砂眼、裂纹、歪斜以及形状和尺寸方面的缺陷。在认定经过划线之后能够消除缺陷或这些缺陷不会造成废品，才进行下一步工作。

(3)工件表面涂色：为了使划线清晰，工件上的划线部位应该涂色。涂色材料的种类很多，常用的有以下几种：

①硫酸铜溶液：把硫酸铜溶液刷在工件上，则形成一层很薄的铜膜，所划线条十分鲜明清晰，这种涂料最适合于精度要求高、形状复杂的工件划线。

②紫色：它是用紫颜料(如青莲、蓝基绿)加漆片、酒精混合而成。适用于已加工的工件表面划线。

③白灰浆：它是用白石灰、水胶加水混合熬成。适用于大型铸锻件的毛坯表面。

④白粉笔：适用于表面比较粗糙、划线量很少的铸、锻件或小型毛坯。

划线基准的选择：

划线时需先选择工件上的面、线或某一个点作为划线基准，用来确定其余部分的尺寸、几何形状和相对位置。所选的面、线或点称为划线基准。划线基准一般与设计基准一致，基准选择时，应以工件的放置基准、设计基准及加工工艺综合考虑，找出划线时的尺寸基准。

划线分为平面划线和立体划线。平面划线一般有两个方向；而立体划线一般要求有三个方向，每划一个方向的线条必有一个划线基准。平面划线要选择两个划线基准，立体划线要选择三个划线基准。

划线基准的选择原则：

(1)根据零件图标注尺寸的基准(设计基准)作为划线基准。

(2)如果毛坯上有孔和凸台部分，应以孔和凸台部分作为划线基准。

(3)如果工件上有一个已加工面，可以此面作为划线基准；如果都是毛坯面，则应以较大平面作为划线基准。

划线的步骤：

(1)认真分析图纸或实物，选定划线基准并考虑下道工序的要求，确定加工余量和需要划出哪些线。

(2)划线前，检查毛坯是否合格，确定是否需要借料。

182

（3）需要夹持的工件将其夹持稳固。划线时，先划水平线，再划垂直线、斜线，最后划圆、圆弧和曲线等。

（4）对照图纸或实物，检查划线的正确性以及是否有遗漏的线没划上。

（5）检查无误，在划好的线上打出样冲眼。

基本线条的划法：

基本线条的划法包括划平行线、垂直线、角度线、等分圆周以及圆弧线等。在划线过程中，圆心找出后打样冲眼，以备圆规划圆弧。在划线交点及划线上按一定间隔打样冲眼，以保证工件加工界限可靠及质量检验。

平面划线实例：

图9-30是一件划线样板，要求在板料上把全部线条划出。其具体划线过程如下：按图中尺寸所示，应首先确定以底边和右侧边这两条直线为基准。

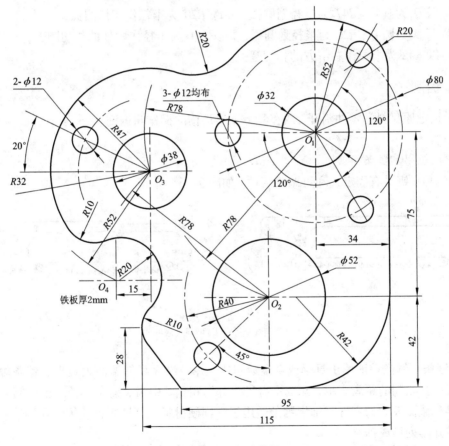

图9-30 划线样板

（1）沿板料边缘划两条垂直基准线；

（2）划尺寸42水平线；

（3）划尺寸75水平线；

（4）划尺寸34垂直线；

（5）以 O_1 为圆心，$R78$ 为半径作弧并截取 42 水平线得 O_2 点，通过 O_2 点作垂直线；

（6）分别以 O_1、O_2 点为圆心、$R78$ 为半径作弧相交得 O 点，通过 O_3 点作水平线和垂直线；

（7）通过 O_2 点作45°线，并以 $R40$ 为半径截取获得小圆的圆心；

（8）通过 O_3 点作与水平线成20°的线，并以 $R32$ 为半径截取获得另一小圆的圆心；

（9）划垂直线与 O_3 垂直线距离为15，并以 O_3 为圆心，$R52$ 为半径作弧截取获得 O_4 点；

（10）划尺寸28水平线；

（11）按尺寸95和115划出左下方的斜线；

（12）划出 $\phi32$、$\phi80$、$\phi52$、$\phi38$ 圆周线；

（13）把 $\phi80$ 圆周按图作三等分；

（14）划出5个 $\phi12$ 圆周线；

（15）以 O_1 为圆心、$R52$ 为半径划圆弧，并以 $R20$ 为半径作相切圆弧；

（16）以 O_3 为圆心、$R47$ 为半径划圆弧，并以 $R20$ 为半径作相切圆弧；

（17）以 O_4 为圆心、$R20$ 为半径划圆弧，并以 $R10$ 为半径作两处的相切圆弧；

（18）以 $R42$ 为半径作右下方的相切圆弧。

二、锯削

用手锯把原材料和零件割开，或在其上锯出沟槽的操作叫锯削。

1. 手锯

手锯由锯弓和锯条组成。

（1）锯弓。锯弓有固定式和可调式两种，如图 9-31 所示。

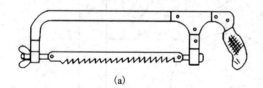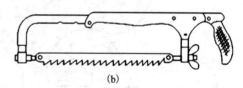

（a）　　　　　　　　　　　　　　　　（b）

图 9-31　手锯

（a）固定式锯弓；（b）可调式锯弓

（2）锯条。锯条一般用工具钢或合金钢制成，并经淬火和低温回火处理。锯条规格用锯条两端安装孔之间的距离表示，并按锯齿齿距分为粗齿、中齿、细齿三种。粗齿锯条适用锯削软材料和截面较大的零件。细齿锯条适用于锯削硬材料和薄壁零件。锯齿在制造时按一定的规律错开排列形成锯路。

2. 锯削操作要领

（1）锯条安装。安装锯条时，锯齿方向必须朝前，如图 9-31 所示，锯条绷紧程度要适当。

（2）握锯及锯削操作。一般握锯方法是右手握稳锯柄，左手轻扶弓架前端。锯削时站立位置如图 9-32 所示。锯削时推力和压力由右手控制，左手压力不要过大，主要应配合右手扶正锯弓，锯弓向前推出时加压力，回程时不加压力，在零件上轻轻滑过。锯削往复运动速

184

度应控制在 40 次/min 左右。

　　锯削时最好使锯条全部长度参加切削，一般锯弓的往返长度不应小于锯条长度的 2/3。

　　(3)起锯。锯条开始切入零件称为起锯。起锯方式有近起锯[如图 9 – 33(a)所示]和远起锯[如图 9 – 33(b)所示]。起锯时要用左手拇指指甲挡住锯条，起锯角约为 15°。锯弓往复行程要短，压力要轻，锯条要与零件表面垂直，当起锯到槽深 2 ~ 3 mm 时，起锯可结束，应逐渐将锯弓改至水平方向进行正常锯削。

　　3.注意事项

　　锯条要装得松紧适当，锯削时不要突然用力过猛，防止工件中锯条折断从锯弓上崩出伤人。工件夹持要牢固，以免工件松动、锯缝歪斜、锯条折断。要经常注意锯缝的平直情况，如发现歪斜应及时纠正。歪斜过多纠正困难，不能保证锯削的质量。

　　工件将锯断时压力要小，避免压力过大使工件突然断开，手向前冲造成事故。一般工件将锯断时要用左手

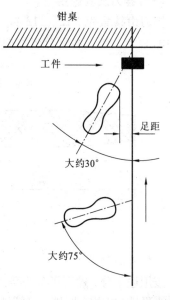

图 9 – 32　锯削时站立位置

扶住工件断开部分，以免落下伤脚。在锯削钢件时，可加些机油，以减少锯条与工件的摩擦，提高锯条的使用寿命。

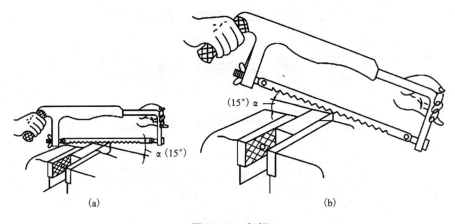

(a)　　　　　　　　　　(b)

图 9 – 33　起锯
(a)近起锯；(b)远起锯

三、锉削

　　用锉刀对工件表面进行切削加工，使工件达到所要求的尺寸、形状和表面粗糙度的方法称为锉削。

　　锉削的尺寸精度可达到 0.01 mm 左右，表面粗糙度 Ra 值可达 0.8 μm 左右。它广泛应用于零件加工、修理和装配中。锉削工作范围很广，可锉削平面、曲面、内外表面、沟槽和各种形状复杂的表面。锉削可以配键、制作样板以及装配时对工件的修整等。

（一）锉刀及其选用

锉刀由碳素钢 T12、T13 或 T12A、T13A 制成，经热处理淬硬，其切削部分的硬度达 62HRC 以上。锉刀各部分名称如图 9-34 所示。

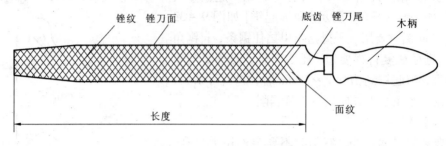

图 9-34　锉刀的各部分名称

1.锉刀的种类

按用途来分，锉刀可分为普通锉、特种锉和整形锉（什锦锉）三类。普通锉按其截面形状可分为平锉、方锉、圆锉、半圆锉及三角锉五种，如图 9-35 所示。

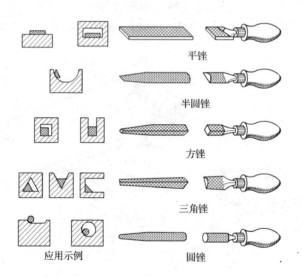

图 9-35　普通锉

按其长度可分为 100 mm、150 mm、200 mm、250 mm、300 mm、350 mm 及 400 mm 等七种。按其齿纹可分单齿纹、双齿纹。按其齿纹粗细可分为粗齿、中齿、细齿、粗油光（双细齿）、细油光五种。

整形锉（什锦锉）主要用于精细加工及修整工件上难以机加工的细小部位。它由若干把各种截面形状的锉刀组成一套，如图 9-36 所示。

2.锉刀的选用

每种锉刀都有它适当的用途，如果选择不当，就不能充分发挥它的效能，使其过早地丧失切削能力。因此，锉削之前必须正确地选择锉刀。

186

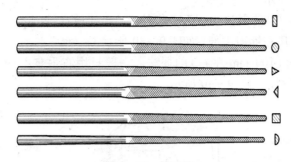

图 9 - 36　整形锉

锉刀粗细的选择,决定于工件加工余量的大小、加工精度和表面粗糙度值的高低、工件材料的性质。粗锉刀适用于锉加工余量大、加工精度和表面质量要求低的工件;细锉刀适用于锉加工余量小、加工精度和表面质量要求高的工件(如表 9 - 1 所示)。

表 9 - 1　锉刀齿纹规格的选用

锉刀粗细	适用场合		
	锉削余量/mm	尺寸精度/mm	表面粗糙度 Ra/μm
1 号(粗齿锉刀)	0.5 ~ 1	0.2 ~ 0.5	100 ~ 25
2 号(中齿锉刀)	0.2 ~ 0.5	0.05 ~ 0.2	25 ~ 12.5
3 号(细齿锉刀)	0.2 ~ 0.3	0.02 ~ 0.05	6.3 ~ 3.2
4 号(双细齿锉刀)	0.1 ~ 0.2	0.01 ~ 0.02	6.3 ~ 1.6
5 号(油光锉)	0.1 以下	0.1 以下	1.6 ~ 0.8

锉削软材料时,如果没有专用的软材料锉刀,则只能选用粗锉刀。用细锉刀锉软材料则由于容屑空间小,很容易被切屑堵塞而失去切削能力。

锉刀长度规格的选择决定于工件加工面的大小和加工余量的大小。加工面尺寸较大和加工余量较大时,宜选用较长的锉刀。

(二)锉削方法

锉刀操作方法:

1. 锉刀的握法

大锉刀(250 mm 以上)的握法。右手心抵着锉刀木柄的端头,大拇指放在锉刀木柄的上面,其余四指弯在下面,配合大拇指捏住锉刀木柄。左手则根据锉刀大小和用力的轻重,有多种姿势,如图 9 - 37 所示。

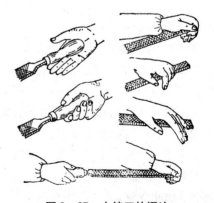

图 9 - 37　大锉刀的握法

中锉刀(200 mm 左右)的握法。右手握法与大锉刀握法相同,左手用大拇指和食指捏住锉刀前端,如图9－38所示。

小锉刀(150 mm左右)的握法。右手食指伸直,拇指放在锉刀木柄上面,食指靠在锉刀的刀边,左手几个手指压在锉刀中部,如图9－39所示。

更小锉刀(什锦锉)(100 mm左右)的握法。一般只用右手拿着锉刀,食指放在锉刀上面,拇指放在锉刀的左侧,如图9－40所示。

图9－38　中锉刀的握法

图9－39　小锉刀的握法

图9－40　更小锉刀的握法

(a)　　　　　　　(b)　　　　　　　(c)　　　　　　　(d)

图9－41　锉削的姿势

(a)开始锉削;(b)锉刀推出;(c)锉刀推出;(d)锉刀行程推尽时
　　　　　　　　1/3的行程　　　　2/3的行程

2.锉削的姿势(图9－41)

锉削时,两脚站稳不动,靠左膝的屈伸使身体做往复运动,手臂和身体的运动要互相配合,并要使锉刀的全长充分利用。开始锉削时身体要向前倾10°左右,左肘弯曲,右肘向后,如图9－41(a)所示。

锉刀推出1/3行程时,身体向前倾斜15°左右,如图9－41(b)所示,这时左腿稍弯曲,左肘稍直,右臂向前推锉刀推到2/3行程时身体逐渐倾斜到18°左右,如图9－41(c)所示。

左腿继续弯曲,左肘渐直,右臂向前使锉刀继续推进,直到推尽,身体随着锉刀的反作用退回到15°位置[图9－41(d)]。行程结束后,把锉刀略微抬起,使身体与手回复到开始时的姿势,如此反复。

3.锉削力的运用

锉削力的正确运用,是锉削的关键。锉削的力量有水平推力和垂直压力两种。推力主要由右手控制,其大小必须大于切削阻力才能锉去切屑。

压力是由两手控制的,其作用是使锉齿深入金属表面。两手压力大小也必须随锉刀的推进而变化，两手压力对工件中心的力矩相等，这是保证锉刀平直运动的关键，如图 9 – 42 所示。方法是：随着锉刀推进，左手压力应由大而逐渐减小，右手的压力则由小而逐渐增大，到中间时两手相等。

图 9 – 42 锉削力的运用

锉削时，对锉刀的总压力不能太大，因为锉齿存屑空间有限，压力太大只能使锉刀磨损加快。但压力也不能过小，过小锉刀打滑，达不到切削目的。一般是以在向前推进时手上有一种韧性感觉为适宜。

锉削速度一般为每分钟 30 ~ 60 次。太快，操作者容易疲劳，且锉齿易磨钝；太慢，切削效率低。

锉削加工方法：

1. 平面锉削

这是最基本的锉削，常用的方法有三种，即顺向锉法、交叉锉法及推锉法。

①顺向锉法。锉刀沿着工件表面横向或纵向移动，锉削平面可得到正直的锉痕，比较整齐美观。适用于锉削小平面和最后修光工件，如图 9 – 43 所示。

②交叉锉法。是以交叉的两方向顺序对工件进行锉削。由于锉痕是交叉的，容易判断锉削表面的不平程度，因而也容易把表面锉平。交叉锉法去屑较快，适用于平面的粗锉，如图 9 – 44 所示。

③推锉法。两手对称地握住锉刀，用两大拇指推锉刀进行锉削。这种方法适用于较窄表面且已经锉平、加工余量很小的情况下，来修正尺寸和减小表面粗糙度，如图 9 – 45 所示。

图 9 – 43 顺向锉法　　　　图 9 – 44 交叉锉法　　　　图 9 – 45 推锉法

2. 圆弧面（曲面）的锉削

①外圆弧面锉削。锉刀要同时完成两个运动：锉刀的前推运动和绕圆弧面中心的转动。前推是完成锉削，转动是保证锉出圆弧形状。

常用的外圆弧面锉削方法有两种：滚锉法，如图 9 - 46(a)所示、横锉法，如图 9 - 46(b)所示。

图 9 - 46 外圆弧面锉削

(a)滚锉法；(b)横锉法

滚锉法是使锉刀顺着圆弧面锉削，此法用于精锉外圆弧面；横锉法是使锉刀横着圆弧面锉削，此法用于粗锉外圆弧面或不能用滚锉法的情况下。

②内圆弧面锉削。锉刀要同时完成三个运动：锉刀的前推运动、锉刀的左右移动和锉刀自身的转动。否则，锉不好内圆弧面，如图 9 - 47 所示。

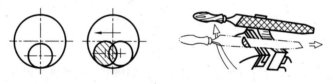

图 9 - 47 内圆弧面锉削

第三节 钻孔、扩孔和铰孔

各种孔的加工，很大一部分是由钳工来完成的。因此，在机器的装配和修理过程中，钳工经常会遇到孔加工的问题。钳工工作范围内的孔加工，主要是钻孔、扩孔和铰孔等。

一、钻孔

用钻头在实心零件上加工孔叫钻孔。钻孔的尺寸公差等级低，为 IT12 ~ IT11；表面粗糙度大，Ra 值为 50 ~ 12.5 μm。

1. 标准麻花钻组成

麻花钻如图 9 - 48 所示，是钻孔的主要刀具。麻花钻用高速钢制成，工作部分经热处理淬硬至 62HRC ~ 65HRC。麻花钻由钻柄、颈部和工作部分组成。

(1)钻柄。供装夹和传递动力用，钻柄形状有两种：柱柄传递扭矩较小，用于直径 13 mm 以下的钻头。锥柄对中性好，传递扭矩较大，用于直径大于 13 mm 的钻头。

(2)颈部。是磨削工作部分和钻柄时的退刀槽。钻

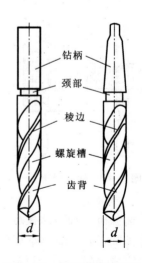

图 9 - 48 标准麻花钻组成

头直径、材料、商标一般刻印在颈部。

(3)工作部分。它分成导向部分与切削部分。

导向部分如图 9-48 所示,依靠两条狭长的螺旋形的高出齿背约 0.5~1 mm 的棱边(刃带)起导向作用。它的直径前大后小,略有倒锥度。倒锥量为(0.03~0.12) mm/100 mm,可以减少钻头与孔壁间的摩擦。导向部分经铣、磨或轧制形成两条对称的螺旋槽,用以排除切屑和输送切削液。

2.零件装夹

如图 9-49 所示,钻孔时零件夹持方法与零件生产批量及孔的加工要求有关。生产批量较大或精度要求较高时,零件一般是用钻模来装夹的,单件小批生产或加工要求较低时,零件经划线确定孔中心位置后,多数装夹在通用夹具或工作台上钻孔。常用的附件有手虎钳、平口虎钳、V 形铁和压板螺钉等,这些工具的使用和零件形状及孔径大小有关。

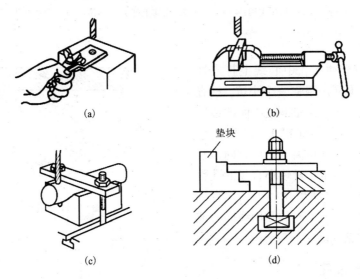

(a)　　　　　　　　　　(b)

(c)　　　　　　　　　　(d)

图 9-49　零件夹持方法

(a)手虎钳夹持零件;(b)平口虎钳夹持零件;(c)V 形铁夹持零件;(d)压板螺钉夹紧零件

3.钻头的装夹

钻头的装夹方法,按其柄部的形状不同而异。锥柄钻头可以直接装入钻床主轴锥孔内,较小的钻头可用过渡套筒安装,如图 9-50(a)所示。直柄钻头用钻夹头安装,如图 9-50(b)所示。钻夹头(或过渡套筒)的拆卸方法是将楔铁插入钻床主轴侧边的扁孔内,左手握住钻夹头,右手用锤子敲击楔铁卸下钻夹头,如图 9-50(c)所示。

4.钻削用量

钻孔钻削用量包括钻头的钻削速度(m/min)或转速(r/min)和进给量(钻头每转一周沿轴向移动的距离)。钻削用量受到钻床功率、钻头强度、钻头耐用度和零件精度等许多因素的限制。因此,如何合理选择钻削用量直接关系到钻孔生产率、钻孔质量和钻头的寿命。选择钻削用量可以用查表方法,也可以考虑零件材料的软硬、孔径大小及精度要求,凭经验选定一个进给量。

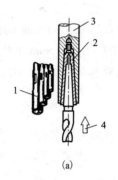 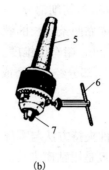 

|(a)|(b)|(c)|

图 9－50　安装拆卸钻头

(a)安装锥柄钻头；(b)钻夹头；(c)拆卸钻夹头

1—过渡锥度套筒；2—锥孔；3—钻床主轴；4—安装时将钻头向上推压；5—锥柄；6—紧固扳手；7—自动定心夹爪

5. 钻孔方法

钻孔前先用样冲在孔中心线上打出样冲眼，用钻尖对准样冲眼锪一个小坑，检查小坑与所划孔的圆周线是否同心(称试钻)。如稍有偏离，可移动零件找正，若偏离较多，可用尖凿或样冲在偏离的相反方向凿几条槽，如图 9－51 所示。对较小直径的孔也可在偏离的方向用垫铁垫高些再钻。直到钻出的小坑完整，与所划孔的圆周线同心或重合时才可正式钻孔。

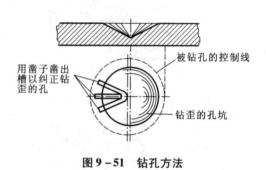

图 9－51　钻孔方法

二、扩孔与铰孔

用扩孔钻或钻头扩大零件上原有的孔叫扩孔。孔径经钻孔、扩孔后，用铰刀对孔进行提高尺寸精度和表面质量的加工叫铰孔。

1. 扩孔

一般用麻花钻作扩孔钻扩孔。在扩孔精度要求较高或生产批量较大时，还采用专用扩孔钻(如图 9－52 所示)扩孔。专用扩孔钻一般有 3～4 条切削刃，故导向性好，不易偏斜，没有横刃，轴向切削力小，扩孔能得到较高的尺寸精度(可达 IT10～IT9)和较小的表面粗糙度(Ra 值为 6.3～3.2 μm)。

由于扩孔的工作条件比钻孔时好得多，故在相同直径情况下扩孔的进给量可比钻孔大 1.5～2 倍。扩孔钻削用量可查表，也可按经验选取。

2. 铰孔

钳工常用手用铰刀进行铰孔，铰孔精度高(可达 IT8～IT6)，表面粗糙度小(Ra 值为 1.6～0.4 μm)。铰孔的加工余量较小，粗铰 0.15～0.5 mm，精铰 0.05～0.25 mm。钻孔、扩孔、铰孔时，要根据工作性质、零件材料，选用适当的切削液，以降低切削温度，提高加工质量。

(1)铰刀。铰刀是孔的精加工刀具。铰刀分为机铰刀和手铰刀两种，机铰刀为锥柄，手

192

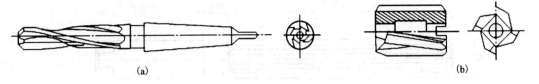

图 9-52 专用扩孔钻

(a)整体式扩孔钻;(b)套装式扩孔钻

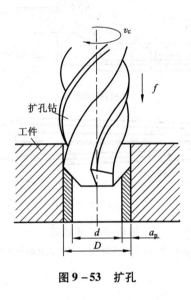

图 9-53 扩孔

铰刀为直柄。如图 9-54 所示为手铰刀。铰刀一般是制成两支一套的,其中一支为粗铰刀(它的刃上开有螺旋形分布的分屑槽),一支为精铰刀。

(2)手铰孔方法。将铰刀插入孔内,两手握铰杠手柄,顺时针转动并稍加压力,使铰刀慢慢向孔内进给,注意两手用力要平衡,使铰刀铰削时始终保持与零件垂直。铰刀退出时,也应边顺时针转动边向外拔出。

三、注意事项

(一)钻孔注意事项

(1)用小钻头钻孔时,转速可快些,进给量要小些;

(2)用大钻头钻孔时,转速要慢些,进给量适当大些;

(3)钻硬材料时,转速要慢些,进给量要小些;

(4)钻软材料时,转速要快些,进给量要大些;

(5)用小钻头钻硬材料时可以适当地减慢速度。

(二)铰孔注意事项

(1)工件要夹正、夹紧,但对薄壁零件的夹紧力不要过大,以防将孔夹扁。

(2)手铰过程中,两手用力要平衡,旋转铰杠时不得摇摆,以保证铰削的稳定性,避免在

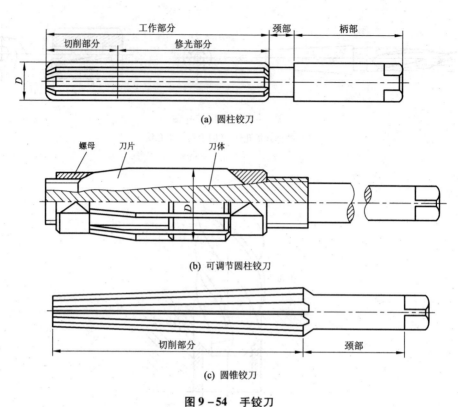

(a) 圆柱铰刀

(b) 可调节圆柱铰刀

(c) 圆锥铰刀

图 9 – 54　手铰刀

（a）圆柱铰刀；（b）可调节圆柱铰刀；（c）圆锥铰刀

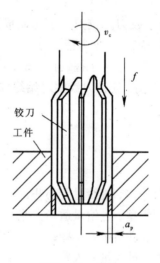

图 9 – 55　铰孔

孔的进口处出现喇叭口或孔径扩大；铰削进给时，不要猛力压铰杠，只能随着铰刀的旋转轻轻加压于铰杠，使铰刀缓慢地引进孔内并均匀地进给以保证较小的表面粗糙度值。

（3）铰刀不能反转，退出时也要顺转。反转会使切屑扎在孔壁和铰刀的刀齿后刀面之间，将已加工的孔壁刮毛；同时也使铰刀容易磨损，甚至崩刃。

（4）在手铰过程中，如果铰刀被卡住，不能猛力扳转铰杠。此时应取出铰刀，清除切屑并检查铰刀。当继续铰削时要缓慢进给，以防在原来卡住的地方再次卡住。

（5）机铰时要在铰刀退出后才能停车，否则孔壁会有刀痕或拉毛。铰通孔时，铰刀的校准部分不能全部出头，否则孔的下端会刮坏。

第四节　攻螺纹与套螺纹

工件圆柱表面上的螺纹称为外螺纹；工件圆柱孔内侧面上的螺纹为内螺纹。常用的三角形螺纹工件，其螺纹除采用机械加工外，还可以攻螺纹和套螺纹等钳工加工方法获得。

一、攻螺纹

攻螺纹是用丝锥加工出内螺纹。

1. 丝锥

（1）丝锥的结构。

丝锥是加工小直径内螺纹的成形工具，如图9－56所示。它由切削部分，校准部分和柄部组成。切削部分磨出锥角，以便将切削负荷分配在几个刀齿上，校准部分有完整的齿形，用于校准已切出的螺纹，并引导丝锥沿轴向运动。柄部有方榫，便于装在铰手内传递扭矩。丝锥切削部分和校准部分一般沿轴向开有3～4条容屑槽以容纳切屑，并形成切削刃和前角 γ，切削部分的锥面上铲磨出后角 α。为了减少丝锥的校准部对零件材料的摩擦和挤压，它的外、中径均有倒锥度。

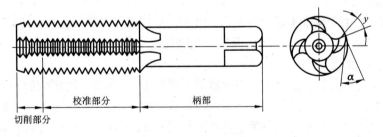

图9－56　丝锥的构造

（2）成组丝锥。

由于螺纹的精度、螺距大小不同，丝锥一般为1支、2支、3支成组使用。使用成组丝锥攻螺纹孔时，要顺序使用来完成螺纹孔的加工。

（3）丝锥的材料。

常用高碳优质工具钢或高速钢制造，手用丝锥一般用T12A或9SiCr制造。

2. 手用丝锥铰手

丝锥铰手是扳转丝锥的工具，如图9－57所示。常用的铰手有固定式和可调节式，以便夹持各种不同尺寸的丝锥。

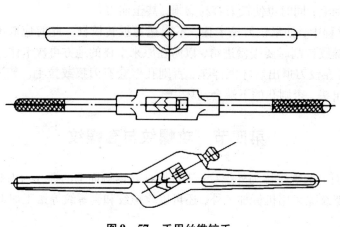

图 9 - 57　手用丝锥铰手

3. 攻螺纹方法

（1）攻螺纹前的孔径 d（钻头直径）略大于螺纹底径。其选用丝锥尺寸可查表，也可按经验公式计算。

对于攻普通螺纹：

加工钢料及塑性金属时：

$$d = D - p$$

加工铸铁及脆性金属时：

$$d = D - 1.1p$$

式中：D——螺纹基本尺寸；

　　　p——螺距。

若孔为盲孔，由于丝锥不能攻到底，所以钻孔深度要大于螺纹长度，其尺寸按下式计算：

$$孔的深度 = 螺纹长度 + 0.7D$$

（2）手工攻螺纹的方法，如图 9 - 58 所示。

双手转动铰手，并轴向加压力，当丝锥切入零件 1 ~ 2 牙时，用 90°角尺检查丝锥是否歪斜，如丝锥歪斜，要纠正后再往下攻。当丝锥位置与螺纹底孔端面垂直后，轴向就不再加压力。两手均匀用力，为避免切屑堵塞，要经常倒转 1/2 圈 ~ 1/4 圈，以达到断屑。头锥、二锥应依次攻入。攻铸铁材料螺纹时加煤油而不加切削液，钢件材料加切削液，以保证铰孔表面的粗糙度要求。

二、套螺纹

套螺纹是用板牙在圆杆上加工出外螺纹。

1. 套螺纹的工具

（1）圆板牙。

板牙是加工外螺纹的工具。圆板牙如图 9 - 59 所示，就像一个圆螺母，不过上面钻有几个屑孔并形成切削刃。板牙两端带 2φ 的锥角部分是切削部分。它是铲磨出来的阿基米德螺旋面，有一定的后角；当中一段是校准部分，也是套螺纹时的导向部分。板牙一端的切削部

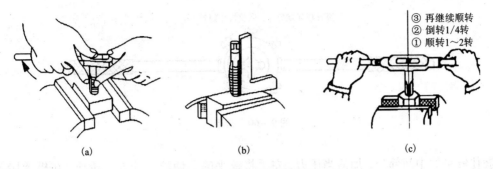

③ 再继续顺转
② 倒转1/4转
① 顺转1~2转

(a)   (b)   (c)

图9-58　手工攻螺纹的方法

(a)攻入孔内前的操作；(b)检查垂直度；(c)攻入螺纹时的方法

分磨损后可调头使用。

用圆板牙套螺纹的精度比较低，可用它加工8h级(请核对螺纹精度的表示方法)、表面粗糙度Ra值为6.3~3.2 μm的螺纹。圆板牙一般用合金工具钢9SiCr或高速钢W18Cr4V制造。

(2)圆锥管螺纹板牙。

圆锥管螺纹板牙的基本结构与普通圆板牙一样，因为管螺纹有锥度，所以只在单面制成切削锥。这种板牙所有切削刃都参加切削，板牙在零件上的切削长度影响管子与相配件的配合尺寸，套螺纹时要用相配件旋入管子来检查是否满足配合要求。

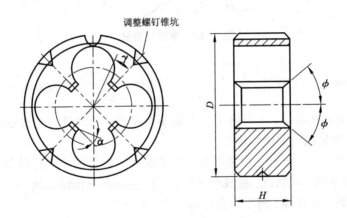

调整螺钉锥坑

图9-59　板牙

(3)铰手。

手工套螺纹时需要用圆板牙铰手，如图9-60所示。

2.套螺纹方法

(1)套螺纹前零件直径的确定。

确定螺杆的直径可直接查表，也可按零件直径 $d = D - 0.13p$ 的经验公式计算。

(2)套螺纹操作。

套螺纹的方法如图9-61所示，将板牙套在圆杆头部倒角处，并保持板牙与圆杆垂直，

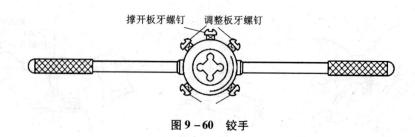

撑开板牙螺钉　　调整板牙螺钉

图 9 – 60　铰手

右手握住铰手的中间部分,加适当压力,左手将铰手的手柄顺时针方向转动,在板牙切入圆杆 2~3 牙时,应检查板牙是否歪斜;发现歪斜,应纠正后再套,当板牙位置正确后,再往下套就不加压力。套螺纹和攻螺纹一样,应经常倒转以切断切屑。套螺纹应加切削液,以保证螺纹的表面粗糙度要求。

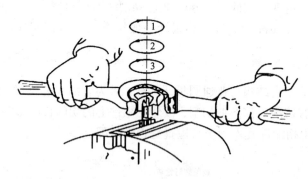

图 9 – 61　套螺纹方法

三、注意事项

(1)起攻、起套要从前后、左右两个方向观察与检查,及时进行垂直度的找正。这是保证攻螺纹、套螺纹质量的重要操作步骤。

(2)特别是套螺纹,由于板牙切削部分圆锥角较大,起套的导向性较差,容易产生板牙端面与圆杆轴心线不垂直的情况,造成烂牙(乱扣),甚至不能继续切削。

(3)起攻、起套操作正确,两手用力均匀。

第五节　刮　削

刮削是指刮除工件表面薄层以提高加工精度的加工方法。

一、刮削工具

刮削工具包括刮刀和校准工具。

刮刀的材料:碳素工具钢、轴承钢或硬质合金,硬度达到 60HRC 左右。

1. 平面刮刀

用于刮削平面和刮花，一般多采用 T10A、T12A 钢制成。当工件表面较硬时，也可用焊接高速钢或硬质合金刀头制成。常用的平面刮刀有直头和弯头两种，如图 9 – 62 所示。

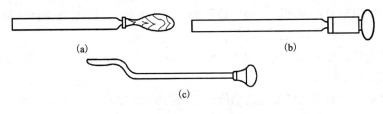

图 9 – 62　平面刮刀
(a)手刮刀；(b)挺刮刀；(c)精刮刀

2. 曲面刮刀

用于刮削内曲面，常用的有三角刮刀、蛇头刮刀和柳叶刮刀，如图 9 – 63 所示。

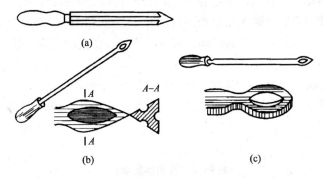

图 9 – 63　曲面刮刀
(a)三角刮刀；(b)蛇头刮刀；(c)柳叶刮刀

3. 校准工具

校准工具是用来推磨研点和检查被刮面准确性的工具，也称为研具。

常用的校准工具有校准平板(通用平板)、校准直尺、角度直尺以及根据被刮面形状设计制造的专用校准型板，如图 9 – 64 所示。

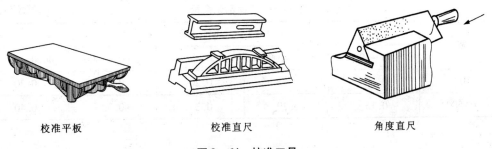

校准平板　　　　　　　校准直尺　　　　　　　角度直尺

图 9 – 64　校准工具

二、刮削方法

1. 平面刮削

平面刮削一般要经过粗刮、细刮、精刮和刮花四个步骤。

(1)粗刮是用粗刮刀在刮削面上均匀地铲去一层较厚的金属,可以采用连续推铲的方法,刀迹要连成长片。25 mm×25 mm 的方框内有 2~3 个研点。

(2)细刮是用精刮刀在刮削面上刮去稀疏的大块研点(俗称破点),每 25 mm×25 mm 的方框内有 12~15 个研点。

(3)精刮就是用精刮刀更仔细地刮削研点(俗称摘点),每 25 mm×25 mm 的方框内有 20 个以上研点。

(4)刮花是在刮削面或机器外观表面上用刮刀刮出装饰性花纹。

2. 曲面刮削

曲面刮削有内圆柱面刮削、内圆锥面刮削和球面刮削等。

曲面刮削的原理和平面刮削一样,但刮削内曲面时采用的是三角刮刀或蛇形刮刀,刮削所作的运动是螺旋运动,并且以标准心棒或相配合的轴作为内曲面研点的工具。研磨时,将显示剂均匀地涂在轴面上,用轴在孔中来回转动几下,点子即可显示出来,然后对高点进行刮削。在刮削过程中,刮刃只可左右移动,而不可顺着长度方向刮削,以免留下刀痕。

3. 刮削余量

由于刮削加工每次只能刮去很薄的一层金属,因此刮削工作的劳动强度很大,所以要求工件在机械加工后留下的刮削余量不宜太大,一般为 0.05~0.4 mm,具体数值见表 9-2、表 9-3。

表 9-2 孔的刮削余量　　　　　　　　　　单位：mm

孔　径	孔　长		
	<100	100~200	200~300
<80	0.05	0.08	0.12
80~180	0.10	0.15	0.25
180~360	0.15	0.20	0.35

表 9-3 平面刮削余量　　　　　　　　　　单位：mm

平面宽度	平面长度				
	100~500	500~1000	1000~2000	2000~4000	4000~6000
<100	0.10	0.15	0.20	0.25	0.30
100~500	0.15	0.20	0.25	0.30	0.40

三、注意事项

（1）刮削前。工件的锐边、尖角必须去掉：防止碰伤手。如果不允许倒角，刮削时应特别注意。

（2）挺刮时，因高度不够需站在垫脚板上刮削时，垫脚板必须安放平稳并无油污，以免刮削用力时摔倒。

（3）刮削工件边缘时，近边缘处落刀要准，刮刀推到边缘时起刀要及时，不要用力过猛，以防刮出工件时，人和刀具一起冲出去而碰伤手脚。

（4）刮削的切屑不可直接清除，也不可用嘴去吹；以防手、眼受到伤害。

（5）三角刮刀用完后，不要放在经常与手接触的地方，并要妥善保存好，不准做其他用途。

第六节　装　配

装配是机器制造中的最后一道工序，因此，它是保证机器达到各项技术要求的关键。装配工作的好坏，对产品质量起着决定性的作用。装配是钳工一项非常重要的工作。

一、装配概述

按照规定的技术要求，将零件组装成机器，并经过调整、试验，使之成为合格产品的工艺过程称为装配。

1.装配的类型与装配过程

（1）装配类型。

装配类型一般可分为组件装配、部件装配和总装配。

组件装配是将两个以上的零件连接组合成为组件的过程。例如曲轴、齿轮等零件组成的一根传动轴系的装配。

部件装配是将组件、零件连接组合成独立机构（部件）的过程。例如车床主轴箱、进给箱等的装配。

总装配是将部件、组件和零件连接组合成为整台机器的过程。

（2）装配过程。

机器的装配过程一般由三个阶段组成：一是装配前的准备阶段，二是装配阶段（部件装配和总装配），三是调整、检验和试车阶段。

装配过程一般是先下后上，先内后外，先难后易，先装配保证机器精度的部分，后装配一般部分。

2.零、部件连接类型

组成机器的零、部件的连接形式很多，基本上可归纳成两类：固定连接和活动连接。每一类的连接中，按照零件结合后能否拆卸又分为可拆连接和不可拆连接，见表9－4。

表 9-4　机器零、部件连接形式

固定连接		活动连接	
可拆	不可拆	可拆	不可拆
螺纹、键、销等	铆接、焊接、压合、胶结等	轴与轴承、丝杠与螺母、柱塞与套筒等	活动连接的铆合头

3. 装配方法

(1)完全互换法。

装配时,在各类零件中任意取出要装配的零件,不需任何修配就可以装配,并能完全符合质量要求。装配精度由零件的制造精度保证。

(2)选配法(不完全互换法)。

按选配法装配的零件,在设计时其制造公差可适当放大。装配前,按照严格的尺寸范围将零件分成若干组,然后将对应的各组配合件装配在一起,以达到所要求的装配精度。

(3)修配法。

当装配精度要求较高,采用完全互换不够经济时,常用修正某个配合零件的方法来达到规定的装配精度。如车床两顶尖不等高,装配时可刮尾架底座来达到精度要求等。

(4)调整法。

调整法比修配法方便,也能达到很高的装配精度,在大批生产或单件生产中都可采用此法。但由于增设了调整用的零件,使部件结构显得复杂,而且刚性降低。

4. 装配前的准备工作

装配是机器制造的重要阶段。装配质量的好坏对机器的性能和使用寿命影响很大。装配不良的机器,将会使其性能降低,消耗的功率增加,使用寿命减短。因此,装配前必须认真做好以下几点准备工作:

(1)研究和熟悉产品图样,了解产品结构以及零件作用和相互连接关系,掌握其技术要求。

(2)确定装配方法、程序和所需的工具。

(3)备齐零件,进行清洗、涂防护润滑油。

二、典型连接件装配方法

装配的形式很多,下面着重介绍螺纹连接、滚动轴承、齿轮等几种典型连接件的装配方法。

1. 螺纹连接

如图 9-65 所示,螺纹连接常用零件有螺钉、螺母、双头螺栓及各种专用螺纹等。螺纹连接是现代机械制造中用得最广泛的一种连接形式。它具有紧固可靠、装拆简便、调整和更换方便、宜于多次拆装等优点。

对于一般的螺纹连接可用普通扳手拧紧;而对于有规定预紧力要求的螺纹连接,为了保证规定的预紧力,常用测力扳手或其他限力扳手以控制扭矩,如图 9-66 所示。

在紧固成组螺钉、螺母时,为使固紧件的配合面上受力均匀,应按一定的顺序来拧紧。

202

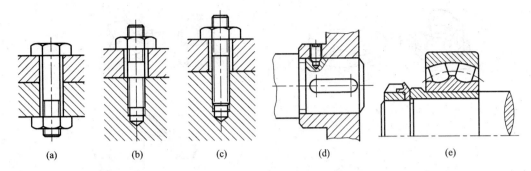

图9-65 常见的螺纹连接类型

(a)螺栓连接；(b)双头螺栓连接；(c)螺钉连接；(d)螺钉固定；(e)圆螺母固定

如图9-67所示为两种拧紧顺序的实例。按图中数字顺序拧紧，可避免被连接件的偏斜、翘曲和受力不均。而且每个螺钉或螺母不能一次就完全拧紧，应按顺序分2~3次拧紧。

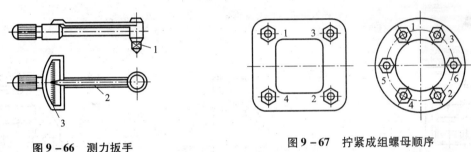

图9-66 测力扳手

1—扳手头；2—指示针；3—读数板

图9-67 拧紧成组螺母顺序

零件与螺母的贴合面应平整光洁，否则螺纹容易松动。为提高贴合面质量，可加垫圈。在交变载荷和振动条件下工作的螺纹连接，有逐渐自动松开的可能，为防止螺纹连接的松动，可用弹簧垫圈、止退垫圈、开口销和止动螺钉等防松装置，如图9-68所示。

2.滚动轴承的装配

滚动轴承的配合多数为较小的过盈配合，常用手锤或压力机采用压入法装配，为了使轴承圈受力均匀，采用垫套加压。轴承压到轴颈上时应施力于内圈端面，如图9-69(a)所示；轴承压到座孔中时，要施力于外环端面上，如图9-69(b)所示；若同时压到轴颈和座孔中时，整套应能同时对轴承内外端面施力，如图9-69(c)所示。

当轴承的装配是较大的过盈配合时，应采用加热装配，即将轴承吊在80℃~90℃的热油中加热，使轴承膨胀，然后趁热装入。注意轴承不能与油槽底接触，以防过热。如果是装入座孔的轴承，需将轴承冷却后装入。轴承安装后要检查滚珠是否被咬住，是否有合理的间隙。

3.齿轮的装配

齿轮装配的主要技术要求是保证齿轮传递运动的准确性、平稳性、轮齿表面接触斑点和齿侧间隙合乎要求等。

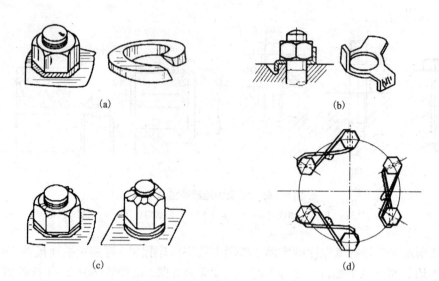

图 9 – 68　各种螺母防松装置

(a)弹簧垫圈；(b)止退垫圈；(c)开口销；(d)止动螺钉

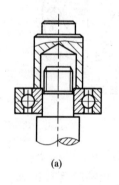

(a)

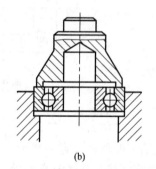

(b)

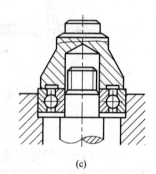

(c)

图 9 – 69　滚动轴承的装配

(a)施力于内圈端面；(b)施力于外环端面；(c)施力于内外环端面

　　轮齿表面接触斑点可用涂色法检验。先在主动轮的工作齿面上涂上红丹，使相啮合的齿轮在轻微制动下运转，然后看从动轮啮合齿面上接触斑点的位置和大小，如图 9 – 70 所示。

　　齿侧间隙一般可用塞尺插入齿侧间隙中检查。塞尺是由一套厚薄不同的钢片组成，每片的厚度都标在它的表面上。

三、部件装配和总装配

完成整台机器装配，必须经过部件装配和总装配过程。

1. 部件的装配

部件的装配通常是在装配车间的各个工段(或小组)进行的。部件装配是总装配的基础，这一工序进行得好与坏，会直接影响到总装配和产品的质量。

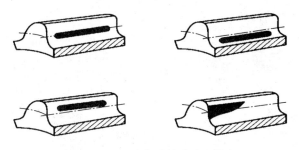

图 9 – 70　用涂色法检验啮合情况

部件装配的过程包括以下四个阶段：

(1)装配前按图样检查零件的加工情况，根据需要进行补充加工。

(2)组合件的装配和零件相互试配。在这阶段内可用选配法或修配法来消除各种配合缺陷。组合件装好后不再分开，以便一起装入部件内。互相试配的零件，当缺陷消除后，仍要加以分开(因为它们不是属于同一个组合件)，但分开后必须做好标记，以便重新装配时不会调错。

(3)部件的装配及调整，即按一定次序将所有的组合件及零件互相连接起来，同时对某些零件通过调整正确地加以定位。通过这一阶段，对部件所提出的技术要求都应达到。

(4)部件的检验，即根据部件的专门用途作工作检验。如水泵要检验每分钟出水量及水头高度；齿轮箱要进行空载检验及负荷检验；有密封性要求的部件要进行水压(或气压)检验：高速转动部件还要进行动平衡检验等。只有通过检验确定合格的部件，才可以进入总装配。

2.总装配

总装配就是把预先装好的部件、组合件、其他零件，以及从市场采购来的配套装置或功能部件装配成机器。总装配过程及注意事项如下：

(1)总装前，必须了解所装机器的用途、构造、工作原理以及与此有关的技术要求。接着确定它的装配程序和必须检查的项目，最后对总装好的机器进行检查、调整、试验，直至机器合格。

(2)总装配执行装配工艺规程所规定的操作步骤，采用工艺规程所规定的装配工具。应按从里到外，从下到上，以不影响下道装配为原则的次序进行。操作中不能损伤零件的精度和表面粗糙度，对重要的复杂的部分要反复检查，以免搞错或多装、漏装零件。在任何情况下应保证污物不进入机器的部件、组合件或零件内。机器总装后，要在滑动和旋转部分加润滑油，以防运转时出现拉毛、咬住或烧损现象。最后要严格按照技术要求，逐项进行检查。

(3)装配好的机器必须加以调整和检验。调整的目的在于查明机器各部分的相互作用及各个机构工作的协调性。检验的目的是确定机器工作的正确性和可靠性，发现由于零件制造的质量、装配或调整的质量问题所造成的缺陷。小的缺陷可以在检验台上加以消除；大的缺陷应将机器送到原装配处返修。修理后再进行第二次检验，直至检验合格为止。

(4)检验结束后应对机器进行清洗，随后送修饰部门上防锈漆、涂漆。

第十章
数控加工

第一节　概　述

数控机床加工与传统机床加工的工艺规程从总体上说是一致的，但也发生了明显的变化。数控加工是根据加工零件的图样和工艺要求，编制成以数码表示的程序，输入到机床的数控系统中，以控制刀具与工件的相对运动，从而加工出合格零件的方法。它是解决零件品种多变、批量小、形状复杂、精度高等问题和实现高效化和自动化加工的有效途径。

数控技术起源于航空工业的需要，20 世纪 40 年代后期，美国一家直升机公司提出了数控机床的初始设想，1952 年美国麻省理工学院研制出三坐标数控铣床。50 年代中期这种数控铣床已用于加工飞机零件。60 年代，数控系统和程序编制工作日益成熟和完善，数控机床已被用于各个工业部门。

一、数控加工的基本过程

数控加工，就是泛指在数控机床上进行零件加工的工艺过程。数控机床是一种用计算机来控制的机床，用来控制机床的计算机，不管是专用计算机、还是通用计算机都统称为数控系统。数控机床的运动和辅助动作均受控于数控系统发出的指令。而数控系统的指令是由程序员根据工件的材质、加工要求、机床的特性和系统所规定的指令格式（数控语言或符号）编制的。数控系统根据程序指令向伺服装置和其他功能部件发出运行或终断信息来控制机床的各种运动。当零件的加工程序结束时，机床便会自动停止。任何一种数控机床，在其数控系统中若没有输入程序指令，数控机床就不能工作。

机床的受控动作大致包括机床的起动、停止；主轴的启停、旋转方向和转速的变换；进给运动的方向、速度、方式；刀具的选择、长度和半径的补偿；刀具的更换，冷却液的开启、关闭等。

二、数控加工的特点

与普通机床加工相比，数控加工有如下特点：

1. 加工精度高，加工零件质量稳定

数控机床的机械传动系统和结构都有较高的精度、刚度和热稳定性，在加工过程中消除了操作人员的人为误差。数控机床工作台的移动当量普遍达到了 0.01 ~ 0.0001 mm，且进给传动链的反向间隙与丝杠螺距误差等均可由数控装置进行补偿，使数控机床的加工精度得到提高。

2. 适应性强，适用于单件小批量和具有复杂型面的工件加工

在数控机床上加工零件的形状主要取决于数控加工程序，加工不同的零件只要重新编制或修改加工程序就可以迅速达到加工要求，为复杂零件的单件、小批量生产以及试制新产品提供了很大的方便。数控机床随生产对象变化具有很强的适应性，且能进行多坐标的联动，容易完成具有复杂型面零件的加工。

3. 生产效率高

数控机床加工可以有效减少零件的加工时间和辅助时间，由于数控机床本身的精度高、刚性大，故可选择有利的加工用量，使切削参数优化，因此生产率高(一般为普通机床的 3 ~ 5 倍)，大大降低了加工成本。

4. 减轻劳动强度，改善劳动条件

数控机床加工都是按照加工程序要求自动连续地进行切削加工，操作者不需要进行频繁的重复手工操作。所以，数控机床加工能有效减轻劳动强度，改善劳动条件。

5. 有利于生产管理

数控机床加工，能准确的预估零件加工工时，所使用的刀具、夹具、量具均可进行规范化管理。加工程序是用数字化的标准代码输入，易于实现加工信息的标准化。目前，加工程序已与计算机辅助制造(CAD/CAM)有机结合，是现代集成制造技术的基础。

第二节　数控加工

数控加工程序编制方法有手工(人工)编程和自动编程之分。手工编程，程序的全部内容是由人工按数控系统所规定的指令格式编写的。自动编程即计算机编程，可分为以语言和绘画为基础的自动编程方法。但是，无论是采用何种自动编程方法，都需要有相应配套的硬件和软件。

一、编程方法

1. 手工编程

手工编程是指由人工完成零件图样分析、工艺处理、数值计算、书写程序清单直到程序的输入和检验的编程过程。适用于点位加工或几何形状不太复杂的零件，采用手工编程比较经济、及时，但对于形状复杂的零件，特别是具有非圆曲线、列表曲线及曲面组成的零件，用手工编程就有一定的难度，计算烦琐，容易出错，有时甚至无法编程，就必须采用自动编程的方法。

2. 自动编程

自动编程是指在编程过程中，除了分析零件图样和制定工艺方案由人工进行外，其余工作均由计算机辅助完成。采用计算机自动编程时，数学处理、编写程序、检验程序等工作是由计算机自动完成的，自动编程代替程序编制人员完成了烦琐的数值计算，解决了手工编程无法解决的许多复杂零件的编程难题。因此，自动编程的特点就在于编程工作效率高，可解决复杂形状零件的编程难题。

根据输入方式的不同，可将自动编程分为图形数控自动编程、语言数控自动编程和语音数控自动编程等，其中利用 CAD/CAM 软件，实现造型及图像自动编程加工即属于图形数控自动编程。最为典型的软件是 Master CAM、UG 等，其可以完成铣削二坐标、三坐标、四坐标和五坐标车削、线切割的编程，是目前教学、企业生产加工的积极选择。

二、数控机床的操作

1. 认识数控机床

如图 10 - 1、图 10 - 2 所示，认识常用数控机床结构，了解各坐标轴位置规定并弄清楚正、负方向等知识，便于数控机床的进一步操作加工。

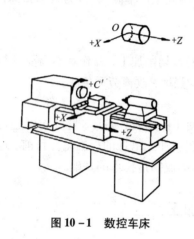

图 10 - 1　数控车床

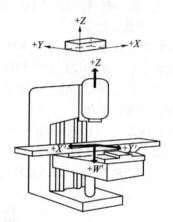

图 10 - 2　数控立式升降台铣床

2. 坐标系的确立原则

机床坐标系是机床上固有的，用来确定工件坐标系的基本坐标系。国际标准和我国部颁标准中，规定了数控机床的坐标系采用笛卡儿右手直角坐标系，如图 10 - 3 所示。基本坐标轴为 x、y、z 轴，它们与机床的主要导轨相平行，相对于每个坐标轴的旋转运动坐标分别为 A、B、C。

基本坐标轴 x、y、z 的关系及其正方向用右手直角定则来判定。拇指为 x 轴，食指为 y 轴，中指为 z 轴，其正方向为各手指指向，并分别用 $+x$、$+y$、$+z$ 来表示。围绕 x、y、z 各轴的旋转运动及其正方向用右手螺旋定则判定，拇指指向 x、y、z 轴的正方向，四指弯曲的方向为对应各轴的旋转正方向，并分别用 $+A$、$+B$、$+C$ 来表示。

3. 坐标轴及其运动方向

（1）ISO 标准的有关规定。

不论数控机床的具体结构是工件静止、刀具运动，还是刀具静止、工件运动，都假定工件不动，刀具相对于静止的工件而运动。机床坐标系 x、y、z 轴的判定顺序为：先 z 轴，再 x 轴，最后按右手定则来判定 y 轴。增大刀具与工件之间距离的方向为坐标轴运动的正方向。

（2）坐标轴的判定方法。

①z 轴。平行于主轴轴线的坐标轴为 z 轴，刀具远离工件的方向为 z 轴的正方向。对于有多个主轴或没有主轴的机床，垂直于工件装夹平面的轴为 z 轴。如图 10 - 4、图 10 - 5 所示。

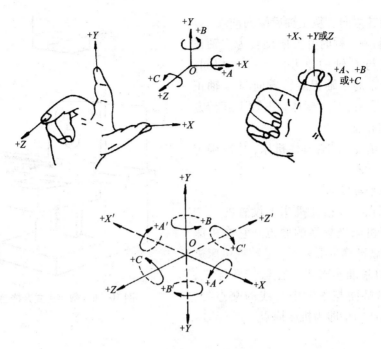

图 10-3 笛卡儿右手直角坐标系

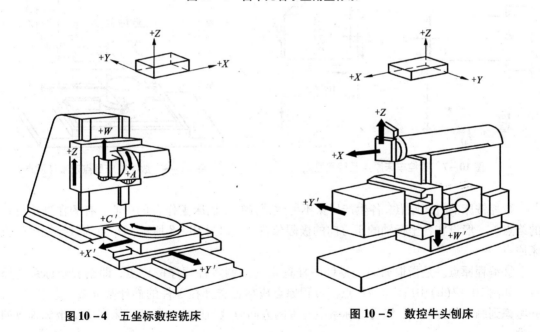

图 10-4 五坐标数控铣床　　　　　图 10-5 数控牛头刨床

②x 轴。平行于工件装夹平面的坐标轴为 x 轴，它一般是水平的，以刀具远离工件的运动方向为 x 轴的正方向。对于工件是旋转的机床，x 轴为工件的径向，如图 10-1 所示。对于刀具是旋转的立式机床，从主轴向立柱看，右侧方向为 x 轴的正方向，如图 10-2 所示。对于刀具是旋转的卧式机床，从主轴向工件看，右侧方向为 x 轴的正方向，如图 10-6 所示。

③y 轴。y 轴垂直于 x、z 轴，当 x、z 轴确定之后，按笛卡儿直角坐标右手定则来判断 y 轴及其正方向。

④主轴旋转方向。从主轴后端向前端(装刀具或工件端)看,顺时针方向旋转为主轴正旋转方向,它与 C 轴的正方向不一定相同。例如,卧式车床的主轴正旋转方向与 C 轴正方向相同,对于钻、铣、镗床,主轴正旋转方向与 C 轴方向相反。

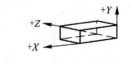

根据实际情况,结合具体机床,依次确定 z、x、y 轴。

4. 三点联系与区别

①机床原点。是指在机床上设置的一个固定的点,即机床坐标系的原点。它在机床装配、调试时就已确定下来了,是数控机床进行加工运动的基准参考点。在数控车床上,一般取在卡盘端面与主轴中心线的交点处,如图 10-7(a)中 O_1 即为机床原点。

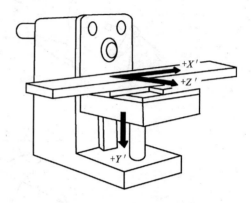

图 10-6 数控卧式升降台铣床

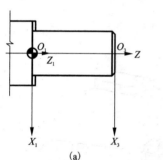 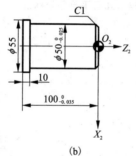

(a)　　　　　　　　　(b)

图 10-7 数控车床原点及编程原点

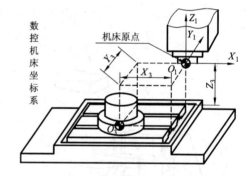

图 10-8 数控铣床原点及工件原点

数控铣床的机床原点,各生产厂家不一致,有的在机床工作台的中心,有的在进给行程的终点。一般设在各坐标轴的正方向的极限位置上,如图 10-8 所示,O_1 点为数控铣床的机床原点。

②编程原点。是指根据加工零件图样选定的编制零件程序的原点,即编程坐标系的原点。如图 10-7(b)中所示的 O_2 点。编程原点应尽量选择在零件的设计基准或工艺基准上,并考虑到编程的方便性,编程坐标系中各轴的方向应该与所使用数控机床相应的坐标轴方向一致。

③加工原点。也称程序原点。是指零件被装卡好后,相应的编程原点在机床原点坐标系中的位置。

5. 绝对坐标与增量坐标

①刀具(或机床)运动位置的坐标值是相对于固定的坐标原点给出,即称为绝对坐标。如图 10-9(a)所示,A、B 点的坐标值为:$x_A = 10$,$y_A = 12$,$x_B = 30$,$y_B = 37$。

②刀具(或机床)运动位置的坐标值是相对于前一位置,而不是相对于固定的坐标原点给出

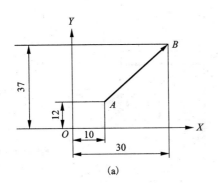 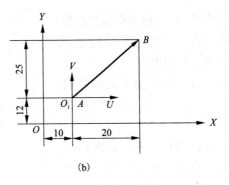

图 10 - 9　绝对坐标与增量坐标

的,称为增量坐标。常使用尺寸字中的第二组坐标 U、V、W(分别与 x、y、z 平行且同向)表示。如图 10 - 9(b)中,B 点的坐标是相对于前面的 A 点给出的,其增量坐标为: $U_B = 20$,$V_B = 25$。

　　$U - V$ 坐标系统称为增量坐标系统。在程序编制过程中,是使用绝对坐标系还是使用增量坐标系,也可以根据需要和方便用 G 指令来选择。

　　6. 对刀

　　如图 10 - 10 所示加工零件及表 10 - 1 所示程序,需要在加工前完成对刀动作(移动刀具到起刀点位置)。

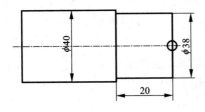

($50, 100$)

图 10 - 10　对刀示意图

表 10 - 1　程序表

程　　序	说　　明
O0001;	
G99 G50　X50 Z100;	建立工件坐标系
M03 S400;	主轴正转
G00 X45　Z - 1;	快速到达切削起点
G01 X - 0.2　F0.2;	进行端面切削
G00 X50　Z100 M05;	快速返回起刀点,主轴停
M30;	程序结束

　　对刀方法多种多样,建议初学者先理解掌握一般对刀法,为使结果更为精确,可反复进行"试切—测量—调整"几个阶段的练习。如图 10 - 11 所示,其对刀操作过程如下:

①回参考点。进行回参考点操作，通过刀具返回机床零点消除刀具运行中插补累积误差。

②试切削。用手动方式操作机床，先切削工件外圆表面，保持刀具在 X 方向位置不变，然后退刀，记录此时 X 轴坐标值 X_t，并测量试切后的工件外圆直径为 d；然后切削工件的右端面，保持刀具在 Z 方向位置不变退刀，记录此时 Z 轴坐标值 Z_t。

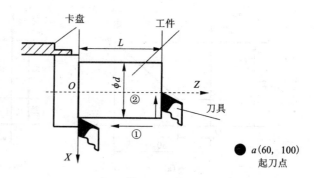

● $a(60, 100)$ 起刀点

图 10 - 11　试切法对刀示意图

③计算编程原点在机床坐标系中的坐标值。设若工件长度为 L，则编程原点为：$X_0 = X_t - d$，$Z_0 = Z_t - L$；若编程原点选在右端面，则此处 L 取 0。

④计算刀具机床坐标系中的起点位置。若刀具起点位置设为 $A(60, 100)$，则刀具起点坐标位置为 $X_a = X_0 + 60$，$Z_a = Z_0 + 100$。

⑤移动刀具到起点位置，执行 G92 指令，则系统建立了新的工件坐标系。

若加工坐标系采用指令 G54 系列来选择，则只需计算出 3 步骤中的 (X_0, Z_0)，输入相应坐标系设置中即可；但依然显得陈旧而麻烦，现在常用的 T 方式对刀法(即将步骤 2 中测量直径 d 和工件长度 L 输入到指定的刀具偏置号中，然后在程序中调用相应偏置号，如 T0101 就意味着使用 1 号刀 1 号偏置来建立工件坐标系)，十分简单明了。

7. M、S、T 指令

辅助功能由地址字 M 和其后的两位数字组成，主要用于控制零件程序的走向，以及机床各种辅助功能的开关动作。常用 M 指令功能如表 10 - 2 所示。

表 10 - 2　M 指令功能表

代　码	模　态	功能说明	代　码	模　态	功能说明
M00	非模态	程序停止	M03	模态	主轴正转启动
M02	非模态	程序结束	M04	模态	主轴反转启动
M03	非模态	程序结束并返回程序起点	M05	模态	主轴停止启动
			M06	非模态	换刀
M98	非模态	调用子程序	M07	模态	切削液打开
M99	非模态	子程序结束	M09	模态	切削液停止

M00、M02、M30、M98、M99 用于控制零件程序的走向，是 CNC 内定的辅助功能，不由机床制造商设计决定，与 PLC 程序无关；其余 M 代码用于机床各种辅助功能的开关动作，其功能不由 CNC 内定，而是由 PLC 程序指定，所以有可能因机床制造厂家不同而有差异，具体应用请使用者参考机床说明书。

主轴功能 S 控制主轴转速，其后的数值表示主轴速度，常见单位为转/每分钟(r/min)。

恒线速度功能时 S 指定切削线速度，其后的数值单位为米/每分钟（m/min）（G96 恒线速度有效、G97 取消恒线速度）。S 是模态指令，S 功能只有在主轴速度可调节时有效。S 所编程的主轴转速可以借助机床控制面板上的主轴倍率开关进行修调。

刀具功能 T 代码用于选刀，其后的 4 位数字分别表示选择的刀具号和刀具补偿号。T 代码与刀具的关系是由机床制造厂家规定的，具体应用时应认真参考机床厂家的说明书。

当一个程序段同时包含 T 代码与刀具移动指令时，先执行 T 代码指令。T 指令同时调入刀补寄存器中的补偿值。

第三节　典型数控加工方法

一、数控加工顺序安排原则

（1）上道工序的加工不能影响下道工序的定位与夹紧。

（2）先内后外，即先进行内部型腔（内孔）的加工，后进行外形的加工。

（3）以相同的安装或使用同一把刀具加工的工序，最好连续进行，以减少重新定位或换刀所引起的误差。

（4）在同一次安装中，应先进行对工件刚性影响较小的工序。

二、加工路线的确定

数控车床进给加工路线指车刀从对刀点（或机床固定原点）开始运动起，直至返回该点并结束加工程序所经过的路径，包括切削加工的路径及刀具切入、切出等非切削空行程路径。

精加工的进给路线基本上都是沿其零件轮廓顺序进行的，因此，确定进给路线的工作重点是确定粗加工及空行程的进给路线。

在数控车床加工中，加工路线的确定一般要遵循以下几方面原则。

（1）应能保证被加工工件的精度和表面粗糙度。

（2）使加工路线最短，减少空行程时间，提高加工效率。

（3）尽量简化数值计算的工作量，简化加工程序。

（4）对于某些重复使用的程序，应使用子程序。

使加工程序具有最短的进给路线，不仅可以节省整个加工过程的执行时间，还能减少一些不必要的刀具消耗及机床进给机构滑动部件的磨损等。最短进给路线的类型及实现方法如下。

（1）最短的切削进给路线。切削进给路线最短，可有效提高生产效率，降低刀具损耗。安排最短切削进给路线时，还要保证工件的刚性和加工工艺性等要求。

（2）最短的空行程路线。

①巧用起刀点。采用矩形循环方式进行粗车的一般情况示例。其对刀点 A 的设定是考虑到精车等加工过程中需方便地换刀，故设置在离毛坯件较远的位置，同时，将起刀点与其对刀点重合在一起

②巧设换刀点。为了考虑换刀的方便和安全，有时将换刀点也设置在离毛坯件较远的位置处，那么，当换第二把刀后，进行精车时的空行程路线必然也较长；如果将第二把刀的

换刀点也设置在起刀点的位置上，则可缩短空行程距离。

③合理安排"回零"路线。在手工编制复杂轮廓的加工程序时，为简化计算过程，便于校核，程序编制者有时将每一刀加工完后的刀具终点，通过执行"回零"操作指令，使其全部返回到对刀点位置，然后再执行后续程序。这样会增加进给路线的距离，降低生产效率。因此，在合理安排"回零"路线时，应使前一刀的终点与后一刀的起点间的距离尽量短，或者为零，以满足进给路线最短的要求。另外，在选择返回对刀点指令时，在不发生干涉的前提下，尽可能采用 x、z 轴双向同时"回零"指令，该功能"回零"路线是最短的。

（3）大余量毛坯的阶梯切削进给路线。

（4）零件轮廓精加工的连续切削进给路线。零件轮廓的精加工可以安排一刀或几刀精加工工序。其完工轮廓应由最后一刀连续加工而成，此时，刀具的进、退位置要选择适当，尽量不要在连续的轮廓中安排切入和切出或换刀及停顿，以免因切削力突然变化而破坏工艺系统的平衡状态，致使零件轮廓上产生划伤、形状突变或滞留刀痕。

（5）特殊的进给路线。在数控车削加工中，一般情况下，刀具的纵向进给是沿着坐标的负方向进给的，但有时按其常规的负方向安排进给路线并不合理，甚至可能损坏工件。

三、数控车削加工

（1）加工零件工作任务名称：基本轴类零件的数控车削加工。

（2）加工零件类型描述：

该零件是使用数控车削加工的基本零件轮廓形状，是数控车削加工中难度水平比较综合的基本零件之一，如图 10 - 12 所示。

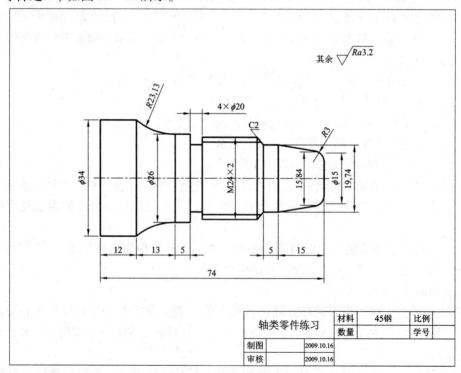

图 10 - 12　车削加工零件图

（3）工作任务内容描述：

已知毛坯材料为45钢，尺寸为$\phi40$ mm×85 mm 的棒料。制定零件加工工艺，编写零件加工程序，并在仿真软件上进行模拟操作加工，最后使用数控车床进行加工，并对加工后的零件进行检测、评价。

（4）零件工艺分析（如表10-3所示）：

表10-3 零件工艺分析表

学校名称		班级学号		姓 名		成 绩	
零件图号		零件名称	基本轴类零件	材料牌号		45 钢	
分析内容		分析理由					
形状、尺寸大小		该零件的加工要素有圆弧面、外圆柱面、圆锥面、台阶面、退刀槽、三角螺纹，外形简单，形状规则，是典型的短轴类零件。可选择现有设备 CK6132A 型卧式数控车床，刀具可选 3～4 把，如外圆车刀、螺纹刀、切槽刀。 确定加工顺序为：粗车外轮廓表面—半精车外轮廓表面—切槽—车螺纹。					
结构工艺性		该零件的结构工艺性好，便于装夹、加工。因此，可选用三爪自定心卡盘定位装夹，选择标准刀具进行加工。					
几何要素、尺寸标注		该零件轮廓几何要素定义完整，尺寸标注符合数控加工要求，有统一的设计基准，且便于加工、测量。					
精度、表面粗糙度		该零件加工用以熟悉数控编程步骤，对外圆各尺寸无特殊尺寸精度要求，我们假设图中尺寸公差均为 IT12 级，表面质量要求最高为 $Ra6.3$。这样，零件尺寸精度和表面粗糙度要求中等，槽为 4×2，螺纹为 M24×2，故采用以下加工方案即可保证其要求：粗车—半精车。					
材料及热处理		零件所用材料为 45 钢，属于中碳钢，经热处理后其加工性能较好，属较易切削金属，故对刀具材料无特殊要求。因此，选硬质合金或涂层刀具材料均可，在加工时不宜选择过大的切削用量，切削过程中根据加工条件加冷却液。					
其他技术要求		该零件要求锐角倒钝，故编程时在锐角处安排了 1×45° 的倒角。					
生产类型、定位基准		该零件生产类型为单件生产，因此，要按单件小批生产类型制定工艺规程。由于该零件生为单件生产，所以，定位基准可选在外圆表面。					

（5）确定加工顺序（如表10-4所示）：

表10-4 工件加工顺序卡

学校名称	班级学号		姓 名	成 绩	
	零件图号		零件名称	使用设备	场地
	基本轴类零件		CK6132A 数控车床		

程序编号	OO0001		材　料		45 钢	数控系统	FANUC – 0I
工步序号	工步内容	确定理由		量具选用			备注
			名　称		量　程		
1	车削端面	车平端面，建立长度基准，保证工件长度要求。车削完的端面在后续加工中不需再加工。	0.02 mm 游标卡尺		0 ~ 150 mm		手动
2	粗车各外圆表面	较短时间内去除毛坯大部分余量，满足精车余量均匀性要求。	0.02 mm 游标卡尺		0 ~ 150 mm		自动
3	精车各外圆表面	保证加工精度，按图纸尺寸，一刀连续车出零件轮廓。	0.02 mm 游标卡尺		0 ~ 150 mm		自动
4	切槽	遵循"先主后次"原则，先加工出主要外圆表面。另外，需在加工螺纹前先加工出退刀槽。	0.02 mm 游标卡尺		0 ~ 150 mm		自动
5	车削螺纹	先加工出螺纹光轴和退刀槽，再加工螺纹。	螺纹环规		M24X2		自动

(6)刀具选择(如表 10 - 5 所示)：

表 10 –5　刀具卡片

学校名称			班级学号			姓名		成绩
			零件图号			零件名称		基本轴类零件
工步号	刀具号	刀具名称	刀具参数			刀片材料	偏置号	刀柄型号
			刀尖半径	刀尖方位	刀片型号			
1	T01	93°外圆车刀				涂层硬质合金		
2	T01	93°外圆车刀	0.4	3		涂层硬质合金	01	
3	T01	93°外圆车刀	0.4	3		涂层硬质合金	01	
4	T02	3.5 mm 切槽刀		3		涂层硬质合金	02	
5	T03	60°螺纹刀		8		涂层硬质合金	03	

（7）切削用量选择（如表 10 - 6 所示）：

粗加工：首先取 $a_p = 3.0$ mm；其次取 $f = 0.2$ mm/r；最后取 $v_c = 120$ m/min。然后根据公式 $n = \dfrac{1000v_c}{\pi d}$ 计算出主轴转速 $n = 1000$ r/min，根据公式 $v_f = fn$ 计算出进给速度 $v_f = 200$ mm/min。

精加工：首先取 $a_p = 0.3$ mm；其次取 $f = 0.08$ mm/r；最后取 $v_c = 200$ m/min。然后根据公式 $n = \dfrac{1000v_c}{\pi d}$ 计算出主轴转速 $n = 1500$ r/min，根据公式 $v_f = fn$ 计算出进给速度 $v_f = 100$ mm/min。

槽加工：背吃刀量为 1.5 mm，根据本机床动力和刚性限制条件，尽可能大的选取进给量，$f = 0.06$ mm/r；其次根据刀具耐用度确定最佳的切削速度，硬质合金取 $v_c = 60$ m/min。根据公式 $n = \dfrac{1000v_c}{\pi d}$ 计算出主轴转速为 900 r/min，进给速度为 50 mm/min。

螺纹加工：根据公式 $n \leqslant \dfrac{1200}{p} - k$，取主轴转速 $n = 600$ r/min。

该零件在粗加工时所用各基点坐标大部分都可由图直接得到。该零件主要尺寸的程序设定值计算：一般取工件尺寸的中值。螺纹光轴尺寸应考虑到螺纹加工伸缩量，所以编程尺寸为：$d = 24 - 0.65 \times 2 \times 2 = 21.4$。

螺纹分 5 次加工：

第 1 次：$X = 23.1$, $Z = -42$；
第 2 次：$X = 22.5$, $Z = -42$；
第 3 次：$X = 21.9$, $Z = -42$；
第 4 次：$X = 21.5$, $Z = -42$；
第 5 次：$X = 21.4$, $Z = -42$。

表 10 - 6 切削用量卡片

学校名称		班级学号		姓 名		成 绩	
		零件图号			零件名称	基本轴类零件	
工步号	刀具号	切削速度 v_c /(m·min^{-1})	主轴转速 n /(r·min^{-1})	进给量 f /(mm·r^{-1})	进给速度 v_f /(mm·min^{-1})	背吃刀量 a_p /(mm)	
1							
2	T01	120	1000	0.2	200	3.0	
3	T01	200	1500	0.08	120	0.3	
4	T02	60	900	0.06	50	1.5	
5	T03		700	1.5		1.8	

(8)程序编制(如表10 -7 所示):

表 10 -7 数控加工程序

学校		数控加工程序清单	零件图号	零件名称
班级学号	姓名	成绩		基本轴类零件
程序名		O0001	子程序名	

O0001 N10 T0101 ; N20 M3S800 ; N22 G00X45Z0 ; N24 G01X - 1F0. 15 ; N26 Z2 ; N30 G00X42Z5 ; N50 G71U2R1 ; N60 G71P70Q180U0. 5W0. 2F0. 3 ; N70 G0X - 1 ; N80 G1Z0 ; N90 X9. 92 ; N100 G03X15. 84Z - 2. 51R3 ; N110 G1X20Z - 15 ; N120 W - 5 ; N130 X24W - 2 ; N140 W - 22 ; N150 X26 ; N160 W - 5 ; N170 G02X34W - 13R23. 13 ; N180 W - 16 ; N185 M03S1000 ; N190 G70P70Q180F0. 15 ; N200 G0X50Z100 ; N205 M05 ; N210 M03S400 ; N220 T0202 ; N230 G0X36Z - 44 ; N240 G1X20F0. 15 ; N250 X25 ; N260 W1 ; N270 X20 ; N280 W - 1 ; N290 X26 ; N300 G0X50Z100 ; N310 M03S600T0303 ; N320 G0X28Z - 16 ; N330 G92X23. 1W - 26F2 ; N340 X22. 5 ; N350 X21. 9 ; N360 X21. 5 ; N370 X21. 4 ; N380 G0X50Z100 ; N390 M30 ;	刀具及工补 粗车外圆各表面 车削端面 粗加工外圆面 精加工外圆面 安全位置换刀 切槽加工 螺纹加工 程序结束	说明 加工之前应先设置对应的刀具参数,以保证零件尺寸精度。 切槽之前需对工件尺寸精度进行检验,必要时尺寸修调后再次精加工。注意切槽走刀路线。

四、数控加工中心及铣削加工

（1）加工零件工作任务名称：型腔类零件的铣削加工。

（2）加工零件类型描述：

该零件是使用数控铣削加工的基本型腔类零件，是数控铣削加工中应用水平比较综合的零件，如图 10 – 13 所示。

（3）工作任务内容描述：

已知毛坯材料为 45 钢，尺寸为 80 mm × 80 mm × 20 mm 的板料。制定零件加工工艺，编写零件加工程序，并在仿真软件上进行模拟操作加工，最后使用数控加工中心或数控铣床（根据数控铣床与加工中心的区别对程序进行相应修改）进行加工，并对加工后的零件进行检测、评价。

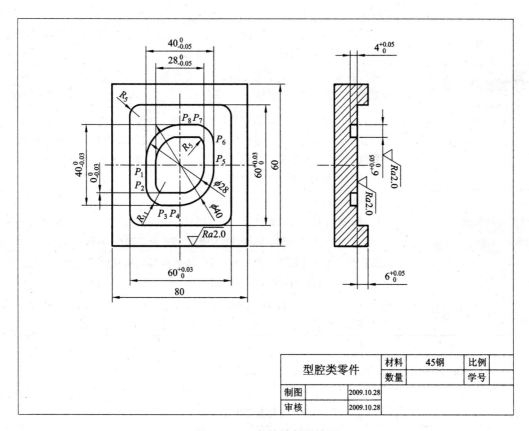

型腔类零件	材料	45钢	比例	
	数量		学号	
制图	2009.10.28			
审核	2009.10.28			

图 10 – 13 数控铣削零件图

(4)零件工艺分析(如表10-8所示):

表 10-8　零件工艺分析表

学校名称			班级学号	姓名	成绩
零件图号		零件名称	型腔类零件	材料牌号	45 钢
分析内容		分析理由			
形状、尺寸大小		该零件的加工要素主要是凹槽型腔加工,加工内容是铣削一矩形凹槽以及一环形凹槽,外形较简,形状规则,是典型的型腔类零件。可选择现有设备 KVC650 型加工中心,刀具可选 2~3 把,如键槽铣刀、立铣刀即可完成。确定加工顺序为:粗铣矩形凹槽—精铣矩凹槽—粗铣环形凹槽—精铣环形凹槽。			
结构工艺性		该零件的结构工艺性好,便于装夹、加工。因此,可选用机用平口钳定位装夹,根据图样选用合适尺寸标准刀具进行加工。			
几何要素、尺寸标注		该零件轮廓几何要素定义较完整,尺寸标注符合数控加工要求,有统一的设计基准,且便于加工、测量。			
精度、表面粗糙度		该零件加工用以熟悉数控铣削编程加工步骤,对相关定位尺寸有一定的尺寸精度要求,尺寸公差均为 IT8 级,表面质量要求最高为 $Ra3.2$。这样,零件尺寸精度和表面粗糙度要求较高,故型腔采用以下加工方案即可保证其要求:换不同刀具及切削要素进行粗铣—精铣。			
材料及热处理		零件所用材料为 45 钢,属于中碳钢,经热处理后其加工性能较好,属较易切削金属,故对刀具材料无特殊要求。因此,选高速钢材料均可,在加工时不宜选择过大的切削用量,切削过程中根据加工条件加冷却液。			
其他技术要求		圆弧拐角处加工需用半径规进行检测,表面质量用粗糙度样板进行检测,要求较高,工件装夹时须打百分表校正。			
生产类型、定位基准		该零件生产类型为单件生产,因此,要按单件小批生产类型制定工艺规程。由于该零件为单件生产,所以,定位基准可选在工件底面及侧面。			

(5)确定加工顺序(如表10-9所示):

表 10-9　工件加工顺序安排

学校名称		班级学号		姓　名	成　绩
		零件图号	零件名称	使用设备	场　地
			型腔类零件	KVC650 型加工中心	
程序编号	O0120	材　料	45 钢	数控系统	FANUC - 01

220

工步序号	工步内容	确定理由	量具选用 名 称	量 程	备 注
1	粗铣矩形凹槽	根据加工要求，较短时间以合理的走刀路径去除型腔内大部分毛坯余量，分层粗铣矩形凹槽。	0.02 mm 游标卡尺、深度游标卡尺	0～150 mm	自动
2	精铣矩形凹槽	保证加工精度要求，按图纸尺寸，以合理铣削方式完成矩形凹槽轮廓加工。	0.02 mm 游标卡尺、深度游标卡尺、半径规	0～150 mm R6	自动
3	粗铣环形凹槽	根据加工要求，以合理下刀及铣削方式分层粗铣环形凹槽。	0.02 mm 游标卡尺、深度游标卡尺	0～150 mm	自动
4	精铣环形凹槽	保证加工精度要求，按图纸尺寸，以合理铣削方式完成环形凹槽轮廓加工。	0.02 mm 游标卡尺、深度游标卡尺	0～150 mm	自动

(6)刀具选择(如表10-10所示)：

数控铣削类机床采用标准刀柄夹持铣削刀具，本零件材料为45钢，外形规则，根据材料切削性能及加工要求均选择常用的高速钢刀具。根据零件图样及下刀方式选择不同尺寸的键槽铣刀与立铣刀分别进行各加工内容的粗、精铣削加工。因本工件的表面质量要求较高，故粗、精加工型腔表面使用不同尺寸、不同类型的铣刀进行。

表10-10 刀具卡片

学校名称			班级学号		姓名	成绩
			零件图号		零件名称	型腔类零件
工步号	刀具号	刀具名称	刀具参数 刀具直径	刀尖方位	刀片材料	偏置号	刀柄型号
1	T01	高速钢键槽粗铣刀	φ10	0	高速钢	01	BT40
2	T02	高速钢键槽粗铣刀	φ5	0	高速钢	02	BT40
3	T03	高速钢立铣精铣刀	φ10	0	高速钢	03	BT40
4	T04	高速钢立铣精铣刀	φ5	0	高速钢	04	BT40

(7)切削用量选择(如表 10 – 11 所示):

表 10 – 11　切削用量卡片

学校名称			班级学号		姓名	成绩
			零件图号		零件名称	型腔类零件
工步号	刀具号	工作内容		进给速度 v_f /(mm · min^{-1})	主轴转速 n /(r · min^{-1})	下刀深度 /(mm)
1	T01	垂直进给		50	1000	2
		表面直线进给		70	1000	2
		表面圆弧进给		70	1000	2
2	T02	垂直进给		40	1200	2
		表面直线进给		60	1200	2
		表面圆弧进给		60	1200	2
3	T03	垂直进给		50	1200	0.2
		表面直线进给		60	1200	0.2
		表面圆弧进给		60	1200	0.2
4	T04	垂直进给		40	1500	0.2
		表面直线进给		60	1500	0.2
		表面圆弧进给		60	1500	0.2

粗加工:首先根据加工内容变化、机床及材料性能粗加工,下刀深度取 $a_p = 2.0$ mm;并根据刀具推荐切削速度值选择合适 v_c 值。然后根据公式 $n = \dfrac{1000v_c}{\pi d}$ 计算,并根据加工经验选择合适的主轴转速 n,根据公式 $v_f = fn$ 计算并根据加工内容变化选择合适进给速度 v_f,填入切削用量卡片中。

精加工:首先确定各精加工余量;并根据刀具推荐切削速度值选择合适 v_c 值。然后根据公式 $n = \dfrac{1000v_c}{\pi d}$ 计算,并根据加工经验选择合适的主轴转速 n,根据公式 $v_f = fn$ 计算并根据加工内容变化选择合适进给速度 v_f,填入切削用量卡片中。

数学处理:

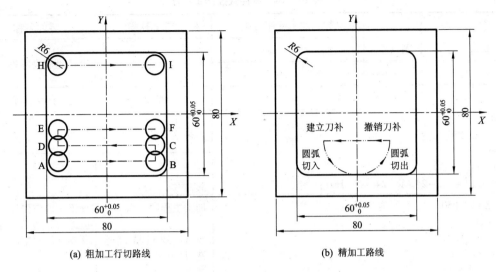

(a) 粗加工行切路线   (b) 精加工路线

图 10－14 加工路线

粗加工行切时刀具各点坐标：

表 10－12 关键坐标

A	（－24，－24）	B	（24，－24）
D	（－24，－15）	C	（24，－15）
E	（－24，－6）	F	（24，－6）
	（－24，3）		（24，3）
	（－24，12）		（24，12）
	（－24，21）		（24，21）
H	（－24，24）	I	（24，24）

环形槽外侧、里侧基点坐标：

表 10－13 基点坐标

基点	槽外侧(X，Y)	槽内侧(X，Y)	基点	槽外侧(X，Y)	槽内侧(X，Y)
$P1$	（－20，0）	（－14，0）	$P5$	（20，0）	（14，0）
$P2$	（－20，－9）	（－14，－9）	$P6$	（20，9）	（14，9）
$P3$	（－9，－20）	（－9，－14）	$P7$	（9，20）	（9，14）
4	（0，－20）	（0，－14）	$P7$	（0，20）	（0，14）

(8)程序编制(如表 10－14 所示)：

表 10 -14　零件数控加工程序

学　校		数控加工程序清单	零件图号	零件名称
班级学号	姓　名	成　绩		型腔类零件
程序名			OO120	子程序名

OO120 G91 G28 Z0； M06 T01； G90 M03 S1000； G54 G0 G43 X –24. Y –24. Z5. H01；	工步及刀具	说明
G1 Z –2. F50； M98 P0321； G1 Z –4 F50； M98 P0321； G1 Z –5.8 F50； M98 P0321； G0 Z100. ； G91 G28 Z0； M06 T02； M3 S1200 G90； G41 X –20 Y0 D2； G1 G43 Z –8. H02 F50； M98 P0323； G1 Z –9.8 F50； M98 P0323； G0 Z5. ； G40 X –10. Y –10. ； G41 X –14. Y0 D2； G1 Z –8. F50； M98 P0324； G1 Z –9.8 F50； M98 P0324； G0 Z100. ； G40 X0 Y0； G91 G28 Z0； M06 T03； M3 S1200 G90； G0 G43 X –24 Y –24. Z5. H03； G1 Z –6. F50； G0 Z5. ； X0 Y0； G1 Z –6. F40； M98 P0322； G0 Z100. ； G91 G28 Z0； M06 T04； M3 S1500 G90；	加工主程序 换 T1 号 粗 铣 键 槽铣刀 根据切削深度多次调用矩形凹槽粗加工子程序 换 T2 号 粗 铣 键 槽铣刀 根据切削深度多次调用矩形凹槽粗加工子程序 调用环形凹槽侧面精加工子程序 换 T3 号精铣立铣刀	加工之前应先设置对应的刀具参数，以保证零件尺寸精度。

224

G0 G41 X – 20. Y0 D4； G1 G43 Z – 10. H04 F50； M98 P0323；	换 T4 号精铣立铣刀	
G0 Z5.； G40 X – 10. Y10.； G41 X – 14. Y0 D4； G1 Z – 10. F50； M98 P0324； G0 Z10.； G40 X0 Y0 G49； M30；	调用矩形凹槽精加工 子程序	
O0121； G1 X24. Y – 24. F70； Y – 15.； X – 24.； Y – 6.； X24.； Y3.； X – 24.； Y12.； X24.； Y21.； X – 24.； Y24.； X24.； G0 Z5.； X – 24. Y – 24.； M99；	矩形槽粗加工子程序	
O0122 G1 G41 X – 5. Y – 25. D3 F70； G3 X0 Y – 30. R5； G1 X24.； G3 X30. Y – 24. R6； G1 Y24.； G3 X24. Y30. R6； G1 X – 24.； G3 X – 30. Y24. R6； G1 Y – 24.； G3 X – 24. Y – 30. R6； G1 X0； G3 X5. Y – 25. R5； G1 G40 X0 Y0； M99；	矩形槽精加工子程序	

O0123 G1 X－20. Y－9. F70； G3 X－9. Y－20. R11； G1 X0； G3 X20. Y0. R20.； G1 Y9.； G3 X9. Y20. R11； G1 X0； G3 X－20. Y0 R20.； M99；	环形槽外侧面加工子程序	
O0124 G2 X0 Y14 R14 F70； G1 X9； G2 X14 Y9 R5； G1 Y0； G2 X0 Y－14 R14； G1 X－9； G2 X－14 Y－9 R5； G1 Y0； M99；	环形槽侧面加工子程序	

五、安全操作规程

数控机床是一种自动化程度较高，结构较复杂的先进加工设备，为了充分发挥机床的优越性，提高生产效率，管好、用好、修好数控机床，技术人员的素质及文明生产显得尤为重要。操作人员除了要熟悉掌握数控机床的性能，做到熟练操作以外，还必须养成文明生产的良好工作习惯和严谨工作作风，具有良好的的职业素质、责任心和合作精神。操作时应做到以下几点：

（1）严格遵守数控机床的安全操作规程，未经专业培训不得擅自操作机床。

（2）严格遵守上下班、交接班制度。

（3）做到用好、管好机床，具有较强的工作责任心。

（4）保持数控机床周围的环境整洁。

（5）操作人员应穿戴好工作服、工作鞋，不得穿、戴有危险性的服饰品。

安全操作规程：

为了正确合理地使用数控机床，减少其故障的发生率。

（1）开机前的注意事项。

①操作人员必须熟悉该数控机床的性能和操作方法，经机床管理人员同意方可操作机床。

②机床通电前，先检查电压、气压、油压是否符合工作要求。

③检查机床可动部分是否处于可正常工作状态。

④检查工作台是否有越位、超极限状态。

⑤检查电气元件是否牢固，是否有接线脱落。

⑥检查机床接地线是否和车间地线可靠连接(初次开机特别重要)。

⑦已完成开机前的准备工作后方可上电源总开关。

(2)开机过程注意事项。

1)严格按机床说明书中的开机顺序进行操作。

2)一般情况下开机过程中必须先进行回机床参考点操作,建立机床坐标系。

3)开机后让机床空运转15 min以上,使机床达到平衡状态。

4)关机以后必须等待5 min以上才可以进行再次开机,没有特殊情况不得随意频繁进行开机或关机操作。

(3)调试过程注意事项。

①编辑、修改、调试好程序。若是首件试切必须进行空运行,确保程序正确无误。

②按工艺要求安装、调试好夹具,并清除各定位面的铁屑和杂物。

③按定位要求装夹好工件,确保定位正确可靠,不得在加工过程中出现工件松动等现象。

④安装好所要用的刀具,若是加工中心,则必须使刀具在刀库上的刀位号与程序中的刀号严格一致。

⑤按工件上的编程原点进行对刀,建立工件坐标系。若用多把刀具,则其余各把刀具分别进行长度补偿或刀尖位置补偿。

第四节　先进制造技术简介

一、直接数字控制(DNC)

DNC(distributed numerical control)称为分布式数控,意为直接数字控制或分布数字控制,是实现CAD/CAM和计算机辅助生产管理系统集成的纽带,是机械加工自动化的又一种形式。DNC最早的含义是直接数字控制,其研究开始于20世纪60年代。它指的是将若干台数控设备直接连接在一台中央计算机上,由中央计算机负责NC程序的管理和传送。

从DNC概念的出现到今天的DNC技术,不论从功能上还是内涵上都发生了很大的变化。也正因为不断的变化,人们对DNC的概念有着各种各样的理解,从而导致对DNC的分类标准也各不相同,不同角度有着不同的分类方法。我们主要了解常用的按照DNC功能强弱来分的知识,具体划分见表10-15。

表10-15　DNC分类表

DNC分类	功　能	复杂程度	价　格
初始DNC	下传NC程序	简单	低廉
基本DNC	CNC程序的管理和双向传输	一般	低廉
狭义DNC	CNC程序的管理和双向传输系统,状态采集、反馈	中等	一般
广义DNC	CNC程序的管理和双向传输,系统状态采集、反馈,远程控制与车间生产管理体系	复杂	昂贵

二、柔性制造系统(FMS)

柔性制造技术是一种能迅速响应市场需求而相应调整生产品种的制造技术。FMS 是由若干台数控加工设备、物料运储装置和计算机控制系统组成，并能根据制造任务和生产品种的变化而迅速进行调整的自动化制造系统，其基本组成如图 10－15 所示。自从 1954 年美国麻省理工学院第一台数字控制铣床诞生后，20 世纪 70 年代初柔性自动化进入了生产实用阶段。几十年来，从单台数控机床的应用逐渐发展到加工中心、柔性制造单元、柔性制造系统和计算机集成制造系统，从而使柔性自动化得到了迅速发展。

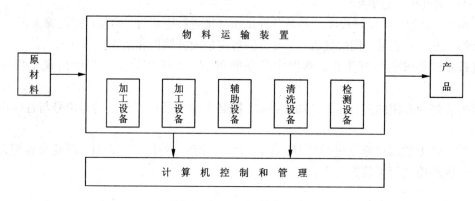

图 10－15　FMS 基本组成

柔性制造系统是一种技术复杂、高度自动化的系统，它将微电子学、计算机和系统工程等技术有机地结合起来，理想和圆满地解决了机械制造高自动化与高柔性化之间的矛盾。具体优点如下：

(1)设备利用率高。由于采用计算机对生产进行调度，一旦有机床空闲，计算机便分配给该机床加工任务。在典型情况下，采用柔性制造系统中的一组机床所获得的生产量是单机作业环境下同等数量机床生产量的 3 倍。

(2)减少生产周期。由于零件集中在加工中心上加工，减少了机床数和零件的装卡次数，采用计算机进行有效的调度也减少了周转的时间。

(3)具有维持生产的能力。当柔性制造系统中的一台或多台机床出现故障时，计算机可以绕过出现故障的机床，使生产得以继续。

(4)生产具有柔性。可以响应生产变化的需求，当市场需求或设计发生变化时，在 FMS 的设计能力内，不需要系统硬件结构的变化，系统具有制造不同产品的柔性；并且，对于临时需要的备用零件可以随时混合生产，而不影响 FMS 的正常生产。

(5)产品质量高。FMS 减少了卡具和机床的数量，并且卡具与机床匹配得当，从而保证了零件的一致性和产品的质量。同时自动检测设备和自动补偿装置可以及时发现质量问题，并采取相应的有效措施，保证了产品的质量。

(6)加工成本低。FMS 的生产批量在相当大的范围内变化，其生产成本是最低的。它除了一次性投资费用较高外，其他各项指标均优于常规的生产方案。

柔性制造系统的发展趋势：

228

　　柔性制造系统的发展趋势大致有两个方面：一方面是与计算机辅助设计和辅助制造系统相结合，利用原有产品系列的典型工艺资料，组合设计不同模块，构成各种不同形式的具有物料流和信息流的模块化柔性系统。另一方面是实现从产品决策、产品设计、生产到销售的整个生产过程自动化，特别是管理层次自动化的计算机集成制造系统。在这个大系统中，柔性制造系统只是它的一个组成部分。

三、计算机集成制造系统（CIMS）

　　CIMS（computer integrated manufacturing system）是计算机集成制造系统，是随着计算机辅助设计与制造的发展而产生的。它是在信息技术自动化技术与制造的基础上，通过计算机技术把分散在产品设计制造过程中各种孤立的自动化子系统有机地集成起来，形成适用于多品种、小批量生产，实现整体效益的集成化和智能化制造系统。集成化反映了自动化的广度，智能化则体现了自动化的深度，它不仅涉及物资流控制的传统体力劳动自动化，还包括信息流控制的脑力劳动的自动化。

　　当前，我国的 CIMS 已经改变为现代集成制造（contemporary integrated manufacturing）与现代集成制造系统（contemporary integrated manufacturing system），在广度与深度上拓展了原CIM/CIMS 的内涵。其中，"现代"的含义是计算机化、信息化、智能化。"集成"有更广泛的内容，它包括信息集成、过程集成及企业间集成等三个阶段的集成优化；企业活动中三要素及三流的集成优化；CIMS 有关技术的集成优化及各类人员的集成优化等。CIMS 不仅仅把技术系统和经营生产系统集成在一起，而且把人（人的思想、理念及智能）也集成在一起，使整个企业的工作流程、物流和信息流都保持通畅和相互有机联系。所以，CIMS 是人、经营和技术三者集成的产物。

第十一章
特种加工技术

第一节 概　述

一、特种加工产生的背景

特种加工是指那些不属于传统加工工艺范畴的加工方法，它不同于使用刀具、磨具等直接利用机械能切除多余材料的传统加工方法。特种加工亦称非传统加工或现代加工方法，泛指用电能、热能、光能、电化学能、化学能、声能及特殊机械能等能量达到去除或增加材料的加工方法，从而实现材料被去除、变形、改变性能或被镀覆等。特种加工中以采用电能为主的电火花加工和电解加工应用较广，泛称电加工。

对于高硬度材料和复杂形状、精密微细的特殊零件，特种加工有很大的适用性和发展潜力，在模具、量具、刀具、仪器仪表、飞机、航天器和微电子元器件等制造中得到越来越广泛的应用。

特种加工的发展方向主要是：提高加工精度和表面质量，提高生产率和自动化程度，发展几种方法联合使用的复合加工，发展纳米级的超精密加工等。

二、特种加工的特点

（1）不用机械能，与加工对象的机械性能无关。有些加工方法，如激光加工、电火花加工、等离子弧加工、电化学加工等，是利用热能、化学能、电化学能等，这些加工方法与工件的硬度强度等机械性能无关，故可加工各种硬、软、脆、热敏、耐腐蚀、高熔点、高强度、特殊性能的金属和非金属材料。

（2）非接触加工，不一定需要工具，有的虽使用工具，但与工件不接触，因此，工件不承受大的作用力，工具硬度可低于工件硬度，故使刚性极低元件及弹性元件得以加工。

（3）微细加工，工件表面质量高。有些特种加工，如超声波、电化学、水喷射、磨料流等，加工余量都是微细进行，故可加工尺寸微小的孔或狭缝。

（4）不存在加工中的机械应变或大面积的热应变，可获得较低的表面粗糙度值，其热应力、残余应力、冷作硬化等均比较小，尺寸稳定性好。

（5）两种或两种以上的不同类型的能量可相互组合形成新的复合加工，其综合加工效果明显，且便于推广使用。

（6）特种加工对简化加工工艺、变革新产品的设计及零件结构工艺性等产生了积极的

230

影响。

三、特种加工的分类

表 11 -1 常用特种加工方法分类

特种加工方法		能量来源及形式	作用原理	英文缩写
电火花加工	电火花成形加工	电能、热能	熔化、气化	EDM
	电火花线切割加工	电能、热能	熔化、气化	WEDM
电化学加工	电解加工	电化学能	金属离子阳极熔解	ECM(ELM)
	电解磨削	电化学能、机械能	阳极深解、磨削	EGM(ECG)
	电解研磨	电化学能、机械能	阳极深解、研磨	ECH
	电铸	电化学能	金属离子阴极沉积	EFM
	涂镀	电化学能	金属离子阴极沉积	EPM
激光加工	激光切割、打孔	光能、热能	熔化、气化	LBM
	激光打标记	光能、热能	熔化、气化	LBM
	激光处理、表面改性	光能、热能	熔化、相变	LBT
电子束加工	切割、打孔、焊接	电能、热能	熔化、气化	EBM
离子束加工	蚀刻、镀覆、注入	电能、动能	原子撞击	IBM
等离子弧加工	切割(喷镀)	电能、热能	熔化、气化(涂覆)	PAM
超声加工	切割、打孔、雕刻	声能、机械能	磨料高频率撞击	USM
化学加工	化学铣削	化学能	腐蚀	CHM
	化学抛光	化学能	腐蚀	CHP
	光刻	光、化学能	光化学腐蚀	PCM

第二节　电火花加工

一、电火花加工的基本原理

在日常生活中，经常见到电器开关的触点闭合或断开时出现电火花，使接触部位烧成坑状或焦煳状，这种因放电而引起的烧损称为电腐蚀现象。电火花加工就是利用两电极间脉冲放电时产生的这种电腐蚀作用，对工件进行加工的一种方法。

电火花加工是在一定的介质中通过工具电极和工件电极之间的脉冲放电的电蚀作用，对工件进行加工的方法，国外称为放电加工。

电火花成型加工是与机械加工完全不同的一种新工艺，其基本原理如图 11 - 1 所示，将被加工的工件做成工件电极，石墨或者紫铜做成工具电极。脉冲电源发出一连串的脉冲电压,加到工件电极和工具电极上,此时工具电极和工件均被淹没于具有一定绝缘性能的工作液中。在自动进给调节装置的控制下,当工具电极与工件的距离小到一定程度时,在脉冲电压的作用下,两电极间最近处的工作液被击穿,工具电极与工件之间形成瞬时放电通道,产生瞬时高温,使金属局部熔化甚至气化而被蚀除下来,形成局部的电蚀凹坑。这样随着相当高的频率连续不断地重复放电,工具电极不断地向工件进给,就可以将工具电极的形状复制到工件上,加工出所需要的和工具电极形状阴阳相反的零件。

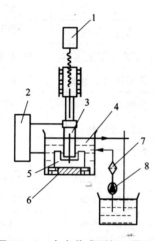

图 11-1　电火花成型加工原理图

1—自动进给调节装置;2—脉冲电源;

3—工具电极;4—工作液;5—工件;

6—工作台;7—过滤器;8—工作液泵

图 11-2　台式电火花成型机床

掌握电火花加工要领,就需理解以下电火花加工常用工作术语:

1. 电蚀现象

当脉冲电压加到工具电极和工件电极之间,某一间隙最小处或绝缘强度最弱处击穿介质,局部产生火花放电,瞬时高温使工具和工件表面局部熔化,甚至气化蒸发而电蚀掉一小部分金属的现象。

2. 脉冲放电

由机床脉冲电源进行脉冲放电,脉冲电源对电火花加工各项指标有很大的影响。脉冲放电用于尺寸加工时必须满足以下条件:

(1)放电间隙。工具电极和工件表面之间经常保持一定的放电间隙,其间隙大小视加工电压、工作液介质等因素而定,约 $0.01 \sim 0.1$ mm。如果间隙过大,工作电压无法击穿介质,电流接近于零;间隙过小,形成短路接触,极间电压也接近于零。这两种情况都不能形成电火花放电条件。为此,在加工过程中,必须靠工具电极的进给和调节装置来保证放电间隙,使脉冲放电得以连续进行。

(2)放电的脉冲性、间歇性。

脉冲宽度。是指放电延续时间,一般应小于 10^{-3} s,使得放电所产生的热量来不及从放电点过多传导扩散到其他部位。

脉冲间隔。是指相邻脉冲之间的间隔时间,其作用是避免持续放电使整个工件发热、表

232

面"烧糊"形成"电弧焊"而无法加工。

（3）绝缘的液体介质：如煤油、机油、皂化液等。液体介质的作用是将加工后的电蚀产物（小颗粒状金属）从放电间隙中排除出去，同时也起到了冷却电极表面的作用。

3. 电火花放电过程

一次放电过程可大致分为电离、放电与热膨胀、抛出电蚀物及消电离等四个阶段。

（1）电离。由于电场强度作用，两极间绝缘介质电离分解成电子和正离子。

（2）放电与热膨胀。在电场力的作用下，电子高速奔向阳极，正离子奔向阴极，在极短的时间内（$10^{-7} \sim 10^{-5}$ s）介质被击穿，产生火花放电，并形成电流通道。通道电流迅速上升（其密度高达 $10^5 \sim 10^8$ A/cm^2），带电离子在高速运动时发生剧烈碰撞，产生大量的热，使通道温度迅速上升（高达 $10000 \sim 12000$℃），在瞬时高温作用下，工件和工具电极表面层金属会很快熔化，甚至气化，即产生电腐蚀现象。同时，通道周围的液体介质，除一部分气化外，另一部分被瞬时高温分解为游离的炭黑和 H_2、C_2H_2、C_2H_4、C_nH_{2n} 等气体，使工作液变黑，并冒出小气泡。由于上述过程是在非常短的时间内完成的，因此金属的熔化和气化以及液体介质的气化都具有突然膨胀而爆炸的特性（加工时可听到劈啪声）。

（3）抛出电蚀物。在热膨胀产生的爆炸力作用下，将熔化和气化的金属蚀物抛入周围的工作液中冷却，凝固成细小的圆球状颗粒（直径约为 $0.1 \sim 500$ μm），而工件表面则形成一个周围凸起的微圆形凹坑。

（4）消电离。脉冲放电后，应有一间隔时间，使两极间介质消电离，以便恢复两极间液体介质的绝缘强度，准备下次脉冲击穿放电。如果放电蚀物和气泡来不及很快排除，就会改变极间介质的成分和绝缘强度，大大降低带电粒子的复合比率，破坏消电离过程，从而使脉冲放电转变为连续电弧放电，使加工无法进行。因此，在两次脉冲放电之间一般应有足够的脉冲间隔时间。其最小脉冲间隔时间的选择，不仅要考虑介质消电离的极限速度，还要考虑电蚀物排出放电区域的时间。

二、电火花成型机床的组成及作用

电火花成型机床基本上由脉冲电源、机体和工作液循环系统三大部分组成，如图 11 – 2 所示。为了确保电火花放电能持续稳定地进行，工具电极和工件应始终保持一定的放电间隙，因此必须具备自动调整工具电极伺服进给的控制系统。

1. 脉冲电源

脉冲电源的作用是将工频交流电转变成频率较高的直流脉冲电，以供给工具电极与工件之间的间隙在电火花加工时所需要的能量。脉冲电源对电火花加工的生产率、表面质量、加工过程的稳定性及工具电极的损耗等技术经济指标有很大的影响，应予以足够重视。

电火花成型机床所使用的脉冲电源种类较多。按工作原理分，可分为独立式脉冲电源和非独立式脉冲电源。其中独立式脉冲电源能独立形成和发生脉冲，不受放电间隙大小和两极间物理状态的影响，其又可分为电子管式、闸流管式、晶闸管式和晶体管式等。而非独立式脉冲电源又称弛张式脉冲电源，它应用最早，结构也简单，频率高。在小功率时脉冲宽度小，成本低，适于精加工。但其加工欠稳定，能量利用率较低，电极损耗大，现在多为独立式脉冲电源所取代。

2. 机体

机体的作用是保证工具电极与工件之间的相互位置尺寸要求，主要包括主轴头、工作台、床身和立柱等四部分。

3. 工作液循环系统

工作液循环系统是电火花成型机床中不可缺少的一部分，其主要作用如下：

(1)形成电火花击穿放电通道，在放电结束后可迅速恢复间隙的绝缘状态。

(2)对放电通道起到压缩作用，使放电能量集中，强化加工过程。

(3)在加工过程中，对电极和工件表面起到冷却和散热作用，确保放电间隙的热量平衡。

(4)及时冲走放电加工时产生的电蚀物，保持工具电极及工件间的清洁、稳定的间隙。

常用的工作液主要是煤油和变压器油的混合物。目前，国内外电火花加工用的工作液成分主要是煤油，加工过程中产生的电蚀产物(包括蚀除的工具电极与工件的材料微粒及工作液的裂解产物)颗粒很小，若不及时消除，工作液浑浊将会导致加工不稳定。

三、电火花加工的特点

电火花加工具有以下优点：

(1)脉冲放电的能量密度很高，可以加工用普通机械加工方法难于加工或无法加工的特殊材料，完成复杂形状工件的加工。

(2)加工时工具电极与工件不直接接触，两者之间的宏观作用力小，不受工具和工件刚度的限制，有利于实现微细加工。

(3)工具电极材料不需要比工件材料硬，可以用如紫铜、石墨等材质较软、加工工艺性较好的材料制造。

(4)操作容易，便于自动加工，只需要将电极和工件安装好后，开动机床便可实现自动控制和自动加工。

(5)容易选择和变更加工条件，电加工过程中可任意选择和变更加工条件，如任意选择粗加工和精加工等。

电火花加工也不可避免地存在如下缺点：

(1)必须制作工具电极，电火花加工的最大问题就是电极制作问题。

(2)加工部分形成残留变质层，工件上进行电加工的部位虽然很微细，但由于要经受上万度的高温加热后急速冷却，表面受到强烈的热影响，而生成电加工表面变质层。这种变质层容易造成加工部位的碎裂与崩刃。

(3)放电间隙使加工误差增大。电极和工件之间需有一定间隙，这使得电极的尺寸形状与工件不能完全相同，产生一定的加工误差，误差的大小与间隙的大小有密切的关系。

(4)加工精度受电极损耗的影响。电极在加工过程中同样会受到电腐蚀而损耗，如果电极损耗不均匀，就会影响加工精度。

尽管如此，由于电火花加工具有许多其他加工方法无可替代的特点，因而它已成为模具制造中较为先进的一种加工方法。

第三节　数控电火花线切割加工

电火花线切割加工是电火花加工的一个分支,是一种直接利用电能和热能进行加工的工艺方法,它用一根移动着的导线(电极丝)作为工具电极对工件进行切割,故称线切割加工。线切割加工中,工件和电极丝的相对运动是由数字控制实现的,故又称为数控电火花线切割加工,简称线切割加工。

一、数控电火花线切割加工机床的分类与组成

1.数控电火花线切割加工机床的分类

(1)按走丝速度分:可分为慢速走丝方式和高速走丝方式线切割机床。

(2)按加工特点分:可分为大、中、小型以及普通直壁切割型与锥度切割型线切割机床。

(3)按脉冲电源形式分:可分为 RC 电源、晶体管电源、分组脉冲电源及自适应控制电源线切割机床。

数控电火花线切割加工机床的型号示例:

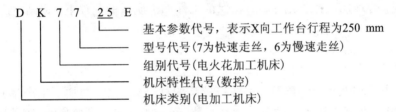

D K 7 7 <u>25</u> E

基本参数代号,表示X向工作台行程为250 mm
型号代号(7为快速走丝,6为慢速走丝)
组别代号(电火花加工机床)
机床特性代号(数控)
机床类别(电加工机床)

2.数控电火花线切割加工机床的基本组成

数控电火花线切割加工机床可分为机床主机和控制台两大部分。

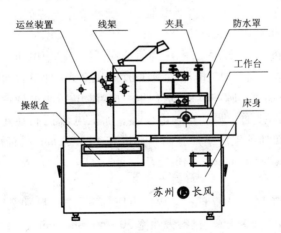

运丝装置　线架　夹具　防水罩

工作台

操纵盒

床身

苏州 长风

图 11 – 3　快走丝线切割机床主机

(1)控制台。

控制台中装有控制系统和自动编程系统,能在控制台中进行自动编程和对机床坐标工作台的运动进行数字控制。

（2）机床主机。

机床主机主要包括坐标工作台、运丝机构、丝架、冷却系统和床身五个部分。图 11 - 3 为快走丝线切割机床主机示意图。

①坐标工作台。它用来装夹被加工的工件，其运动分别由两个步进电机控制。

②运丝机构。它用来控制电极丝与工件之间产生相对运动。

③丝架。它与运丝机构一起构成电极丝的运动系统。它的功能主要是对电极丝起支撑作用，并使电极丝工作部分与工作台平面保持一定的几何角度，以满足各种工件（如带锥工件）加工的需要。

④冷却系统。它用来提供有一定绝缘性能的工作介质——工作液，同时可对工件和电极丝进行冷却。

二、数控电火花线切割的加工工艺与工装

1. 数控电火花线切割的加工工艺

线切割的加工工艺主要是电加工参数和机械参数的合理选择。电加工参数包括脉冲宽度和频率、放电间隙、峰值电流等。机械参数包括进给速度和走丝速度等。应综合考虑各参数对加工的影响，合理地选择工艺参数，在保证工件加工质量的前提下，提高生产率，降低生产成本。

（1）电加工参数的选择。

正确选择脉冲电源加工参数，可以提高加工工艺指标和加工的稳定性。粗加工时，应选用较大的加工电流和大的脉冲能量，可获得较高的材料去除率（即加工生产率）。而精加工时，应选用较小的加工电流和小的单个脉冲能量，可获得加工工件较低的表面粗糙度。

加工电流就是指通过加工区的电流平均值，单个脉冲能量大小，主要由脉冲宽度、峰值电流、加工幅值电压决定。脉冲宽度是指脉冲放电时脉冲电流持续的时间，峰值电流指放电加工时脉冲电流峰值，加工幅值电压指放电加工时脉冲电压的峰值。

下列电规准实例可供使用时参考：

①精加工：脉冲宽度选择最小挡，电压幅值选择低挡，幅值电压为 75 V 左右，接通 1 至 2 个功率管，调节变频电位器，加工电流控制在 0.8 ~ 1.2 A，加工表面粗糙度 $Ra \leqslant 2.5$ μm。

②最大材料去除率加工：脉冲宽度选择四 ~ 五挡，电压幅值选取"高"值，幅值电压为 100 V 左右，功率管全部接通，调节变频电位器，加工电流控制在 4 ~ 4.5 A，可获得 100 mm²/min 左右的去除率（加工生产率）。（材料厚度在 40 ~ 60 mm 左右）。

③大厚度工件加工（ > 300 mm）：幅值电压打至"高"接，脉冲宽度选五 ~ 六挡，功率管开 4 ~ 5 个，加工电流控制在 2.5 ~ 3 A，材料去除率 > 30 mm²/min。

④较大厚度工件加工（60 ~ 100 mm）：幅值电压打至高挡，脉冲宽度选取五挡，功率管开 4 个左右，加工电流调至 2.5 ~ 3 A，材料去除率 50 ~ 60 mm²/min。

⑤薄工件加工：幅值电压选低挡，脉冲宽度选第一或第二挡，功率管开 2 ~ 3 个，加工电流调至 1 A 左右。

注意，改变加工的电规准，必须关断脉冲电源输出（调整间隔电位器 RP1 除外），在加工过程中一般不应改变加工电规准，否则会造成加工表面粗糙度不一样。

（2）机械参数的选择。

对于普通的快走丝线切割机床，其走丝速度一般都是固定不变的。进给速度的调整主要是电极丝与工件之间的间隙调整。切割加工时进给速度和电蚀速度要协调好，不要欠跟踪或跟踪过紧。进给速度的调整主要靠调节变频进给量，在某一具体加工条件下，只存在一个相应的最佳进给量，此时钼丝的进给速度恰好等于工件实际可能的最大蚀除速度。欠跟踪时使加工经常处于开路状态，无形中降低了生产率，且电流不稳定，容易造成断丝，过紧跟踪时容易造成短路，也会降低材料去除率。一般调节变频进给，使加工电流为短路电流的0.85倍左右（电流表指针略有晃动即可），就可保证为最佳工作状态，即此时变频进给速度最合理、加工最稳定、切割速度最高。表11-2给出了根据进给状态调整变频的方法。

表11-2　根据进给状态调整变频的方法

实频状态	进给状态	加工面状况	切割速度	电极丝	变频调整
过跟踪	慢而稳	焦褐色	低	略焦，老化快	应减慢进给速度
欠跟踪	忽慢忽快 不均匀	不光洁 易出深痕	较快	易烧丝，丝上 有白斑伤痕	应加快进给速度
欠佳跟踪	慢而稳	略焦褐，有条纹	低	焦色	应稍增加进给速度
最佳跟踪	很稳	发白，光洁	快	发白，老化慢	不需再调整

2. 电火花线切割加工工艺装备的应用

工件装夹的形式对加工精度有直接影响。一般是在通用夹具上采用压板螺钉固定工件。为了适应各种形状工件加工的需要，还可使用磁性夹具或专用夹具。

（1）常用夹具的名称、用途及使用方法。

①压板夹具。它主要用于固定平板状的工件，对于稍大的工件要成对使用。夹具上如有定位基准面，则加工前应预先用划针或百分表将夹具定位基准面与工作台对应的导轨校正平行，这样在加工批量工件时较方便，因为切割型腔的划线一般是以模板的某一面为基准。夹具成对使用时两夹具基准面的高度一定要相等，否则切割出的型腔与工件端面不垂直，造成废品。在夹具上加工出V形的基准，则可用以夹持轴类工件。

②磁性夹具。采用磁性工作台或磁性表座夹持工件，主要适应于夹持钢质工件，因它靠磁力吸住工件，故不需要压板和螺钉，操作快速方便，定位后不会因压紧而变动，如图11-4所示。

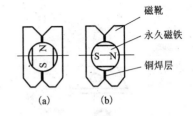

图11-4　磁性夹具

（2）工件装夹的一般要求

①工件的基准面应清洁无毛刺。经热处理的工件，在穿丝孔内及扩孔的台阶处，要清除热处理残物及氧化皮。

②夹具应具有必要的精度，将其稳固地固定在工作台上，拧紧螺丝时用力要均匀。

③工件装夹的位置应有利于工件找正，并与机床的行程相适应，工作台移动时工件不得与丝架相碰。

④对工件的夹紧力要均匀，不得使工件变形或翘起。

⑤大批零件加工时，最好采用专用夹具，以提高生产效率。

⑥细小、精密、薄壁的工件应固定在不易变形的辅助夹具上。

3. 支撑装夹方式

主要有悬臂支撑方式、两端支撑方式、桥式支撑方式、板式支撑方式和复式支撑方式等。

4. 工件的调整

工件装夹时，还必须配合找正进行调整，使工件的定位基准面与机床的工作台面或工作台进给方向保持平行，以保证所切割的表面与基准面之间的相对位置精度。常用的找正方法有：

（1）百分表找正法。如图11-5所示，用磁力表架将百分表固定在丝架上，往复移动工作台，按百分表上指示值调整工件位置，直至百分表指针偏摆范围达到所要求的精度。

（2）划线找正法。如图11-6所示，利用固定在丝架上的划针对正工件上划出的基准线，往复移动工作台，目测划针与基准线间的偏离情况，调整工件位置，此法适应于精度要求不高的工件加工。

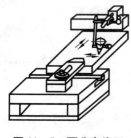

图11-5　百分表找正

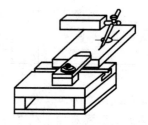

图11-6　划线找正

5. 电极丝位置的调整

线切割加工前，应将电极丝调整到切割的起始坐标位置上，其调整方法有：

（1）目测法。如图11-7所示，利用穿丝孔处划出的十字基准线，分别沿划线方向观察电极丝与基准线的相对位置，根据两者的偏离情况移动工作台，当电极丝中心分别与纵、横方向基准线重合时，工作台纵、横方向刻度盘上的读数就确定了电极丝的中心位置。

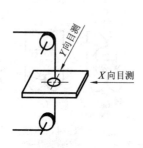

图11-7　目测法调整电极丝位置

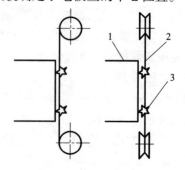

图11-8　火花法调整电极丝位置

1—工件；2—电极丝；3—火花

（2）火花法。如图11-8所示，开启高频及运丝筒（注意：电压幅值、脉冲宽度和峰值电

238

流均要打到最小，且不要开冷却液），移动工作台使工件的基准面靠近电极丝，在出现火花的瞬时，记下工作台的相对坐标值，再根据放电间隙计算电极丝中心坐标。此法虽简单易行，但定位精度较差。

（3）自动找正。一般的线切割机床，都具有自动找边、自动找中心的功能，找正精度较高。操作方法因机床而异。

三、数控电火花线切割机床的操作

（一）数控快走丝电火花线切割机床的操作

本节以苏州长风 DK7725E 型线切割机床为例，介绍线切割机床的操作。图 11 - 9 为 DK7725E 型线切割机床的操作面板。

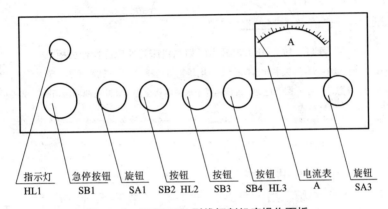

指示灯	急停按钮	旋钮	按钮	按钮	按钮	电流表	旋钮
HL1	SB1	SA1	SB2 HL2	SB3	SB4 HL3	A	SA3

图 11 - 9　DK7725E 型线切割机床操作面板

1. 开机与关机程序
（1）开机程序。
①合上机床主机上电源总开关；
②松开机床电气面板上急停按钮 SB_1；
③合上控制柜上电源开关，进入线切割机床控制系统；
④按要求装上电极丝；
⑤逆时针旋转 SA_1；
⑥按 SB_2，启动运丝电机；
⑦按 SB_4，启动冷却泵；
⑧顺时针旋转 SA_3，接通脉冲电源。
（2）关机程序。
①逆时针旋转 SA_3，切断脉冲电源；
②按下急停按钮 SB_1，运丝电机和冷却泵将同时停止工作；
③关闭控制柜电源；
④关闭机床主机电源。
（二）脉冲电源

1. DK7725E 型线切割机床脉冲电源简介

（1）机床电气柜脉冲电源操作面板简介（如图 11 – 10 所示）。

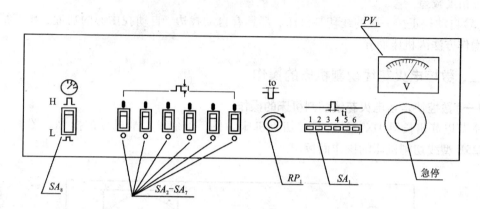

图 11 – 10　DK7725E 型线切割机床脉冲电源操作面板

SA_1—脉冲宽度选择；$SA_2 \sim SA_7$—功率管选择；SA_8—电压幅值选择　RP_1—脉冲间隔调节　PV_1—电压幅值指示

急停按钮—按下此键，机床运丝、水泵电机全停，脉冲电源输出切断

（2）电源参数简介。

①脉冲宽度。

脉冲宽度 t_i 选择开关 SA_1 共分六挡，从左边开始往右边分别为：

第一挡：5 μs　　　　第二挡：15 μs　　　　　　第三挡：30 μs

第四挡：50 μs　　　　第五挡：80 μs　　　　　　第六挡：120 μs

② 功率管。

功率管个数选择开关 $SA_2 \sim SA_7$ 可控制参加工作的功率管个数，如六个开关均接通，六个功率管同时工作，这时峰值电流最大。如五个开关全部关闭，只有一个功率管工作，此时峰值电流最小。每个开关控制一个功率管。

③幅值电压。

幅值电压选择开关 SA_8 用于选择空载脉冲电压幅值，开关按至"L"位置，电压为 75 V 左右，按至"H"位置，则电压为 100 V 左右。

④脉冲间隙。

改变脉冲间隔 t_0 调节电位器 RP_1 阻值，可改变输出矩形脉冲波形的脉冲间隔 t_0，即能改变加工电流的平均值，电位器旋置最左，脉冲间隔最小，加工电流的平均值最大。

⑤电压表。

电压表 PV_1，由 0 ~ 150 V 直流表指示空载脉冲电压幅值。

（三）线切割机床控制系统

DK7725E 型线切割机床配有 CNC – 10A 自动编程和控制系统。

1. 系统的启动与退出

在计算机桌面上双击 YH 图标，即可进入 CNC – 10A 控制系统。按"Ctrl + Q"退出控制系统。

2. CNC‐10A 控制系统界面示意图

图 11‐12 为 CNC‐10A 控制系统界面。

3. CNC‐10A 控制系统功能及操作详解

本系统所有的操作按钮、状态、图形显示全部在屏幕上实现。各种操作命令均可用轨迹球或相应的按键完成。鼠标器操作时，可移动鼠标器，使屏幕上显示的箭状光标指向选定的屏幕按钮或位置，然后用鼠标器左键点击，即可选择相应的功能。现将各种控制功能介绍如下(图 11‐11)。

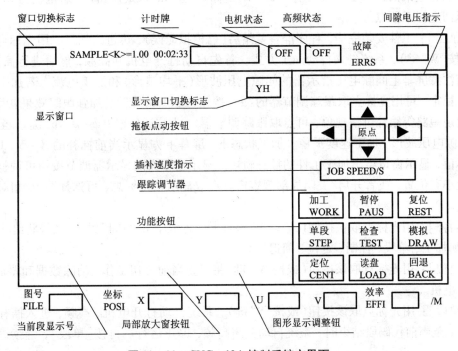

图 11‐11 CNC‐10A 控制系统主界面

[显示窗口]：该窗口下用来显示加工工件的图形轮廓、加工轨迹或相对坐标、加工代码。

[显示窗口切换标志]：用轨迹球点取该标志(或按"F10"键)，可改变显示窗口的内容。系统进入时，首先显示图形，以后每点取一次该标志，依次显示"相对坐标"、"加工代码"、"图形"……其中相对坐标方式，以大号字体显示当前加工代码的相对坐标。

[间隙电压指示]：显示放电间隙的平均电压波形(也可以设定为指针式电压表方式)。在波形显示方式下，指示器两边各有一条 10 等分线段，空载间隙电压定为 100%(即满幅值)，等分线段下端的黄色线段指示间隙短路电压的位置。波形显示的上方有两个指示标志：短路回退标志"BACK"，该标志变红色，表示短路；短路率指示，表示间隙电压在设定短路值以下的百分比。

[电机开关状态]：在电机标志右边有状态指示标志 ON(红色)或 OFF(黄色)。ON 状态，表示电机上电锁定(进给)；OFF 状态为电机释放。用光标点取该标志可改变电机状态(或用数字小键盘区的"Home"键)。

［高频开关状态］：在脉冲波形图符右侧有高频电压指示标志。ON(红色)、OFF(黄色)表示高频的开启与关闭；用光标点该标志可改变高频状态(或用数字小键盘区的"PgUp"键)。在高频开启状态下，间隙电压指示将显示电压波形。

［拖板点动按钮］：屏幕右中部有上下左右向四个箭标按钮，可用来控制机床点动运行。若电机为"ON"状态，光标点取这四个按钮可以控制机床按设定参数作 X、Y 或 U、V 方向点动或定长走步。在电机失电状态"OFF"下，点取移动按钮，仅用作坐标计数。

［原点］：用光标点取该按钮(或按"I"键)进入回原点功能。若电机为 ON 状态，系统将控制拖板和丝架回到加工起点(包括"U－V"坐标)，返回时取最短路径；若电机为 OFF 状态，光标返回坐标系原点。

［加工］：工件安装完毕，程序准备就绪后(已模拟无误)，可进入加工。用光标点取该按钮(或按"W"键)，系统进入自动加工方式。首先自动打开电机和高频，然后进行插补加工。此时应注意屏幕上间隙电压指示器的间隙电压波形(平均波形)和加工电流。若加工电流过小且不稳定，可用光标点取跟踪调节器的"＋"按钮(或"End"键)，加强跟踪效果。反之，若频繁出现短路等跟踪过快现象，可点取跟踪调节器"－"按钮(或"Page Down"键)，至加工电流、间隙电压波形、加工速度平稳。加工状态下，屏幕下方显示当前插补的 X－Y、U－V 绝对坐标值，显示窗口绘出加工工件的插补轨迹。显示窗下方的显示器调节按钮可调整插补图形的大小和位置，或者开启/关闭局部观察窗。点取显示切换标志，可选择图形/相对坐标显示方式。

［暂停］：用光标点取该按钮(或按"P"键或数字小键盘的"Del"键)，系统将终止当前的功能(如加工、单段、控制、定位、回退)。

［复位］：用光标点取该按钮(或按"R"键)将终止当前一切工作，消除数据和图形，关闭高频和电机。

［单段］：用光标点取该按钮(或按"S"键)，系统自动打开电机、高频，进入插补工作状态，加工至当前代码段结束时，系统自动关闭高频，停止运行。再按［单段］，继续进行下段加工。

［检查］：用光标点取该按钮（或按"T"键），系统以插补方式运行一步，若电机处于 ON 状态，机床拖板将作响应的一步动作，在此方式下可检查系统插补及机床的功能是否正常。

［模拟］：模拟检查功能可检验代码及插补的正确性。在电机失电状态下(OFF 状态)，系统以每秒 2500 步的速度快速插补，并在屏幕上显示其轨迹及坐标。若在电机锁定状态下(ON 状态)，机床空走插补，拖板将随之动作，可检查机床控制联动的精度及正确性。"模拟"操作方法如下：

(1)读入加工程序。

(2)根据需要选择电机状态后，按［模拟］钮(或"D"键)，即进入模拟检查状态。

屏幕下方显示当前插补的 X－Y、U－V 坐标值(绝对坐标)，若需要观察相对坐标，可用光标点取显示窗右上角的［显示切换标志］(或"F10"键)，系统将以大号字体显示，再点取［显示切换标志］，将交替地处于图形/相对坐标显示方式，点取显示调节按钮最左边的局部观察钮(或"F1"键)，可在显示窗口的左上角打开一局部观察窗，在观察窗内显示放大十倍的插补轨迹。若需中止模拟过程，可按［暂停］钮。

［定位］：系统可依据机床参数设定，自动定中心及 ±X、±Y 四个端面。

242

（1）定位方式选择：

① 用光标点取屏幕右中处的参数窗标志［OPEN］（或按"O"键），屏幕上将弹出参数设定窗，可见其中有［定位 LOCATION XOY］一项。

② 将光标移至"XOY"处轻点左键，将依次显示为 XOY、XMAX、XMIN、YMAX、YMIN。

③ 选定合适的定位方式后，用光标点取参数设定窗左下角的 CLOSE 标志。

（2）定位：

光标点取电机状态标志，使其成为"ON"（原为"ON"可省略）。按［定位］钮（或"C"键），系统将根据选定的方式自动进行对中心、定端面的操作。在钼丝遇到工件某一端面时，屏幕会在相应位置显示一条亮线。按［暂停］钮可中止定位操作。

［读盘］：将存有加工代码文件的软盘插入软驱中，用光标点取该按钮（或按"L"键），屏幕将出现磁盘上存贮全部代码文件名的数据窗。用光标指向需读取的文件名，轻点左键，该文件名背景变成黄色；然后用光标点取该数据窗左上角的"□"（撤销）钮，系统自动读入选定的代码文件，并快速绘出图形。该数据窗的右边有上下两个三角标志"△"按钮，可用来向前或向后翻页，当代码文件不在第一页中显示时，可用翻页来选择。

［回退］：系统具有自动/手动回退功能。在加工或单段加工中，一旦出现高频短路现象，系统即自动停止插补，若在设定的控制时间内（由机床参数设置），短路达到设定的次数，系统将自动回退。若在设定的控制时间内，短路仍不能消除，系统将自动切断高频，停机。

在系统静止状态（非［加工］或［单段］），按下［回退］钮（或按"B"键），系统作回退运行，回退至当前段结束时，自动停止；若再按该按钮，继续前一段的回退。

［跟踪调节器］：该调节器用来调节跟踪的速度和稳定性，调节器中间红色指针表示调节量的大小；表针向左移动，位跟踪加强（加速）；向右移动，位跟踪减弱（减速）。指针表两侧有两个按钮，"＋"按钮（或"Eed"键）加速，"－"按钮（或"PgDn"键）减速；调节器上方英文字母 JOB SPEED/S 后面的数字量表示加工的瞬时速度，单位为步/秒。

［段号显示］：此处显示当前加工的代码段号，也可用光标点取该处，在弹出屏幕小键盘后，键入需要起割的段号（注：锥度切割时，不能任意设置段号）。

［局部观察窗］：点击该按钮（或 F1 键），可在显示窗口的左上方打开一局部窗口，其中将显示放大十倍的当前插补轨迹；再按该按钮时，局部窗关闭。

［图形显示调整按钮］：这六个按钮有双重功能，在图形显示状态时，其功能依次为：

"＋"或 F2 键：图形放大 1.2 倍；

"－"或 F3 键：图形缩小 0.8 倍；

"←"或 F4 键：图形向左移动 20 个单位；

"→"或 F5 键：图形向右移动 20 个单位；

"↑"或 F6 键：图形向上移动 20 个单位；

"↓"或 F7 键：图形向下移动 20 个单位。

［坐标显示］：屏幕下方"坐标"部分显示 X、Y、U、V 的绝对坐标值。

［效率］：此处显示加工的效率，单位为 mm/min；系统每加工完一条代码，即自动统计所用的时间，并求出效率。

［YH 窗口切换］：光标点取该标志或按"ESC"键，系统转换到绘图式编程屏幕。

［图形显示的缩放及移动］：在图形显示窗下有小按钮，从最左边算起分别为对称加工，

平移加工，旋转加工和局部放大窗开启/关闭(仅在模拟或加工态下有效)，其余依次为放大、缩小、左移、右移、上移、下移，可根据需要选用这些功能，调整在显示窗口中图形的大小及位置。

具体操作可用轨迹球点取相应的按钮，或从局部放大起直接按 F1、F2、F3、F4、F5、F6、F7 键。

[代码的显示、编辑、存盘和倒置]：用光标点取显示窗右上角的[显示切换标志](或"F10"键)，显示窗依次为图形显示、相对坐标显示、代码显示(模拟、加工、单段工作时不能进入代码显示方式)。

在代码显示状态下用光标点取任一有效代码行，该行即点亮，系统进入编辑状态，显示调节功能钮上的标记符号变成 S、I、D、Q、↑、↓；各键的功能变换成：

S——代码存盘   I——代码倒置(倒走代码变换)

D——删除当前行(点亮行)   Q——退出编辑态

↑——向上翻页   ↓——向下翻页

在编辑状态下可对当前点亮行进行输入、删除操作(键盘输入数据)。编辑结束后，按"Q"键退出，返回图形显示状态。

[计时牌功能]：系统在[加工]、[模拟]、[单段]工作时，自动打开计时牌。终止插补运行，记时自动停止。用光标点取计时牌，或按"O"键可将计时牌清零。

[倒切割处理]：读入代码后，点取[显示窗口切换标志]或按"F10"键，直至显示加工代码。用光标在任一行代码处轻点一下，该行点亮。窗口下面的图形显示调整按钮标志转成 S、I、D、Q 等；按"I"钮，系统自动将代码倒置(上下异形件代码无此功能)；按"Q"键退出，窗口返回图形显示。在右上角出现倒走标志"V"，表示代码已倒置，[加工]、[单段]、[模拟]以倒置方式工作。

[断丝处理]：加工遇到断丝时，可按[原点](或按"I"键)拖板将自动返回原点，锥度丝架也将自动回直(注：断丝后切不可关闭电机，否则将无法正确返回原点)。若工件加工已将近结束，可将代码倒置后，再行切割(反向切割)。

(四)线切割机床绘图式自动编程系统

1.CNC－10A 绘图式自动编程系统界面示意图

在控制屏幕中用光标点取左上角的[YH]窗口切换标志(或按"ESC"键)，系统将转入 CNC—10A 编程屏幕。图 11－12 为绘图式自动编程系统主界面。

2.CNC－10A 绘图式自动编程系统图标命令和菜单命令简介

CNC－10A 绘图式自动编程系统的操作集中在 20 个命令图标和 4 个弹出式菜单内。它们构成了系统的基本工作平台。在此平台上，可进行绘图和自动编程。表 11－3 为 20 个命令图标功能简介，图 11－13 为菜单功能。

表 11 – 3　绘图命令图标功能简介

1. 点输入	·	2. 直线输入	—
3. 圆输入	◯	4. 公切线/公切圆输入	∞
5. 椭圆输入	⬯	6. 抛物线输入	⊂
7. 双曲线输入	)⧓(	8. 渐开线输入	∂
9. 摆线输入	⌒	10. 螺旋线输入	∂
11. 列表点输入	∴·	12. 任意函数方程输入	f(x)
13. 齿轮输入	✾	14. 过渡圆输入	∠R
15. 辅助圆输入	⊙	16. 辅助线输入	⋯⋯
17. 删除线段	✄	18. 询问	?
19. 清理	◯✕	20. 重画	⌒

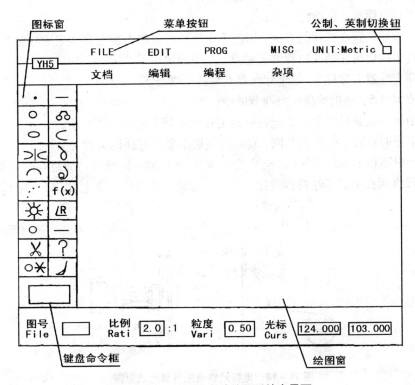

图 11 – 12　绘图式自动编程系统主界面

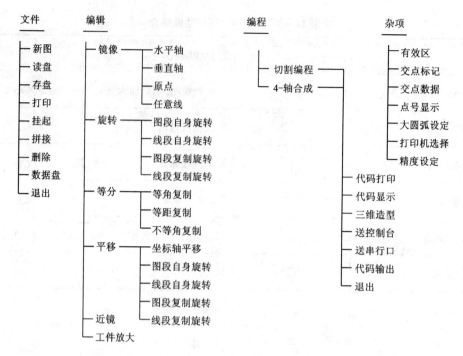

图 11 - 13　CNC - 10A 自动编程系统的菜单功能

(五)电极丝的绕装

如图 11 - 15、图 11 - 16 所示,具体绕装过程如下:

(1)机床操纵面板 SA_1 旋钮左旋;

(2)上丝起始位置在贮丝筒右侧,用摇手手动将贮丝筒右侧停在线架中心位置;

(3)将右边撞块压住换向行程开关触点,左边撞块尽量拉远;

(4)松开上丝器上螺母 5,装上钼丝盘 6 后拧上螺母 5;

(5)调节螺母 5,将钼丝盘压力调节适中;

(6)将钼丝一端通过图中件 3 丝轮后固定在贮丝筒 1 右侧的螺钉上;

(7)空手逆时针转动贮丝筒几圈,转动时撞块不能脱开换向行程开关触点;

(8)按操纵面板上 SB_2 旋钮(运丝开关),贮丝筒转动,钼丝自动缠绕在贮丝筒上,达到要求后,按操纵面板上的 SB_1 急停旋钮,即可将电极丝装至贮丝筒上(图 11 - 14);

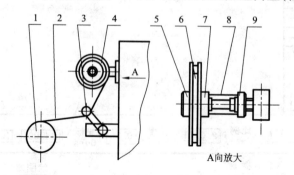

A向放大

图 11 - 14　电极丝绕至贮丝筒上示意图

1—贮丝筒;2—钼丝;3—上丝轮;4—上丝架;5—螺母;6—钼丝盘;7—挡圈;8—弹簧;9—调节螺母

(9)按图 11 – 15 方式，将电极丝绕至丝架上。

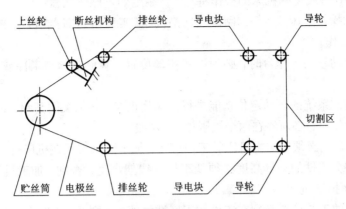

图 11 – 15 电极丝绕至丝架上示意图

(六)工件的装夹与找正

(1)装夹工件前先校正电极丝与工作台的垂直度。

(2)选择合适的夹具将工件固定在工作台上。

(3)按工件图纸要求用百分表或其他量具找正基准面，使之与工作台的 X 向或 Y 向平行。

(4)工件装夹位置应使工件切割区在机床行程范围之内。

(5)调整好机床线架高度，切割时，保证工件和夹具不会碰到线架的任何部分。

(七)机床操作步骤

(1)合上机床主机上电源开关。

(2)合上机床控制柜上电源开关，启动计算机，双击计算机桌面上的 YH 图标，进入线切割控制系统。

(3)解除机床主机上的急停按钮。

(4)按机床润滑要求加注润滑油。

(5)开启机床空载运行两分钟，检查其工作状态是否正常。

(6)按所加工零件的尺寸、精度、工艺等要求，在线切割机床自动编程系统中编制线切割加工程序，并送控制台；或手工编制加工程序，并通过软驱读入控制系统。

(7)在控制台上对程序进行模拟加工，以确认程序准确无误。

(8)工件装夹。

(9)开启运丝筒。

(10)开启冷却液。

(11)选择合理的电加工参数。

(12)手动或自动对刀。

(13)点击控制台上的"加工"键，开始自动加工。

(14)加工完毕后，按"Ctrl + Q"键退出控制系统，并关闭控制柜电源。

(15)拆下工件，清理机床。

(16)关闭机床主机电源。

（八）机床安全操作规程

根据 DK7725E 型线切割机床的操作特点，特制定如下操作规程：

（1）学生初次操作机床，须仔细阅读线切割机床《实训指导书》或机床操作说明书，并在实训教师指导下操作。

（2）手动或自动移动工作台时，必须注意钼丝位置，避免钼丝与工件或工装产生干涉而造成断丝。

（3）用机床控制系统的自动定位功能进行自动找正时，必须关闭高频，否则会烧丝。

（4）关闭运丝筒时，必须停在两个极限位置（左或右）。

（5）装夹工件时，必须考虑本机床的工作行程，加工区域必须在机床行程范围之内。

（6）工件及装夹工件的夹具高度必须低于机床线架高度，否则，加工过程中会发生工件或夹具撞上线架而损坏机床。

（7）支撑工件的工装位置必须在工件加工区域之外，否则，加工时会连同工件一起割掉。

（8）工件加工完毕，必须随时关闭高频。

（9）经常检查导轮、排丝轮、轴承、钼丝、切割液等易损、易耗件（品），发现损坏，及时更换。

四、数控电火花线切割加工实例

1）手工编程加工实习

（1）实习目的：

①掌握简单零件的线切割加工程序的手工编制技能；

②熟悉 ISO 代码编程及 3B 格式编程；

③熟悉线切割机床的基本操作。

（2）实习要求：

通过实习，学生能够根据零件的尺寸、精度、工艺等要求，应用 ISO 代码或 3B 格式手工编制出线切割加工程序，并且使用线切割机床加工出符合图纸要求的合格零件。

（3）实习设备：

DK7725E 型线切割机床。

（4）常用 ISO 编程代码：

G92 X - Y - ：以相对坐标方式设定加工坐标起点。

G27：设定 XY/UV 平面连动方式。

G01 X - Y -（U - V -）：直线插补。

X Y：表示在 XY 平面中以直线起点为坐标原点的终点坐标。

U V：表示在 UV 平面中以直线起点为坐标原点的终点坐标。

G02 U - V - I - J - ：顺圆插补指令。

G03 X - Y - I - J - ：逆圆插补指令。

以上 G02、G03 中是以圆弧起点为坐标原点，X、Y（U、V）表示终点坐标，I、J 表示圆心坐标。

M00：暂停。

M02：程序结束。

(5)3B 程序格式:

B X B Y B J G Z

B:分隔符号;X:X 坐标值;Y:Y 坐标值;J:计数长度;G:计数方向;Z:加工指令。

(6)加工实例:

①工艺分析:

加工如图 11 - 16 所示零件外形,毛坯尺寸为 60 × 60 mm,对刀位置必须设在毛坯之外,以图中 G 点坐标(- 20, - 10)作为起刀点,A 点坐标(- 10, - 10)作为起割点。为了便于计算,编程时不考虑钼丝半径补偿值;逆时钟方向走刀。

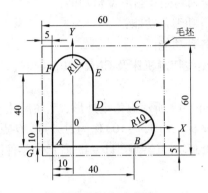

图 11 - 16 零件图 1

②ISO 程序:

程序	注解
G92 X - 20000 Y - 10000	以 O 点为原点建立工件坐标系,起刀点坐标为(- 20, - 10);
G01 X10000 Y0	从 G 点走到 A 点,A 点为起割点;
G01 X40000 Y0	从 A 点到 B 点;
G03 X0 Y20000 I0 J10000	从 B 点到 C 点;
G01 X - 20000 Y0	从 C 点到 D 点;
G01 X0 Y20000	从 D 点到 E 点;
G03 X - 20000 Y0 I - 10000 J0	从 E 点到 F 点;
G01 X0 Y - 40000	从 F 点到 A 点;
G01 X - 10000 Y0	从 A 点回到起刀点 G;
M02	程序结束。

③3B 格式程序:

程序	注解
B10000 B0 B10000 GX L1	从 G 点走到 A 点,A 点为起割点;
B40000 B0 B40000 GX L1	从 A 点到 B 点;
B0 B10000 B20000 GX NR4	从 B 点到 C 点;
B20000 B0 B20000 GX L3	从 C 点到 D 点;

B0 B20000 B20000 GY L2   从 D 点到 E 点；

B10000 B0 B20000 GY NR4   从 E 点到 F 点；

B0 B40000 B40000 GY L4   从 F 点到 A 点；

B10000 B0 B10000 GX L3   从 A 点回到起刀点 G

D   程序结束。

④加工。

2）自动编程加工实习

（1）实习目的及要求：

①熟悉 HF 编程系统的绘画功能及图形编辑功能；

②熟悉 HF 编程系统的自动编程功能；

③掌握 HF 控制系统的各种功能。

（2）实习设备：DK7725 型线切割机床及 CNC – 10A 控制、编程系统。

（3）加工实例：

①工艺分析：加工如图 11 – 17 所示五角星外形，毛坯尺寸为 60 × 60 mm，对刀位置必须设在毛坯之外，以图中 E 点坐标（– 10，– 10）作为对刀点，O 点为起割点，逆时钟方向走刀。

②利用 HF 编程系统的绘画功能绘制图 11 – 17 所示的零件图。

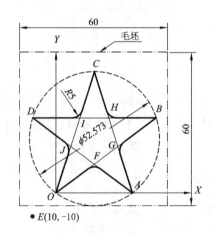

图 11 – 17   零件图 2

③利用 HF 编程系统的自动编程功能编制相应的程序。

④加工。

第四节   电解加工

基于电解过程中的阳极溶解原理并借助于成型的阴极，将工件按一定形状和尺寸加工成型的一种工艺方法，称为电解加工。

一、电解加工的基本原理

电解加工是利用金属在电解液中发生电化学阳极溶解的原理，将工件加工成形的一种特种加工方法。加工时，工件接直流电源的正极，工具接负极，两极之间保持较小的间隙。电解液从极间间隙中流过，使两极之间形成导电通路，并在电源电压下产生电流，从而形成电化学阳极溶解。随着工具相对工件不断进给，工件金属不断被电解，电解产物不断被电解液冲走，最终两极间各处的间隙趋于一致，工件表面形成与工具工作面基本相似的形状，图 11–18 所示为电解加工示意图。

电解加工对于难加工材料、形状复杂或薄壁零件的加工具有显著优势。目前，电解加工已获得广泛应用；并且在许多零件的加工中，电解加工工艺已占有重要甚至不可替代的地位。

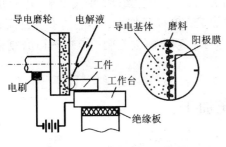

图 11–18　电解加工示意图

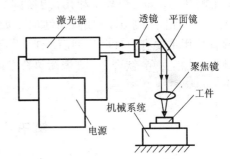

图 11–19　激光加工原理示意图

二、电解加工的特点

与其他加工方法相比，电解加工具有如下特点：

1. 加工范围广

电解加工几乎可以加工所有的导电材料，并且不受材料的强度、硬度、韧性等机械、物理性能的限制，加工后材料的金相组织基本上不发生变化。它常用于加工硬质合金、高温合金、淬火钢、不锈钢等难加工材料。

2. 生产率高，且加工生产率不直接受加工精度和表面粗糙度的限制

电解加工能以简单的直线进给运动一次加工出复杂的型腔、型面和型孔，而且加工速度可以和电流密度成比例的增加。电解加工的生产率约为电火花加工的 5～10 倍，甚至可以超过机械切削加工。

3. 加工质量好，可获得较理想的加工精度和表面粗糙度

加工精度：型面和型腔为 ±0.05～0.20 mm；型孔和套料为 ±0.03～0.05 mm，表面粗糙度：对于一般中、高碳钢和合金钢，可稳定地达到 $Ra1.6～0.4$，有些合金钢还可达到 $Ra0.1$。

4. 可用于加工薄壁和易变形零件

电解加工过程中工具和工件不接触，不存在机械切削力，不产生残余应力和变形，没有飞边毛刺。

5. 工具阴极无损耗

在电解加工过程中工具阴极上仅仅析出氢气，而不发生溶解反应故没有损耗，只有在产生火花、短路等异常现象时才会导致阴极损伤。

三、电解加工的应用

电解加工具有以下技术优势：加工过程中没有电极损耗，仅用单个电极就可以重复生产无限量的产品；加工后工件上没有热应力，不影响工件现有属性；不会产生微观裂缝，延长工件寿命；不产生氧化层，工件无须后序加工；工件没有机械应力，可以加工壁较薄的结构件；电极的表面质量是可以复制的，粗糙度最高可达到 $Ra0.02$ μm，加工精密可达到 $1 \sim 10$ μm。

根据电解加工的技术优势，其在现代加工制造行业中的应用范围越来越广。依功能分类有：电解开孔，如轮机翼冷却孔；电解圆切割加工，如曲孔；电解切穿，如深孔或盲孔加工；电解成型，如曲面加工；电解除屑加工，如去毛边导角等。自 20 世纪 80 年代以来，电解加工的具体应用主要有：① 叶片型面加工；② 炮管膛线加工；③ 模具加工；④ 特殊孔类加工；⑤ 整体叶盘加工；⑥ 钛合金、高温耐热合金薄壁机匣加工；⑦ 电解去毛刺；⑧ 电解研磨复合抛光。

第五节　激光加工

一、激光加工的基本原理

自然界存在着自发辐射和受激辐射两种不同的发光方式，前者发出的光是随处可见的普光，后者发出的光便是激光。由于激光发散角小和单色性好，通过光学系统把激光束聚集成一个极小的光斑（直径仅几微米或几十微米），使光斑处获得极高的能量密度（$100 \sim 108$ W/cm^2）。当激光照射在工件表面时，光能被工件吸收并迅速转化为热能，光斑区的温度可达到 10000℃ 以上，从而能在千分之几秒甚至更短的时间内使被加工物质熔化和气化，这就是激光加工。

实现激光加工的设备主要由激光器、电源、光学系统和机械系统等组成，如图 11 – 19 所示。

二、激光加工的特点

由于激光具有高亮度、高方向性、高单色性和高相干性四大综合性能，激光加工是工件在光热效应下产生高温熔融和受冲击波抛出的综合作用过程。因此激光加工具有其加工特点：

（1）激光加工适用范围广，几乎对所有的金属材料和非金属材料都可以进行激光加工（不像电火花与电解加工那样要求被加工材料具有导电性）。

（2）激光能聚集成微米级的光斑，输出功率的大小又可以调节，因此可用于精密微细加工。

（3）加工所用的工具是激光束，属于非接触加工，所以无明显的机械力，不存在工具损耗，易实现加工过程自动化。

(4)激光加工可以达到 0.01 mm 的平均加工精度和 0.001 mm 的最高加工精度，表面粗糙 Ra 值可达 0.4~0.1 μm。

(5)与电子束加工相比，激光装置较简单，不需要真空系统。

(6)激光可通过玻璃等透明材料进行加工，如对真空管内部的器件进行焊接等。

三、激光加工的应用

激光加工作为先进制造技术已广泛应用于鞋业、皮具、电子、纸品、电器、塑胶、航空、冶金、包装、机械制造等国民经济重要部门，对提高产品质量、劳动生产率、自动化、无污染、减少材料消耗等起到愈来愈重要的作用。

在材料加工如钻孔、切割、焊接以及淬火，是加工金属材料时最常用的操作。自从引进了激光后，在加工的强度、质量以及范围等方面开创了全新的局面。除了金属材料外，激光还能加工许多非金属材料。

(1)激光钻孔。激光钻孔是利用激光束聚集使金属表面焦点温度迅速上升，温升可达每秒 100 万度。当热量尚未发散之前，光束就烧熔金属，直至气化，留下一个个小孔。激光钻孔不受加工材料的硬度和脆性的限制，而且钻孔速度异常快，快到可以在几千分之一秒，乃至几百万分之一秒内钻出小孔。

例如，如果需要在金属薄板上钻出几百个连人眼都难以察觉出的微孔，用电动钻孔机显然是不行的，但用激光钻孔机却能在 1~2 秒钟内全部完成。如果用放大镜对这些微孔作一番细查的话，可发现微孔面十分整齐光洁。

(2)激光切割。激光切割技术广泛应用于金属和非金属材料的加工中，可大大减少加工时间，降低加工成本，提高工件质量。激光切割是应用激光聚焦后产生的高功率密度能量来实现的。与传统的板材加工方法相比，激光切割具有高的切割质量、高的切割速度、高的柔性(可随意切割任意形状)、广泛的材料适应性等优点。

(3)激光焊接。激光焊接是激光材料加工技术应用的重要方面之一，焊接过程属热传导型，即激光辐射加热工件表面，表面热量通过热传导向内部扩散，通过控制激光脉冲的宽度、能量、峰功率和重复频率等参数，使工件熔化，形成特定的熔池。

例如：工厂里通常用于焊接的乙炔火焰能将两块钢板焊接在一起，这种火焰的功率密度可以达到每平方厘米 1000 瓦；氩弧焊设备的功率密度还要高，可以达到每平方厘米 10000 瓦。但这两种焊接火焰根本无法与激光相比，因为激光的功率密度要比它们高出千万倍。这样高的功率密度不仅可以焊接一般的金属材料，还可以焊接又硬又脆的陶瓷。

(4)激光淬火。激光淬火是用激光扫描刀具或零件上需要淬火的部位，使被扫描区域的温度升高，而未被扫描到的部位仍维持常温。由于金属散热快，激光束刚扫过，加工部位的温度就急骤下降，降温越快，硬度也就越高。如果再对扫描过的部位喷速冷剂，就能获得远比普通淬火要理想得多的硬度。

第六节　超声波加工

一、超声波加工的基本原理

超声波是频率高于 20000 Hz 的声波，其方向性好，穿透能力强，易于获得较集中的声能。超声波换能器能产生 16 kHz 以上的超声频进行轴向振动，并借助变幅杆把振幅放大到 0.02～0.08 mm，迫使工作液中悬浮的磨粒以很大的速度不断撞击，抛磨被加工表面，把加工区的材料粉碎成非常小的微粒，并从工件上去除下来。虽然每次撞击去除的材料很少，但由于每秒钟撞击的次数多达 16000 次以上，所以仍然有一定的加工速度。在这一过程中，工作液受工具端面的超声频率振动而产生高频交变的液压冲击，使磨料悬浮液在加工间隙中强迫循环，不但带走了从工作上去除下来的微粒，而且使钝化了的磨料及时更新。由于工具的轴向不断进给，工具端面的形状被复制在工件上，当加工到一定的深度即成为和工具形状相同的型孔或型腔。

二、超声波加工的特点

根据超声波具有的相关特性，如超声波可在气体、液体、固体、固熔体等介质中有效传播，并可传递很强的能量等，因此超声波加工具有以下特点：

（1）适用于加工脆硬材料（特别是不导电的硬脆材料），如玻璃、石英、陶瓷、宝石、金刚石、各种半导体材料、淬火钢、硬质合金等。

（2）可采用比工件软的材料做成形状复杂的工具。

（3）去除加工余量是靠磨料瞬时局部的撞击作用，工具对工件加工表面宏观作用力小，热影响小，不会引起变形和烧伤，因此适合于薄壁零件及工件的窄槽与小孔加工。

三、超声波加工的应用

1. 超声波切割

采用超声波技术进行切割加工时，通过超声波振动部组（振子）所产生的振动（让电能转换成机械能），经过 HORN（焊头）传递热量，通过花轮（刀具）旋转挤压，就能够获取超声波加工所需要的效果。

通过超声波的作用使磨轮刀片在半径方向上产生瞬间的伸缩式振动，就能在极短的时间内，使磨粒与加工物之间在高加速度状态下反复进行碰撞。其结果是一边使加工物表面产生微小的破碎层，一边对其进行加工，因此能大幅度地降低磨轮刀片的加工负荷。另外，由于超声波的振动，致使磨轮刀片与加工物之间产生间隙，从而大大改善了磨粒的冷却效果，并且通过防止磨粒钝化及气孔堵塞等现象的发生，就能够提高加工物的加工质量，并延长磨轮刀片的使用寿命。超声波切割具有切口光滑、牢靠、切边准确、不会变形、不翘边起毛、不起皱等优点。

2. 超声波清洗

机电行业中，从机械零件到机械部件，从电器零件到电器部件都有清洗的要求，如齿轮、曲轴乃至齿轮箱，又如电器零件上机械和电器的组合件，还有一些精密机械零件和电器零件,这些都离不开清洗,大多数企业采用的是传统的清洗方法,比如浸润清洗、喷淋清洗。但是这种清洗方法劳动强度大,而且易造成环境污染和水资源浪费。目前,不少企业开始进行技术改造,采用超声波清洗以消除传统清洗的弊端,特别是一些形状复杂的机械零件,是传统清洗所无能为力的。

其原理是由超声波发生器发出的高频振荡信号,通过换能器转换成高频机械振荡而传播到介质——清洗溶剂中,超声波在清洗液中疏密相间地向前辐射,使液体流动而产生数以万计的直径为 50 ~ 500 μm 的微小气泡,存在于液体中的微小气泡在声场的作用下振动。这些气泡在超声波纵向传播的负压区形成、生长;而在正压区,当声压达到一定值时,气泡迅速增大,然后突然闭合,并在气泡闭合时产生冲击波,在其周围产生上千个大气压,破坏不溶性污物而使它们分散于清洗液中,当团体粒子被油污裹着而黏附在清洗件表面时,油污被乳化,固体粒子及时脱离,从而达到清洗件净化的目的。在这种被称之为"空化"效应的过程中,气泡闭合可形成几百摄氏度的高温和超过 1000 个气压的瞬间高压,连续不断地产生瞬间高压就像一连串小"爆炸"不断地冲击物件表面,使物件的表面及缝隙中的污垢迅速剥落,从而达到物件表面清洗净化的目的。

3.超声波抛光

超声波抛光是超声波加工的一种形式。它是用振动工具推动磨粒冲击工件表面,降低被加工表面的粗糙度,提高加工精度的有效方法。特别适用于硬度高、形状复杂、带有窄缝、深槽的型腔表面抛光。抛光时阻力小,精度高。它是一种缩短模具制造周期、提高质量、减轻工人劳动强度的模具型腔加工工艺。抛光工序分为粗抛光和精抛光,一般粗抛光时为了提高速度,选择较高的频率和振幅、较大的静压力、硬质的磨料和较粗的颗粒。精抛光时则相反,应选择较低的频率和振幅、较小的静压力、软质的磨料及较细的颗粒来进行抛光。

第七节　快速成型

3D System 公司的 Alan Herbert 在 20 世纪 70 年代提出快速成型(rapid prototyping – RP)的思想,是基于材料堆积法的一种高新制造技术,被认为是近 20 年来制造领域的一个重大成果。它集机械工程、CAD、逆向工程技术、分层制造技术、数控技术、材料科学、激光技术于一身,可以自动、直接、快速、精确地将设计思想转变为具有一定功能的原型或直接制造零件,从而为零件原型制作、新设计思想的校验等方面提供了一种高效低成本的实现手段。即,快速成形技术就是利用三维 CAD 的数据,通过快速成型机,将一层层的材料堆积成实体原型。

Rudgley M 将快速制造定义为:"用加成制造方法制造最终实用产品的制造技术",即利用快速成型技术制造所需的适合生产要求的产品。快速制造是目前快速成型技术的一个发展方向,但其本身现在还有很多尚待改进之处。

RP 技术的优越性显而易见:它可以在无须准备任何模具、刀具和工装卡具的情况下,直接接受产品设计(CAD)数据,快速制造出新产品的样件、模具或模型。因此,RP 技术的推广应用可以大大缩短新产品开发周期、降低开发成本、提高开发质量。由传统的"去除法"到今天的"增长法",由有模制造到无模制造,这就是 RP 技术对制造业产生的革命性意义。

一、快速模具制造流程图

图 11-20 为快速模具制造流程图。

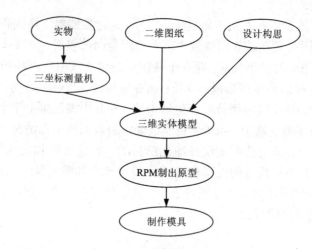

图 11-20　快速模具制造流程图

直接成型法：制造出零件，主要是单件或极少批量的零件。

间接成型法：直接制造出用于制作样件或零件的模具(如样件的或零件材质为：石蜡、铸铁或铸钢等铸件。

二、快速成型技术及其分类

快速成型技术是用离散分层的原理制作产品原型的总称，其原理为：产品三维 CAD 模型→分层离散→按离散后的平面几何信息逐层加工堆积原材料→生成实体模型。如图 11-21 所示。

该技术集计算机技术、激光加工技术、新型材料技术于一体，依靠 CAD 软件，在计算机中建立三维实体模型，并将其切分成一系列平面几何信息，以此控制激光束(或工作头)的扫描方向和速度，采用粘结、熔结、聚合或化学反应等手段逐层有选择地加工原材料，从而快速堆积制作出产品实体模型。

快速原型技术突破了"毛坯→切削加工→成品"的传统的零件加工模式，开创了不用刀具制作零件的先河，是一种前所未有的薄层叠加的加工方法。与传统的切削加工方法相比，快速原型加工具有以下优点：

(1)可迅速制造出自由曲面和更为复杂形态的零件，如零件中的凹槽、凸肩和空心部分等，大大降低了新产品的开发成本和开发周期。

(2)不需要机床切削加工所必需的刀具和夹具，无刀具磨损和切削力影响。

(3)无振动、噪声和切削废料。

(4)可实现夜间完全自动化生产。

(5)加工效率高，能快速制作出产品实体模型及模具。

尽管各种快速成型技术的一般步骤都相同，但不同的工艺过程其生产制品的方法有所不

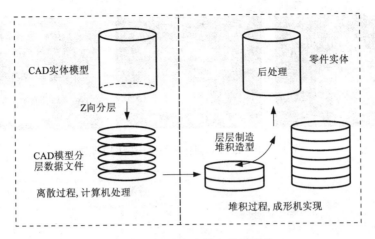

图 11 - 21 分层资料生成示意图

同,以下列出 RP 工艺的几种类型。

1. 立体光固化成型系统(SLA)

立体光固化成型(stereolithography apparatus,SLA)是最早发展的快速成型技术。自从 1988 年 3D SYSTEM INC 公司最早推出 SLA 商品化快速成型机以来,SLA 已成为最为成熟而广泛应用的 RP 典型技术之一。

如图 11 - 22 所示,SLA 快速成型技术是根据某些材料在特定波长的激光照射下具有可固化性的特点,采用紫外(UV)激光为光源,计算机按分层信息精密控制扫描振镜组,精确定位、扫描,在光敏树脂液面聚合、固化形成一个固化层面,顺序逐层扫描固化,直至完成整个零件的成型。如图 11 - 23 所示为立体光固化成型系统(SLA)样件。

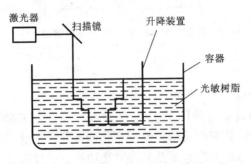

图 11 - 22 立体光固化成型系统(SLA)

2. 分层实体制造(LOM)

分层实体制造技术的基本原理是利用在一定条件下(如加热等)可以黏结的带状材料(通常使用纸或陶瓷基或金属材料),运用激光切割出按照 RP 软件离散出的各层形状,随后再使各层黏合为一个整体。图 11 - 24 所示为该项技术的原理示意图。

图 11 - 24 中,设备工作时热压辊滚过料带,使之与上一层已加工料带或升降台黏合。然后激光器在料带的工作平面上切割出工作外框,并在该外框内切出制品在该层的形状。切割完成后,升降台下降,同时供料以完成下一次切割。如此重复多次,取出多余物料即可得到

图 11 – 23　立体光固化成型系统(SLA)样件

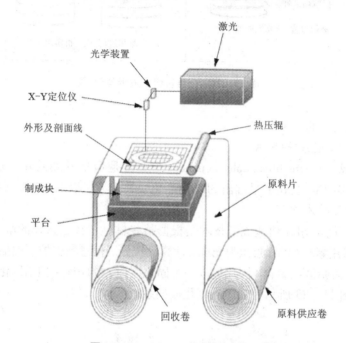

图 11 –24　LOM 工作原理示意图

所需形状的制品。

3. 选择性激光烧结(SLS)

首台选择性激光烧结设备由美国于 1989 年研制成功。与立体光成型(SLA)工艺不同，选择性激光烧结工艺成型时物料经历的是物理变化而非化学变化。而且，其激光生成器和材料的选择也与 SLA 不同，SLS 工艺需要更大的激光功率，在材料选用范畴上也较为宽泛，几乎任何能在激光下黏结的材料均可。

SLS 所用材料为粉末状，将材料粉末铺洒在已成型零件的上表面并刮平；用高强度 CO_2 激光器在刚铺就的新层上扫描零件截面；材料粉末在高强度的激光照射下被烧结在一起，得到零件截面，并与下面已成型的部分黏接；当一层截面烧结完后，铺上新一层材料粉末，选择地烧结下层截面。如图 11 – 25 所示为选择性激光烧结(SLS)原理图。

图 11 –26(a)所示为某摩托车厂制作的 250 型双缸摩托车汽缸头。这是一款新设计的发动机，用户需要 10 件样品进行发动机的模拟实验。该零件具有复杂的内部结构，传统机加工无法加工，只能采用铸造成型。整个过程需经过开模、制芯、组模、浇铸、喷砂和机加等工

258

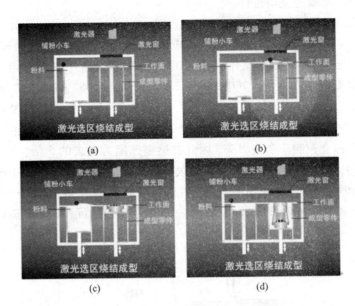

图 11 – 25 选择性激光烧结(SLS)原理图

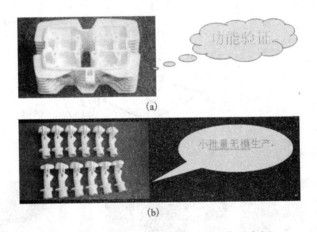

图 11 – 26 选择性激光烧结(SLS)应用案例

序,与实际生产过程相同。其中仅开模一项就需三个月时间。这对于小批量的样品制作无论在时间上还是成本上都是难以接受的。采用选择性激光烧结技术,以精铸熔模材料为成型材料,在 AFS 成型机上仅用 5 天即加工出该零件的 10 件铸造熔模,再经熔模铸造工艺,10 天后得到了铸造毛坯。经过必要的机加工,30 天即完成了此款发动机的试制。

图 11 – 26(b)所示为某航空产品生产厂家,要生产几十件某战斗机型的控制手柄,该手柄为铝合金中空多孔结构,且外型为多曲面不规则形状,若开模生产,其成本相当可观。利用快速成型设备,迅速拿到样件,经测评合格后,用快速成型机进行小批量生产,既减少了投资,又赢得了时间。

实践证明:AFS 激光快速成型技术已被证明是解决小批量复杂铸造制造的非常有效的手段。迄今为止,人们已通过激光快速成型工艺成功地生产了包括叶轮,叶片,发动机转子、

259

泵体，发动机缸体、缸盖等复杂铸件。

4.熔融沉积成型制造(FDM)

研究 FDM 的主要有 Stratasys 公司和 MedModeler 公司，其制造工艺原理如图 11 - 27 所示。Stratasys 公司于 1993 年开发出第一台 FDM - 1650 机型后，先后推出了 FDM - 2000、FDM - 3000 和 FDM - 8000 机型。其中 FDM - 8000 的台面达 457 mm ×457 mm ×610 mm。清华大学推出了 MEM 机型。引人注目的是 1998 年 Stratasys 公司推出的 FDM - Quantum 机型，最大造型体积为 600 mm ×500 mm ×600 mm。由于采用了挤出头磁浮定位(Magna Drive)系统，可在同一时间独立控制 2 个挤出头，因此其造型速度为过去的 5 倍。Stratasys 公司 1998 年与 MedModeler 公司合作开发了专用于一些医院和医学研究单位的 MedModeler 机型，使用 ABS 材料，并于 1999 年推出可使用聚酯热塑性塑料的 Genisys 型改进机型——Genisys Xs，造型体积达 305 mm ×203 mm ×203 mm。图 11 - 28 所示为熔融沉积成型制造(FDM)样件。

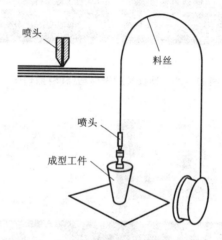

图 11 - 27 熔丝沉积制造工艺原理图

图 11 - 28 熔融沉积成型制造(FDM)样件

熔丝线材料主要是 ABS、人造橡胶、铸蜡和聚酯热塑性塑料。1998 年澳大利亚的 Swinburn 工业大学研究了一种金属—塑料复合材料丝。1999 年 Stratasys 公司开发出水溶性支撑材料，有效地解决了复杂、小型孔洞中的支撑材料难去除或无法去除的难题。

三、间接制模方法

软模硅橡胶模：(1)利用各种方法制造成型原始模型，并检查尺寸[如图 11 − 29(a)]；(2)彻底清洁原始模型[如图 11 − 29(b)]；(3)利用清洁的胶纸将原始模型的边缘围起来，以便将来分模[如图 11 − 29(c)]；(4)将胶纸的边缘涂色，以便将来分模[如图 11 − 29(d)]；(5)利用 ABS 或其他薄板构建容器并加上浇道[如图 11 − 29(e)]；(6)将模型悬空于构建的容器中并预设通气管道[如图 11 − 29(f)]；(7)将除气后的 MCP 硅胶立即倒入建造的容器中[如图 11 − 29(g)]；(8)经过真空消除气泡后送入加热炉处理[如图 11 − 29(h)]；(9)待完全固化后拆除建造的容器，沿分模边界分开硅胶[如图 11 − 29(i)]；(10)将原始模型外露，并取走[如图 11 − 29(j)]；(11)利用胶带将硅胶模捆紧[如图 11 − 29(k)]；(12)利用电子称，准确配好双组分的树脂溶液 A 和 B[如图 11 − 29(l)]；(13)容器 A 和 B 置于机器上方而硅胶放于下方[如图 11 − 29(m)]；(14)程序启动后，树脂溶液自动混合并倒出[如图 11 − 29(o)]；(15)流经软管，进入硅胶模腔[如图 11 − 29(p)]。

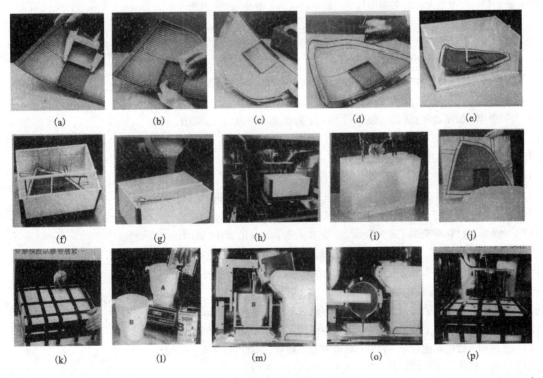

图 11 − 29　软模硅橡胶模工艺过程

参考文献

[1] 刘克诚. 切削加工工艺与技能训练. 北京：机械工业出版社. 2005.

[2] 冀秀焕. 金工实习教程. 北京：机械工业出版社. 2009.

[3] 吴新佳. 数控加工工艺与编程. 北京：人民邮电出版社. 2009.

[4] 白基成. 特种加工技术. 哈尔滨：哈尔滨工业大学出版社. 2006.

[5] 董丽华. 数控电火花加工实用技术. 北京：电子工业出版社. 2006.

[6] 傅水根. 机械制造工艺基础. 北京：清华大学出版社. 1998.

[7] 周伯伟. 机械制造工艺基础. 南京：南京大学出版社. 2006.

[8] 贺小涛. 机械制造工程训练. 长沙：中南大学出版社. 2006.

[9] 袁根福. 精密与特种加工技术. 北京：北京大学出版社. 2007.

[10] 刘燕萍. 工程材料. 北京：国防工业出版社. 2009.

[11] 鞠鲁粤. 械制造基础(第二版). 上海：上海交通大学出版社. 2001.

[12] 孙以安，陈茂贞. 金工实习教学指导. 上海：上海交通大学出版社. 2001.

[13] 邓文英. 金属工艺学(第三版). 北京：高等教育出版社. 1991.

[14] 张力真，徐允长. 金属工艺学实习教材(第二版). 北京：高等教育出版社. 1991.

[15] 袁嘉祥. 金属工艺学实习教材. 重庆：重庆大学出版社, 1998.

[16] 孔庆华，黄午阳. 制造技术基础. 上海：同济大学出版社, 2000.

[17] 曹光廷. 材料成型加工工艺及设备. 北京：化学工业出版社, 2001.

[18] 吕广庶，张远明. 工程材料及成形技术基础. 北京：高教教育出版社, 2001.

[19] [日]千千岩键. 机械制造概论. 吴桓文译. 重庆：重庆大学出版社, 1993.

[20] 卢秉恒. 机械制造技术基础. 北京：机械工业出版社, 1999.

[21] 杨海成. 计算机辅助制造工程. 兰州：西北工业大学出版社, 2001.

[22] 沈其文. 材料成型工艺基础. 武汉：华中理工大学出版社, 1999.

[23] 王贵明. 数控实用技术. 北京：机械工业出版社, 2000.

[24] 李佳. 数控机床及应用. 北京：清华大学出版社, 2001.

[25] 王爱玲，沈兴全等. 现代数控编程技术及应用. 北京：国防工业出版社, 2002.

[26] 杜君文，邓广敏. 数控技术. 天津：天津大学出版社, 2002.

[27] 刘雄伟等. 数控加工理论与编程技术. 北京：机械工业出版社, 2000.

[28] 刘晋春等. 特种加工. 北京：机械工业出版社, 1999.

[29] 王家金等. 激光加工技术. 北京：中国计量出版社, 1992.

[30] 袁哲俊等. 金属切削理论与技术的新进展. 武汉：华中理工大学出版社, 1996.

[31] 孔庆华. 特种加工. 上海：同济大学出版社, 1997.

[32] 张学仁. 数控电火花线切割加工技术. 哈尔滨：哈尔滨工业大学出版社, 2000.

[33] 栾振涛. 金工实习. 北京：机械工业出版社, 2001.

[34] 沈剑标. 金工实习. 北京：机械工业出版社, 1999.

[35] 徐永礼, 田佩林. 金工实训. 广州：华南理工大学出版社, 2006.

图书在版编目（CIP）数据

机械制造工程训练／何国旗,何瑛,刘吉兆主编.
--长沙：中南大学出版社，2012.5
ISBN 978 - 7 - 5487 - 0516 - 1

Ⅰ.机…　Ⅱ.①何…②何…③刘…　Ⅲ.机械制造工艺—
教材　Ⅳ.TH16

中国版本图书馆 CIP 数据核字（2012）第 081795 号

机械制造工程训练

何国旗　何　瑛　刘吉兆　主编

□责任编辑　谭　平
□责任印制　易建国
□出版发行　中南大学出版社
　　　　　　社址：长沙市麓山南路　　　　邮编：410083
　　　　　　发行科电话：0731 - 88876770　　传真：0731 - 88710482
□印　　装　长沙德三印刷有限公司

□开　　本　787×1092　1/16　□印张 17.25　□字数 427
□版　　次　2012 年 7 月第 1 版　□2017 年 7 月第 6 次印刷
□书　　号　ISBN 978 - 7 - 5487 - 0516 - 1
□定　　价　39.00 元

图书出现印装问题，请与经销商调换